随伴火炮结构原理

贾云非　曹金荣　　康小勇　主编

国防工业出版社

·北京·

内 容 简 介

本书共分为 6 章,主要介绍步兵分队随伴火炮装备的结构原理及相关理论知识。第 1 章介绍了随伴火炮的工作原理、特点、分类及发展等,第 2 章和第 3 章结合不同种类随伴火炮的特点对其内、外弹道基础理论知识进行了介绍,第 4 章对随伴火炮射击过程涉及的基础理论知识进行了详细介绍,第 5 章和第 6 章从结构组成的角度介绍了迫击炮和轻型无坐力武器两类随伴火炮。

本书可作为高等院校兵器及相关专业教材,以满足装备人才培养的需要,亦可供兵器装备运用与保障领域的技术人员参考,同时也适用于兵器装备爱好者阅读。

图书在版编目(CIP)数据

随伴火炮结构原理/贾云非,曹金荣,康小勇主编.
—北京:国防工业出版社,2021.7
ISBN 978-7-118-12385-2

Ⅰ.①随… Ⅱ.①贾…②曹…③康… Ⅲ.①火炮-研究 Ⅳ.①TJ3

中国版本图书馆 CIP 数据核字(2021)第 131527 号

※

*国防工业出版社*出版发行
(北京市海淀区紫竹院南路 23 号 邮政编码 100048)
北京天颖印刷有限公司印刷
新华书店经售

*

开本 787×1092 1/16 印张 13¾ 字数 310 千字
2021 年 7 月第 1 版第 1 次印刷 印数 1—2000 册 定价 68.00 元

(本书如有印装错误,我社负责调换)

国防书店:(010)88540777 书店传真:(010)88540776
发行业务:(010)88540717 发行传真:(010)88540762

前　言

随伴火炮一般指由步兵分队携行,为步兵分队提供火力支援的火炮装备。在第一次世界大战爆发之初,由于步兵阵地战和机械化战争模式的出现,步兵分队急需能够随伴步兵作战的火力支援装备以提高毁伤能力和反装甲能力,因此各国开始大力发展随伴火炮装备。早期的随伴火炮多采用轻量化、小型化的加农炮和榴弹炮,但由于装备重量、体积仍然较大,携行不便,其后坐力也远超出了人力控制范围,因而不久就退出了步兵装备的序列。

为了解决以上问题,人们通过滑膛身管、低初速等方法降低了对膛压的要求,低膛压和较短的身管成功地减少了身管的重量和尺寸。相应的火炮上其他组成部分重量和尺寸也大大降低,满足了步兵分队携行的要求。而要从技术上解决后坐力的影响可以从两个方面入手。一是抬高射角,将射击时产生的后坐力导向大地,消除后坐力对炮手的影响。按照这一思路设计出来的火炮就是迫击炮。迫击炮指主要用座钣承受后坐力,以高射界射击、弹道弯曲的火炮。二是利用动量守恒定理。使火炮发射弹丸时向反方向喷射物质产生反作用力,抵消火炮射击时的后坐力,从而达到减小甚至消除炮手可感后坐力的目的。利用这一思路设计出来的火炮就是无坐力炮。无坐力炮指利用发射时后喷物质的反作用力使炮身无明显后坐的火炮。与之类似的是便携式火箭武器,其发射的火箭弹在发射和飞行时火箭发动机会后喷火药燃气,产生反作用力,实现减小或消除后坐力的效果,所以便携式火箭武器也常被用于随伴步兵分队作战。

总之,迫击炮、无坐力炮和便携式火箭武器具有携行方便、操作简单、威力大的共同特点,都是典型的随伴火炮。对于迫击炮来说,由于射角大、弹道弯曲,所以易于选择发射阵地,射程内几乎没有死界和死角,多用于为步兵分队提供压制火力支援;无坐力炮和便携式火箭武器弹道低伸,与特定战斗部配合可以为步兵分队提供较强的反装甲和攻坚火力,也可用于高效杀伤有生力量。同时随伴火炮的不足也较为明显,由于初速度较小,所以射程较小,精度也容易受到风等环境因素的影响,但已经基本满足了步兵分队作战的作战需求。

现代随伴火炮诞生于第一次世界大战,发展于第二次世界大战,并在第二次世界大战后逐步趋于成熟,已经成为各国步兵分队必不可少的武器装备,是提升步兵分队火力强度的有效手段。随伴火炮具有的种类多、个性鲜明、作战能力强等特点,使之历经沧桑却风采依旧。进入 21 世纪以来,随着战争形态的演变、新军事变革的逐渐深入,步兵分队向高机动化、多能、高效方向发展,其火力强度受到空前重视,随伴火炮的重要性也得以突显。随着战争需求变化和装备技术发展,随伴火炮装备的理论和技术也在不断地发展、变化。本书主要介绍各类随伴火炮装备的结构原理及相关理论知识。编写过程中笔者总结了随伴火炮设计原理、研制生产、操作运用、维修保障等内容,结合多年的教学和科研实践经验,并参考了国内外相关文献资料,遵循现代随伴火炮思想理念,增加了部分现代火炮的射击和结构原理知识,力求符合相关专业人员工作的实际需求。可作为军内外院校兵器及相关专业的教材或参考资料,亦可供装备运用与保障领域的相关人员参考。

　　本书由贾云非、曹金荣、康小勇主编,参与编写的还有郑坚、吴大林、张军挪、于鑫、李永建、宫鹏涵、刘家儒、李晨等。限于编者学识水平,书中不妥之处在所难免,欢迎读者批评指正。

编　者
2021 年 1 月

目　录

第 1 章 概述

进入 21 世纪以来,为适应国际、国内形势、军事战略需求及军事科技的进步,快速反应、高效机动成为世界各国武装力量建设发展的重点方向,步兵部队作战也逐渐向精干合成、小群多路、穿插迂回、快速前出等方式转变。随伴火炮正是伴随步兵分队行动、提供战时火力支援的主要武器装备之一。

随伴火炮作为现代步兵的主要支援和压制武器,其出现相对较晚,约在 19 世纪末、20 世纪初,伴随着步兵阵地战和机械化战争模式的出现逐步发展而来。早期的随伴火炮主要是轻量化、小型化的加农炮和榴弹炮,大多采取平射方式为步兵提供直瞄火力支援,主要用于对付坚固工事和装甲防护目标,这样的火炮由于受机动性和灵活性的限制,在第二次世界大战之后,逐步退出步兵战斗的序列,取而代之的是以迫击炮和轻型无坐力武器(无坐力炮和便携式火箭武器等)为主的随伴火炮体系。迫击炮主要用于杀伤有生力量和摧毁简易野战工事;轻型无坐力武器主要用于反装甲和野战工事,也可用于杀伤有生力量。

为满足步兵携行或运行作战需求、适应恶劣的战场环境,随伴火炮一般需具备如下特点:

(1)重量轻、结构简单。例如,82mm 口径便携式迫击炮和无坐力炮的全重仅为 40kg 左右,而口径相近的 85mm 的加农炮的全重却在 1700kg 左右。较轻的重量和简单的结构保证了随伴火炮具有较强的战场机动性、可靠性和勤务性,战场适应和生存能力十分突出,即使在现代化战争条件下,这一特点也十分引人注目。

(2)低后坐力。随伴火炮的使用者是步兵分队,这就决定了必须要降低其发射时的后坐力。因为只有减小了后坐力,才能满足人员直接使用的要求,并有效降低火炮各部件的强度要求,裁减沉重而复杂的反后坐装置,实质性地降低火炮重量。在减小后坐力方面,随伴火炮普遍初速度较低,往往控制在 500m/s 以内。迫击炮在采用小号装药时,初速度甚至低至 80m/s,远小于声速,有效降低了火炮的后坐力;同时大量采用滑膛结构,降低了膛压,进一步减小了后坐力,也降低了对身管强度的要求,允许炮身采取短而薄的身管,降低火炮全重。在反后坐设计方面,迫击炮采取大射角的发射方式,利用座钣直接作用于土壤来实现反后坐,而无坐力炮和便携式火箭武器更是利用动量守恒原理,使部分火药燃气后喷直接抵消了后坐力。

(3)较强的作战能力。威力和射程是作战能力的两个重要指标,作为步兵火力支援武器,随伴火炮相较于一般单兵和班组武器有较大的杀伤力和较远的射程。对于一般火炮来讲,重量轻和威力大在很大程度上是相互矛盾的,这就迫使随伴火炮必须采取特殊的原理、结构和方法来解决这一问题。其有效举措之一就是采取超口径弹的方法,直接增大炮弹战斗部体积。例如,苏式 RPG-7 火箭筒和德国铁拳火箭筒等,其火箭弹战斗部远超发射器口径。另外,迫击炮还采取大装药量比的办法,来提高炮弹的爆炸威力。由于发射时膛压较低,迫击炮弹弹体的强度要求降低,迫击炮弹的弹壁就可以相对做得薄一些,腾出来的空间用于增大战斗部装药量。因此,迫击炮弹战斗部的装药量比往往远高于其他炮弹,它的爆炸威力相对也较大。而无坐力炮和便携式火箭武器,其主要作战用途是反装甲,采用破甲弹的战斗部来进行反装甲,利用金属射流破甲的原理来消除炮弹动能不足的影响。迫击炮通常有数千米的最大射程,60mm 口径的迫击炮最大射程也可以达到 2000m 以上,而无坐力炮和便携式火箭武器执行反装甲任务时,有效射程可达 300~500m,发射榴弹或多功能弹时最大射程可达 2000m。当作战任务需要更远的射程时,还可以通过发射增程弹来实现。例如,俄罗斯的 2S31 履带式自行迫榴炮口径为 120mm,当发射普通榴弹时其最大射程为 7km,发射火箭增程弹时其射程可达 10km。

(4) 效费比高。由于随伴火炮结构简单,便于战时批量快速生产,且其维修性好,战损恢复快,同时由于火炮低膛压的特性,其寿命非常长,这些特点使得随伴火炮的制造生产成本大大降低。特别是相对于其杀伤目标来讲,其作战效费比之高,在常规武器中十分突出。在现今的世界局部战争中用一发或几发火箭弹击毁一辆装甲战车的战例屡见不鲜。

正是由于上述特点,随伴火炮的应用门槛低,作战适应性强,是步兵分队可依赖、可信赖的重要武器装备,即使在以信息化为主要特征的现代战场上也扮演着重要角色。

同时对于随伴火炮的持续研究和应用也使随伴火炮不断发展,如运用新材料进一步减轻装备重量,发明新弹种大幅提高其射击威力,采取火控系统提高其反应速度和射击精度。而多种运载平台与随伴火炮的结合更使其具备了重量和结构上进行突破的可能性,在提高机动性能的同时极大地扩展了作战运用领域。

1.1 迫 击 炮

迫击炮是一种用座钣直接承受后坐力的曲射武器,一般发射靠尾翼稳定的滴状迫击炮弹。迫击炮身管较短,射角很大,可达 45°~85°,一般由炮身、炮架、座钣、瞄准装置四部分组成,如图 1-1 所示。迫击炮的炮弹由炮口装填,依靠炮弹自身的重力下滑,以一定的速度撞击炮膛底部击针而使底火发火,点燃发射药将迫击炮弹推出炮口,由此得名“迫击”。与其他火炮相比,迫击炮结构简单、弹道弯曲、使用方便、火力猛,它是现代战争中不可缺少的炮种之一。

1.1.1 迫击炮发展简史

在古代战争中,采用破坏力较大的抛石机可击毁城内的建筑物或击退攻城者。当时抛石机被用于守城时,大多是把它架设在城墙上,居高临下直接向敌人抛射。这样,城上的抛石机经常会被攻城者击毁。为了避免抛石机被击毁,就改用抛石机隔墙抛射,进行间

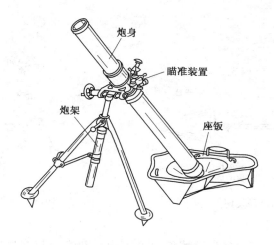

图 1-1　迫击炮典型结构

接瞄准射击。把火炮放在隐蔽的地方,进行间接瞄准射击,这是迫击炮的最基本和最重要的射击方式。

迫击炮作为一个独立炮种出现在 20 世纪初。在 1904—1905 年日俄战争中,双方堑壕相距很近,为了杀伤堑壕内的隐蔽之敌,俄军将口径为 47mm 的轻型加农炮装在一个带车轮的炮架上,以较大的射角发射特殊的超口径长尾迫击炮弹(图 1-2),有效地杀伤了堑壕里的日军。这便是近代火炮中最早出现的用曲射火力对付近距离隐蔽目标的迫击炮。该炮射程 500 步,弹重 11.5kg,弹体内装有 6kg 炸药。

在第一次世界大战(1914 年)前,迫击炮尚未引起人们的注意。第一次世界大战开始后不久,由于阵地战的发展,一般火炮不能有效地射击前沿阵地上的敌人。因为一般火炮离前沿阵地较远,射程远,射弹散布大,对前沿阵地之敌进行射击时,有可能会使炮弹落到自己部队的阵地上。在这种情况下,迫击炮在战场上便得到了广泛的使用。

初期的迫击炮是在战争紧迫的情况下匆忙制成的,因此在技术上很不完善。大部分是发射超口径的迫击炮弹,装填时只是炮弹尾部装入炮膛内,而弹体露在外面。当时的迫击炮都很笨重,运动性能差,改变射向困难,发射速度低,射弹散布大,射程近(一般只有几百米)。但是,由于它具有强大的杀伤和爆破威力,弹道弯曲,操作简单,能完成其他火炮所不能完成的任务,所以仍深受部队的欢迎。

1917 年—1918 年,迫击炮有了很大的改进,出现了同口径炮弹,机动性也有了明显地提高。特别要提出的是,法军和英军曾装备过的 1918 年式斯托克斯型 81mm 迫击炮(图 1-3)。英国该型迫击炮射程为 720m,弹重 4.85kg;法国的该型迫击炮战斗全重约 53kg,弹重 3kg,装炸药 0.6kg,初速度 130m/s,射程 1900m。这种迫击炮发射带尾翼的滴状同口径炮弹,基本药管置于炮弹的稳定管内,附加药包被绑在带径向孔的稳定管上。由于射角大,炮弹和装药可以一起从炮口装入炮膛,借自重滑到膛底,触及固定在膛底的击针而击发。这种迫击炮由炮身、炮架和座钣三大件组成,炮身与炮架之间是刚性连接。由于这种迫击炮结构简单、使用轻便,引起了各国的注意,并成为第一次世界大战后各国研制迫击炮的雏形。这种迫击炮的主要缺点是没有缓冲机,射击密集度不好。

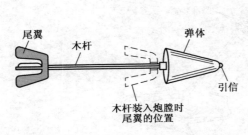

图 1-2　超口径长尾迫击炮弹　　　　图 1-3　1918 年式斯托克斯型 81mm 迫击炮

　　1927 年法国制成了同口径的尾翼稳定迫击炮弹和炮身与炮架之间有缓冲机的斯托克斯-勃朗特型 81mm 迫击炮。这种迫击炮战斗全重 58kg,弹重 3.26kg,射程 2200m,其性能有了进一步提高,很快被各国采用,公认为是一种重要的制式装备。至今各国装备绝大多数的便携式中、小口径迫击炮,其主要结构都和它相似。相应的改进工作主要集中在:采用强度较高的轻金属材料(如铝合金、钛合金等)来制造迫击炮,以减轻火炮重量,提高机动性;提出各种不同形式的座钣和炮架结构,以改善迫击炮的射击性能和使用性能;广泛地采用火箭增程迫击炮弹,在不增加火炮全重的情况下使射程增加约 50%;改进炸药配方,提高弹体材料强度,改进弹形,给迫击炮弹配上多用途的引信,以提高迫击炮弹的杀伤和爆破威力;研制反装甲的新弹种;配备小型激光测距器和小型计算机;研制迫击炮定位雷达等。

　　直到第二次世界大战以前,各国发展的重心都是 120mm 以下的轻型迫击炮。第二次世界大战期间和战后,迫击炮的发展有两个明显的方向:一是大口径迫击炮;二是自行迫击炮。

　　第二次世界大战经验表明,为了摧毁敌人坚强的防御工事,就必须使用大口径迫击炮。因为大口径迫击炮与同口径一般火炮相比,重量轻、弹丸的爆破威力大,而且弹道弯曲。因此,到第二次世界大战后期及战后,各国才努力研制大口径迫击炮。例如,苏联的 160mm 迫击炮和 240mm 迫击炮。图 1-4 所示为苏军装备的 240mm 迫击炮。它的战斗全重 4150kg,最大射程 9700m,炮弹重 130.7kg,可以发射原子炮弹。

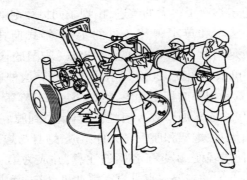

图 1-4　240mm 迫击炮

这种迫击炮的主要结构仍是由炮身、炮架和座钣三大件组成。这种炮的构件大,结构复杂,装填困难,从制造、使用和机动性方面来看,大口径迫击炮显得比较复杂和笨重,已经不再适合担任随伴步兵提供火力支援的任务。同时,射击时其座钣下沉量太大,撤出战斗困难,转移阵地缓慢,这对于有炮位侦察雷达的当代是不能允许的。此外它与同口径一般火炮相比远战性差,射程才 10km 左右,难以和其他师、军炮兵配置在同一地域,组成炮兵群。因此,目前在大力发展新型大威力武器的情况下,大口径迫击炮在各国军队装备中已逐渐减少。

第二次世界大战期间和战后,应战场上部队高速机动的需要,出现了自行迫击炮。如美国 M21 式 81mm 自行迫击炮、M4 式 81mm 自行迫击炮均于 1942 年装备部队;战后美国研制了 M84 式 106.7mm 自行迫击炮,该炮 1955 年装备部队;法国研制了 VP90 式 81mm 自行迫击炮,该炮 1956 年装备法军;20 世纪 70 年代 MCHB 型 60mm 自行迫击炮开始装备法军。早期的自行迫击炮,大多无炮塔即顶部是敞开的,只具备迫击炮的曲射弹道,是初级形态的自行迫击炮。无炮塔自行迫击炮攻击战场上目标的范围广、射程远,但作战时,车辆乘员和武器系统不能得到有力保护,防核生化武器攻击能力低,也不能防炮弹爆炸和轻武器的攻击。所以现在出现了研制炮塔式迫击炮的明显趋势。与常规的自行迫击炮不同,炮塔式迫击炮具备较强的装甲防护能力,通常使用自动炮尾装填系统,可以迅速转向新出现的目标,具有较快的反应速度。同时,炮塔的出现使迫击炮具有直接瞄准射击的能力,以直接瞄准射击方式发射 120mm 迫击炮弹,可以摧毁任何轻型装甲车或卡车,可使重型装甲车辆遭受重创。这赋予了自行迫击炮近距离作战的能力,提高了自行迫击炮的战场适应性。

新型迫击炮的高机动性、曲平两用、远射程、大威力、高射速等特点使其运用范围远超出为步兵分队提供火力支援的范畴,可以在多种的战场环境下发挥更大作用,如火力压制、反装甲、炮射导弹等,战场适应性得到极大的扩展,是未来战场上不可或缺的一员。

1.1.2　我国迫击炮的发展概况

迫击炮结构简单,生产的技术条件要求比较低,在国民党统治期间生产的数量较多,但是,当时也只能生产一些中、小口径的迫击炮。这段时期内生产的有 20 式 82mm 迫击炮、29 式 150mm 迫击炮、31 式 60mm 迫击炮以及 33 式 120mm 迫击炮。中华人民共和国成立前,解放区人民在条件极端困难的情况下,自制了一些迫击炮和迫击炮弹。这些迫击炮虽然比较粗糙,但在抗日战争和解放战争中都发挥了一定的作用。当时解放区内先后制造了口径为 60mm、82mm、100mm、120mm 和 150mm 的迫击炮。仅在 1949 年一年内,解放区制造的迫击炮和其他火炮就达 6300 多门。

图 1-5 所示的 120mm 迫击炮就是在解放战争初期,太行山区根据地人民为了适应前线作战需要而自己设计制造的。该炮的材料主要是从破坏敌占区的铁路交通中获得的。

中华人民共和国成立后,先后制造了 53 式 82mm 迫击炮、55 式 120mm 迫击炮和 56 式 160mm 迫击炮,并且装备了部队。之后,在总结了仿制和使用经验的基础上,并注意吸收国外先进构型,较快地进入了独立研究设计和制造新型迫击炮的阶段。先后成功研制了 63 式 60mm 迫击炮、64 式 120mm 迫击炮、67 式 82mm 迫击炮、71 式 100mm 迫击炮、87 式 82mm 迫击炮和 89 式 100mm 迫击炮等,使我军装备的迫击炮系列得到更新,为我国国防建设做出了贡献。

图 1-6 所示为 63 式 60mm 迫击炮。该炮装备于步兵连,它具有在任何复杂地形条件下都能紧密配合步兵作战的能力,是步兵用于近战、夜战的一种有效武器。该炮全重 12.5kg,炮弹重 1.5kg,最大射程 1490m,最大发射速度 30 发/min。

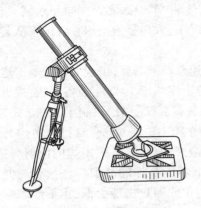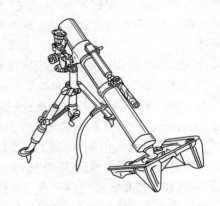

图 1-5　120mm 迫击炮　　　　　　图 1-6　63 式 60mm 迫击炮

图 1-7 所示为 67 式 82mm 迫击炮。该炮在威力保持不变的条件下,由于它在总体上的改进以及采用了新型座钣和缓冲机,使全炮总重由旧炮的 52kg 减少到 35kg,很受部队欢迎。

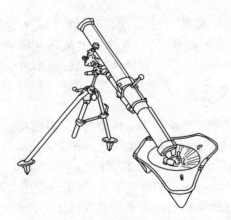

图 1-7　67 式 82mm 迫击炮

目前,我国迫击炮向一大一小两个方向发展。"大"是指近年来我国大力发展了分别以轻型车辆、轮式装甲车辆和履带式装甲车辆为底盘的轻型、中型、重型自行迫击炮。由于运载平台的变化,可以在装备重量、结构、操作使用等诸多方面有更多的发挥空间,使自行迫击炮相对同口径常规火炮具有重量、射速、机动性、火力适应性上的优势,成为重要的营、旅级火力支援和压制武器装备。"小"是指在传统便携式中小口径迫击炮的基础上进一步改进装备的结构、降低重量、增配新型弹种、配备简易火控、提高射速和精度,从而不断提高迫击炮的作战性能,为连排甚至是班组提供火力支援。

1.1.3 迫击炮的构造特点

迫击炮的作战任务主要是伴随步兵分队,对较近距离的目标进行火力打击,这需要相应的构造来实现。近代迫击炮有以下明显的构造特点:

1.1.3.1 炮身短、管壁薄

步兵分队的作战范围相对较小,所以以较低初速度发射迫击炮弹就可实现作战效果,相应地,迫击炮可以采用较低的膛压、较短的身管和较薄的管壁,使得在使用同类炮钢的情况下,整个炮身较轻,以满足伴随步兵分队作战的要求(表1-1)。

表 1-1 身管的壁厚比和长度比

火炮名称	口径 /mm	最大膛压处壁厚比 (口径倍数)	身管长度比 (口径倍数)
56 式 85mm 加农炮	85	0.667	48.8
54 式 122mm 榴弹炮	121.92	0.361	21.9
56 式 152mm 榴弹炮	152.4	0.330	23.1
53 式 82mm 迫击炮	82	0.073	14.9
55 式 120mm 迫击炮	120	0.154	12.8
56 式 160mm 迫击炮	160	0.087	24.2

1.1.3.2 采用座钣和简易轻便的炮架

尽管迫击炮弹的初速度和膛压较低,但其后坐力仍然不是人力可以抵抗的。迫击炮采取加大射角,利用地面支撑来抵消大部分后坐力的方法来解决这个问题。所以近代迫击炮一般不采用反后坐装置,而采取由炮身的炮杵经驻臼直接与座钣刚性连接的结构。发射时炮膛合力通过驻臼并经过座钣传至地面,此时土壤发生弹性变形和塑性变形,从而吸收后坐能量。这样,迫击炮发射时颠覆力矩几乎为零,成为保证迫击炮容易实现后坐稳定的基本条件。在发射时,迫击炮炮架实际上已不承受猛烈的后坐冲击作用,而仅仅是支撑炮身和保持炮身在一定的空间位置,因此它便于采用结构十分简单的双脚架和紧凑的螺杆式瞄准机。这样,迫击炮就省去了结构比较复杂的反后坐装置和平衡机等机构,也不需要长长的炮架。

1.1.3.3 采用滑膛前装身管

为利用地面支撑抵消后坐力,迫击炮通常以大射角射击,炮尾与座钣相连也承受了后坐力。如果采用后装填方式,对装填机构的强度要求较高,对全炮重量、机构复杂程度都带来不利影响。而采用前装填方式,可以省去结构复杂的装填机构、闭锁机构和加速机构。同时为保证有足够的底火触发能量,迫击炮弹由炮口装填后应能以较高的落速滑到膛底,这样就不需要采用加工较为复杂的线膛身管,这给生产和使用都带来了方便,而且容易达到较高的发射速度。所以对于一般中、小口径迫击炮,为了保持高的射速和简单的结构,一直采用速燃的发射药和短的前装滑膛炮身。迫击炮由于发射药量少、膛压低,因此它的炮身寿命明显长于一般线膛火炮的炮身寿命。到目前为止,一般都没有提出迫击炮炮身的寿命问题。

总之,迫击炮在满足弹道的同时,与同口径的一般火炮相比,重量比较轻,结构也简单得多,是一种运动性和火力机动性都良好的火炮。例如,一门82mm迫击炮,由炮身、双脚架和座钣三大件组成,分解、结合方便,全重仅35kg。在山区小路行军时,可用一匹马全部驮载;短距离运动时,可分成三件由三人背运。还可以装备于机械化部队,并可用于空降和登陆作战。82mm迫击炮分队在战时不受地形限制,凡是步兵能通过的地方,他们也能通过,而且选择发射阵地和伪装都很容易。他们能在第一线步兵的战斗队形内行动,对部队的火力要求反应迅速。在特殊条件下,他们还可以采用特殊的射击方法(如平射、简便射等),以及时、准确和猛烈的火力支援步兵战斗,很好地满足了伴随步兵分队作战的任务需求。对于大口径迫击炮,由于其炮身较长、炮弹较重,不便于由炮口装填,而不得不采用炮尾装填。同时,为了便于机动,它需要有运动体,这样就使大口径迫击炮的结构显得复杂而且笨重。但是它与大口径的一般火炮相比,仍具有结构简单和重量轻的特点。

1.1.4　迫击炮的战术技术性能

1.1.4.1　弹道弯曲和良好的弹道机动性

迫击炮射角大,弹道比榴弹炮更弯曲,这是迫击炮性能的最主要特点。由于采用变装药,其弹丸的初速度可做大范围调整,而且高低射界大,从而使迫击炮的弹道具有高度机动灵活的性能。因此,迫击炮在战术运用上具有很多优点:

(1)选择发射阵地容易。迫击炮由于弹道弯曲,可以配置在山丘后、峡谷中和深坑中,同时可以射击在同样地形内的敌方的隐蔽目标,因而没有射击死界(图1-8)和死角(图1-9)。在超越射击时还不会影响自己部队的安全。

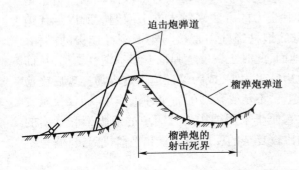

图1-8　迫击炮没有射击死界

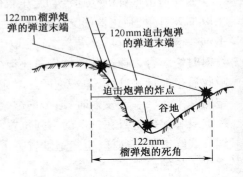

图1-9　迫击炮没有射击死角

(2)由于射角大和装填方便,因此易于在短时间内发射出大量炮弹,以构成迅猛的密集火力。

(3)由于炮弹的落角大,因而在对反斜面上的目标射击时,距离散布不会急剧增加,也不易产生跳弹;对水平面上的目标射击时,能得到有利的命中角,以利于弹丸破片向四周飞散,减少破片入土和向空中飞散的比例,因此能较充分地发挥弹丸的杀伤效能。

(4)有利于选择照明点,发射照明弹。这是因为迫击炮弹比一般火炮的炮弹的飞行速度慢,可能通过的弹道空间范围大,加上适当地改变时间引信分划,在夜战时,就可以比较容易地选择照明点。

(5)由于弹道机动性良好,所以能对距离上和方向上变化幅度较大的另一目标进行快速转移射击。在具有良好的指挥和通信系统的条件下,若干个迫击炮的火力单位可以用火力迅速集中对付同一目标,随后又可以迅速分散以对付别的不同目标,或者变成另一组合方法进行射击。

1.1.4.2　结构简单、机动性好

迫击炮一般由炮身、炮架、座钣、瞄准装置四部分组成,结构相对其他火炮较为简单。简单的组成极大地降低了全炮重量。这给迫击炮带来了运用和后勤上的明显优势。具体表现为:

（1）迫击炮的结构和射击控制系统简单,容易掌握。因此制造容易,成本较低,炮手训练时间短,战时便于迅速地大量生产和大量使用。

（2）迫击炮重量轻,运动性能好。虽然目前战场上出现了迫击炮定位雷达,但仍可以在进行有效的射击后迅速转移,以避开敌人对它的射击。此外,迫击炮发射阵地容易选择,因此迫击炮在运动时可以直接在步兵的战斗队形内或紧靠步兵战斗队形后进行抵近射击。

1.1.4.3　膛压低、初速度小

迫击炮比一般火炮的膛压低,迫击炮的最大膛压一般都在 100MPa 以下,弹丸初速度一般为亚声速。这样带来了一些性能上的特点。其优点是:

（1）由于膛压低,迫击炮弹的弹壁一般较薄,对弹体材料要求较低,并可使装填炸药的重量比增大。因此在同样的爆破效果下,迫击炮比其他火炮对钢铁的消耗量要少,取材也比较容易。这在战争时期有重大的意义。

（2）迫击炮发射时炮口火焰小,声响较低,利于隐蔽。

（3）膛压低、初速度小,有利于实现火炮结构尺寸的小型化。因此迫击炮易于被机械化部队和空降、登陆部队所采用。

由上可知,迫击炮具有其独特的战术技术性能,运动性和弹道机动性良好,可直接伴随和跟随步兵分队行动。其基本任务是:歼灭和压制敌军有生力量及火器,特别是遮蔽物后的目标;在障碍物中开辟通路及破坏轻型防御工事;在夜间实施照明射击,以改善观察条件及限制敌军行动,以火力或烟幕迷盲敌军观察所,掩护步兵行动,发射宣传弹,散发宣传品,以瓦解敌军。对于大口径迫击炮还可用于破坏较坚固的土木工事和砖石工事。此外,为对付战场上大量出现的敌军坦克及装甲车辆,中、轻型迫击炮由于其运动性能好、射速高,可以以密集火力实施拦阻射击,必要时可隐蔽接近,利用有利地形,用平射方法击毁敌军轻型装甲目标。

尽管迫击炮具有明显伴随火力支援优势,但由于其初速度小、弹道弯曲,因此它与同口径一般火炮相比具有如下难以克服的缺点:

（1）炮弹动能不足,侵彻力小,远战能力和对坚固目标的作战能力相对较弱。

（2）炮弹一般采取尾翼稳定原理且初速度小,弹丸从发射到命中目标所需的飞行时间较长,射弹散布较大。因此,迫击炮不宜射击快速的运动目标,一般也不用于射击点目标。

（3）弹道弯曲,炮弹的落角大,因此不适于射击垂直目标。

（4）迫击炮配用破甲弹,大射角射击时可对装甲车辆顶部形成攻击能力,但由于迫击炮精度的限制,其反装甲能力仍然不足,需采用非常规平射方式进行加强。

1.1.5　迫击炮的运输

部队在长途行军时,迫击炮及其弹药、备件和工具等都可用部队中现有的一般运输工具(如汽车、火车、舰船和飞机等)载运。

短距离行军或变换发射阵地时,小口径(如 50mm、60mm)迫击炮可以整炮背运;对于 82mm 等中口径迫击炮,则可以分解成炮身、炮架和座钣等几个大件来分别背运。

在山地行军中,由于牵引或运载工具难以通行,迫击炮及其弹药可由骡马来驮载运送。

连、营迫击炮担负有伴随步兵作战的任务,因此要求它分解、结合方便,便于背负和驮载,并能迅速投入战斗。

对于威力较大,比较笨重的迫击炮,常采用汽车牵引。这就需要其带有运动体或配有专用的炮车。

对于自行迫击炮来说,依靠自身运载平台即可实现机动。常见的自行迫击炮运载平台包括轻型车辆、轮式装甲车辆和履带式装甲车辆等。

对于高机动部队、特战部队和空降部队所使用的随伴迫击炮,则应以中、小口径迫击炮为宜。在此除了对每件重量有严格的限制外,在尺寸和结构方面还应考虑出入车(机)门和行动的方便。

1.1.6　迫击炮的分类

1.1.6.1　按战术使用分类

1) 随伴迫击炮

在战斗中,随伴迫击炮的任务是在任何地形条件下都能伴随第一线步兵,并给以直接的火力支援。在编制上配属于步兵分队,由分队指挥员直接掌握。例如,口径为 60mm、81mm 和 82mm 的迫击炮等。它们用以压制和歼灭敌前沿暴露的和掩体内的有生力量和火器,并拦阻射击火力以阻止敌人的冲击。这种迫击炮在战场上主要是由人力搬运,因此要求其轻便和运动性良好。需要说明的是,随着战争形态的变化,小型步兵分队的战斗方式更加突显,迫击炮逐渐成为更低层级步兵分队的火力支援武器,如连、排,甚至是班组。

2) 支援迫击炮

在战斗中,支援迫击炮一般编配于旅级炮兵体系,随时以火力支援前沿部队作战。由于要求支援迫击炮射程远、弹丸威力大,因而它们比随伴迫击炮显得重些。例如,口径为 100mm、107mm、120mm 和 160mm 的迫击炮,它们用以歼灭敌轻型野战工事内的人员和火器,破坏土木、砖石工事和铁丝网,并以火力控制某些重要目标和地段。

1.1.6.2　按炮膛构造原理分类

1) 滑膛迫击炮

滑膛迫击炮在迫击炮中一直占主导地位。这种迫击炮发射带尾翼的同口径弹或超口径弹。在亚声速条件下,尾翼式同口径迫击炮弹能保证以不同射角和初速度发射的弹丸的飞行稳定性。而以大射角、超声速发射时,尾翼弹的飞行稳定性会明显下降。在第一次世界大战期间,各国曾广泛使用超口径迫击炮弹。这种炮弹的尾部装有一根杆,杆的定心部直径与炮膛内径相适应,尾翼固定在弹体的后部或杆上。它的威力较大,但射程近,飞行时的弹道性能较差。因此,在大量使用同口径迫击炮弹后,超口径迫击炮弹已很少被采用。

2)线膛迫击炮

线膛迫击炮在第一次世界大战时期曾一度被广泛使用,但第二次世界大战以来已很少使用。因为线膛迫击炮发射的是旋转弹丸,在大射角的情况下(射角大于 $60°\sim65°$),对于初速度变化范围较大的迫击炮弹来说,其飞行稳定性往往不易全面地得到保证,影响射击密集度。当要求有较高的发射速度而需采用炮口装填时,线膛迫击炮弹还必须有一定的结构措施,以限制发射时从炮弹和膛壁之间的间隙中流出的火药气体。例如,美国 M30 型 4.2 英寸迫击炮就是由炮口装填的线膛迫击炮。它所发射的迫击炮弹在弹体后端装有一个膨胀底盖,没有尾翼(图 1-10)。飞行的稳定性靠弹丸的自转来保证。该炮限制最大射角为 65°(一般滑膛迫击炮允许的最大射角可达 80°~85°)。因此用线膛结构炮身作为曲射的迫击炮目前还不是很普遍。

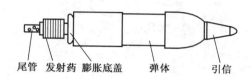

尾管　发射药　膨胀底盖　弹体　引信

图 1-10　M30 型 4.2 英寸迫击炮弹

3)杆状迫击炮

杆状迫击炮没有火炮通常所有的身管,起炮身作用的是一根圆杆,以决定弹丸的运动方向(图 1-11)。此圆杆与托架、双脚架连接。装填时,迫击炮弹的尾管套在圆杆上,发射药位于尾管底部和圆杆顶部之间。它一般用于发射威力较大的炮弹,全炮较轻,但射程不远,主要用于摧毁布雷区、障碍物和工事。例如,德国 89mm 轻型杆状迫击炮,它的圆杆直径为 89mm,战斗全重 93kg,弹体直径为 198mm,弹重 21.27kg,炸药重 7kg,射程为 700m。

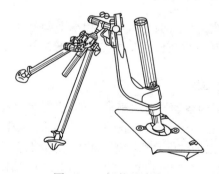

图 1-11　杆状迫击炮

1.1.6.3　按吸收后坐能量的原理分类

1)无反后坐装置的迫击炮

这种迫击炮结构简单,炮身与座钣之间是刚性连接的。发射时作用于炮膛的火药气体合力是经过座钣直接传到地面的,并由土壤的变形来吸收后坐能量。这是目前最常见的一种迫击炮。

2）带反后坐装置的迫击炮

这种迫击炮的炮身是通过反后坐装置同座钣连接的（图1-12）。发射时反后坐装置吸收了部分后坐能量，减小了通过座钣作用于地面上的力，从而使射击稳定性得到改善，并可相应地使座钣尺寸减小、重量减轻。但是，反后坐装置应用于迫击炮后，使全炮结构复杂化，一般只有大口径迫击炮或自行迫击炮有条件采用，随伴迫击炮都很少采用反后坐装置。

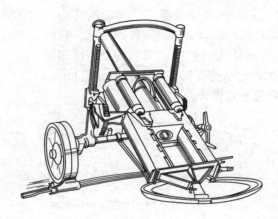

图1-12　带反后坐装置的迫击炮

1.1.6.4　按部件的组合分类

1）单一炮身的迫击炮

这种迫击炮是一种最简单的迫击炮，它只有炮身和同炮身相连的简单的瓦状座钣，没有瞄准机。它是由炮手扶住炮身来进行瞄准射击的，只适用于连、排所属的小口径迫击炮。

2）整体型迫击炮

这种迫击炮是一种将炮身、方向机、高低机和水平调整装置等都安装在座钣上的迫击炮。它在第一次世界大战时应用较广。这种迫击炮的结构比较复杂，在同口径迫击炮中显得笨重。

3）假想三角形结构迫击炮

这种迫击炮是由它的结构运动学特性来命名的，也是最常见的一种迫击炮。这种迫击炮可以看作是由三个构件和三个铰链所组成的三角形。例如，带双脚架的迫击炮（图1-1），它的第一个构件是炮身，第二个构件是双脚架，而第三个构件是在射面内连接双脚架下支点和炮身下支点的地面。它的三个铰链位置分别在驻臼、方向螺杆和双脚架下支点。由于第三个构件不是迫击炮本身的实际金属构件，而是看作假想的第三构件。因此，称这种迫击炮为假想三角形迫击炮。这种迫击炮在发射过程中，由于座钣移动明显，而使此三角形在每发射一发炮弹后都会有所变化。目前，装备的绝大多数迫击炮都属于这一类。除了双脚架迫击炮外，还有单脚架迫击炮、三脚架迫击炮和带有复杂结构炮架的迫击炮。

4）真实三角形结构迫击炮

这种迫击炮和假想三角形结构迫击炮的不同点是它的第三个构件不是虚拟的，而是迫击炮的实际金属构件。它保证炮架下支点的转动中心和炮身下支点的转动中心之间的相对距离保持不变。例如,美国 M30 型 4.2 英寸迫击炮(图 1-13)。

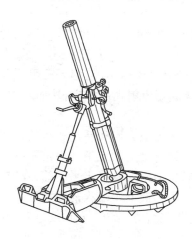

图 1-13　M30 型 4.2 英寸迫击炮

1.1.6.5　按改变射程的方法分类

1)改变射角又改变初速度的迫击炮

这种既改变射角又改变初速度来变化射程的方法是目前普遍采用的方法。它不仅保证迫击炮具有比较宽大的射程范围,而且使迫击炮具有良好的弹道机动性,在允许的射程范围内都可以获得很弯曲的弹道和大的落角。

2)不改变初速度只改变射角的迫击炮

这种迫击炮发射固定装药的迫击炮弹。射击时准备工作简单,但弹道机动性较差。这种方法曾被用于小口径迫击炮。

3)只改变初速度不改变射角的迫击炮

这种迫击炮在发射时射角是一定的,结构更为简单。但是它的弹道机动性也比较差,目前很少采用。

1.1.6.6　按改变初速度的方法分类

1)改变发射药量来改变初速度的迫击炮

这种迫击炮是目前最常见的迫击炮。为了使用方便,它一般是采用变化不同数量的附加药包来获得弹丸的不同初速度。这种迫击炮的炮身结构比较简单。

2)改变药室排气孔面积来改变初速度的迫击炮

这种迫击炮在炮尾上装有排气装置,改变排气孔面积,可使发射过程中药室内流出的火药气体量不同,从而改变了膛压和弹丸的初速度。这种迫击炮虽然能使射击中的准备工作简化,但是由于它的喷口容易被烧蚀,因此影响初速度的散布。而且这种迫击炮的炮身结构也比较复杂。这种方法曾用于 50mm 的迫击炮上。

3)改变药室初容积来改变初速度的迫击炮

这种迫击炮是靠升降击针来改变药室初容积和弹丸在膛内的行程,从而调整发射时的膛压和弹丸的初速度。这种方法曾被用于小口径的掷弹筒上。

1.2 轻型无坐力武器

如果说迫击炮是通过大射角射击的方式将后坐力导向地面,为步兵分队携行提供伴随火力的话,那么轻型无坐力武器采用了一种截然不同的方式来达到同样的目的。实际上,轻型无坐力武器发射时仍然会产生后坐力,但是轻型无坐力武器利用动量守恒原理,发射时使部分火药燃气后喷来实现发射器反后坐,从而减少或消除射手可感后坐力,以满足步兵分队作战使用要求。

轻型无坐力武器一般可分为无坐力炮和便携式火箭武器两种,两者在以上原理的实现途径上又有明显的区别。严格意义上的无坐力炮是靠部分火药燃气后喷产生向前冲量抵消膛内火药气体产生的向后坐力来实现射击平衡的,发射过程中炮身承受膛压,而炮弹是被膛压推出炮膛的。便携式火箭武器中的火箭弹本身运用动量守恒原理实现了后坐力的消除,发射器仅给火箭弹提供飞行方向和击发功能,本身几乎不承受膛压。

1.2.1 轻型无坐力武器的发展

1.2.1.1 无坐力炮

早在 15 世纪,意大利著名艺术家、科学家达·芬奇就提出了无坐力火炮的设想,他留下了一幅用一根直的炮管将两发炮弹同时向相反方向射击的无坐力炮原理图。

1857 年,人们就开始了将火炮后坐减到最低程度的研究工作,当时采用预刻槽弹带作为减少坐力的方法获得了专利权。不过,无坐力炮的现代史一直到 20 世纪初叶才开始。当时出现了坦克和装甲车辆,而且坦克运动速度不断提高,迫切要求发展轻便灵活、机动性良好而能有效对付装甲目标的武器。一般火炮要同时满足威力大和重量轻这两个要求是很难做到的,即使是采用了反后坐装置和炮口制退器以及利用了前冲原理的现代火炮,也还是不能满足机动性的要求。人们开始寻求新的工作原理,以完全消除后坐,达到大大减重的目的。

1914 年,美国海军少校戴维斯发明了世界上第一门可供使用的无坐力炮,人称"戴维斯炮"。为了抵消炮弹发射时所产生的巨大作用力,戴维斯在同一根炮管的另一端也装上了一配重弹丸,向前发射弹丸的同时,后面那颗平衡弹在其反作用推力下从炮后射出,爆成碎片,从而第一次制造出一种在发射过程中利用向后喷物质和动量与前射弹丸动量平衡使炮身不后坐的火炮,并且用于实战当中。然而这种方式存在很大缺点,既不能做到大大减轻火炮重量,在实际使用时也非常困难。

针对"戴维斯炮"的不完善之处,人们逐渐对它进行了改进和发展。1917 年,俄国人梁布欣斯基取消了配重体,直接用向后喷出的火药气体来进行平衡,抛射固体配重体的后半截炮管也没有用了,使无坐力炮的炮管缩短了一半。1921 年,有人取消了炮闩,以达到炮身不后坐,改善炮架受力和减轻火炮重量的目的。这样生成的火药气体只有一小部分用来推动弹丸向前运动,大部分则向后流出。利用这部分气体流出时的动量,来抵消运动的弹丸和加速弹丸运动的气体以及从炮口流出的气体的动能,以此达到发射时炮身不后坐的目的。这种方法有一个很大的缺点,就是火药消耗量太多。此后,英国的库克和苏联的特罗菲莫夫、别尔卡洛夫、库尔契夫斯基等对无坐力炮进行了改进和发展,在炮管的尾部安装上喷管,使流过喷管的气体速度增大,从而减少喷出的气体量。

20世纪30年代,瑞典工程师拉瓦尔根据亚声速和超声速两种气流的特点,从实验中得出一种能够获得超声速气流的喷管——拉瓦尔喷管,这种喷管最符合无坐力炮的要求,可以实现利用较少的火药燃气后喷,获得较高的火药气体后喷速度,提高弹丸的飞行速度。1936年,梁布欣斯基研制的76.2mm无坐力炮成为世界上第一个正式列装无坐力炮,并在苏芬战争中第一次实战应用。该炮采用带有喷管的新型炮闩,经喷管后喷的气流流速有了明显的提高,从而产生较大的反作用力,这减小了火药消耗量,弹丸初速度也得到提高,而且可以通过控制喷喉大小来调节反后坐力。这就是现代无坐力炮的雏形。

无坐力炮虽然作为武器诞生了,但由于初速度低,穿甲能力小,故仍不能用来作为反坦克武器。第二次世界大战后期,发明了空心装药破甲弹。这种弹丸是靠高温、高速的金属流聚能效应破装甲的,有很高的破甲能力,而且对弹丸的初速度要求很低。这才使得无坐力炮能够成为重量轻、威力大的有效的反坦克武器,并在德国军队中开始列装,继而得到了广泛的装备和使用。

20世纪50年代前后,美国先后研制了57mm、75mm、90mm、106mm、120mm和155mm口径系列的无后坐力炮。俄国先后研制了82mm和107mm口径系列及增程系列的无后坐力炮。

我国从20世纪40年代以来,先后研制了57mm、75mm和82mm无坐力炮,以及105mm自行无后坐力炮等十余种武器系统,在品种、数量和性能上都取得了显著的成绩。图1-14所示为我国的65式82mm无坐力炮。

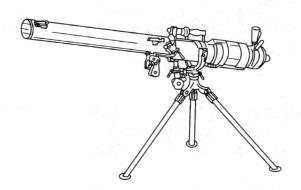

图1-14　65式82mm无坐力炮

1.2.1.2　便携式火箭武器

便携式火箭武器真正用于实战也是在第二次世界大战中、后期。为了给步兵分队提供便于携带的反装甲火力,以应对战场上日益增多的坦克和装甲车辆,美国联合法国把空心装药破甲弹结构运用到火箭弹战斗部上,成功研制了60mm口径M1火箭发射器,该火箭发射器于1942年列装,是现代火箭发射器的最早型号,俗称"巴祖卡"。"巴祖卡"的诞生促使世界各国纷纷展开对火箭发射器及火箭弹的研制。但早期的火箭发射器比较笨重,多采用钢质发射筒,通常需要2人或3人操作,主要发射破甲弹,直射距离100m左右,垂直破甲深度120~200mm。随着装甲车辆防护能力的提高,火箭发射器的射程和破甲深度也逐渐提高,有的还采取了轻质铝合金材料,减轻了发射筒的重量。

20 世纪 60 年代,随着新材料、新工艺、新结构的广泛应用和新型弹药的研制开发,出现了两截式结构、弹筒合一(一次性使用)、多管并联等多种结构,火箭弹已发展为包括破甲弹、杀伤弹、燃烧弹、发烟弹等多个种类,新型火箭发射器的重量更轻、射程更远,破甲和杀伤威力也不断提高。20 世纪 70 年代末后,随着反应装甲的出现,传统步兵反坦克火箭发射器逐渐力不从心。火箭发射器一方面继续强调反坦克能力,发展重型、大威力、多功能火箭武器;另一方面强调多用途攻坚能力,发展反轻装甲、野战工事、建筑物及有生力量等目标的便携式火箭武器。

我国先后研制了 40mm 火箭发射器、57mm 防空火箭筒以及 60mm、80mm、93mm、120mm 等几种口径的反坦克火箭。

国产 120mm 反坦克火箭发射器于 1999 年装备部队,是我国自行研制的新一代步兵反坦克武器,主要装备我军步兵作战分队,用于攻击敌中型坦克、轻型坦克、装甲车辆和自行火炮,歼灭和压制敌暴露的有生力量和火器。新型 120mm 反坦克火箭发射器于 2006 年改型成功并装备部队,其重量更轻、操作更方便、通用性更好。

1.2.2　轻型无坐力武器的工作原理

轻型无坐力武器的发射原理就是动量守恒定律在火炮上的具体应用。以喷管型无坐力炮为例,其工作原理如图 1-15 所示。

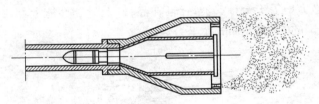

图 1-15　喷管型无坐力炮的工作原理

发射前,炮身、弹丸、发射药等可看成是一组静止质点系,总动量为 0。发射时,一部分火药燃气向前运动,并推动弹丸向前运动。设这部分火药燃气的动量为 $m'_1v'_1$,弹丸动量为 mv;另一部分火药燃气经由无坐力炮的后喷管向后喷出,其动量为 $m'_2v'_2$;炮身后坐动量为 MV。

假设炮身轴线方向无外力作用,由动量守恒定律,可得

$$mv + m'_1v'_1 - m'_2v'_2 - MV = 0$$

或

$$mv + m'_1v'_1 - m'_2v'_2 = MV$$

由上式可知,只要适当选择喷管结构尺寸,控制后喷火药燃气的动量,就可以使无坐力炮后坐能量等于 0($MV = 0$),即达到火炮消除后坐的目的。

值得说明的是,在实践中,由于种种原因很难保证轻型无坐力武器在整个射击过程中的每一瞬时都绝对平衡,但是射击时间很短,在射击过程中作用于武器部分的冲量很小,通过装备设计能够控制在战术要求允许的范围内。

1.2.3　轻型无坐力武器的分类

轻型无坐力武器主要是指重量轻、结构简单、机动性好,可以由单兵携行的轻便无后

坐力炮或火箭发射器。这些武器的口径一般较小,因此射程较近、威力相对较小。按照不同标准可分为以下。

1.2.3.1　按无坐力实现方式分类

1)无坐力炮

炮身承装炮弹,并与火药气体配合赋予弹丸一定的初速度和飞行方向。发射时,火药在药室内燃烧产生火药气体,一部分火药气体通过炮身尾端的喷管向后喷射以抵消后坐力,一部分向前赋予弹丸运动速度。炮身作为容纳火药气体的密闭空间的一部分,需要承受膛压。

2)便携式火箭武器

便携式火箭武器的发射器筒身为一根直筒,仅起到赋予火箭弹飞行方向的作用。发射时火药气体从火箭弹上的喷管向后加速喷出以抵消弹丸发射时产生的后坐力,此时筒身不承受膛压,所以火箭发射器的筒身一般又称为定向管。还有部分火箭发射器的筒身上带有喷管,如我国40mm火箭发射器发射时,火箭弹上发射药燃烧产生火药气体向后喷出,在筒身后端喷管处加速,从而抵消后坐力,此时筒身亦承受部分膛压。

1.2.3.2　按炮膛结构形式分类

1)线膛式

身管内膛有膛线,大多发射旋转稳定弹,也可以发射空气动力稳定弹。

2)滑膛式

身管内膛无膛线,只发射空气动力稳定弹。现代伴随轻型无坐力武器为减少武器重量,多采用滑膛式。

1.2.3.3　按射击方式分类

1)肩射无坐力武器

以肩部依托为主要射击方式的轻型无坐力武器,要求后坐力小。有的无坐力炮并不以肩射为主要射击方式,但在仓促遇到敌人或紧急情况下,也可以肩射实行简便射击。这种轻型无坐力武器并不是肩射炮,但有肩射性能。

2)架射无坐力武器

以架设炮架为主要射击方式的轻型无坐力武器。这种无坐力武器的后坐力较肩射炮大,必须保证火炮射击的稳定性和炮架强度。

1.2.3.4　按装填方式分类

1)前装式

炮身无炮闩,弹药由炮身口部装填,大多用于发射超口径炮弹。这种弹药战斗部直径不受炮膛直径的限制,能够适当地增大威力。但是由于其弹药较长,装填困难,容易影响其发射速度。

2)后装式

炮弹从炮尾装填,装填方式迅速,对提高发射速度有利。但这种武器只能发射等口径弹药,限制了弹药的威力和破甲能力。

1.2.3.5　按消除后坐力方式分类

1)喷管型

火药燃气经半密闭药筒小孔流入药室(低压腔),推动弹丸运动,并从喷管喷出。其特点是膛压低、弹丸炸药量大、破甲威力高、炮身较轻、药筒内压力高、点火与燃烧好、初速度稳定性好,但初速度较小。现代轻型无坐力武器大多采用此种方式。

2）戴维斯型

发射药置于身管中部,弹丸与其等重量的配重体分别置于发射药前后。发射时,弹丸射向目标,配重体向后飞离炮管,散落地面。这类炮无喷管和炮闩,后喷火焰小,火炮重量轻。

3）弓弩型

在弹丸、配重体与发射药之间分别置有一个活塞,发射时,燃气经活塞使弹丸和配重体飞离炮管,此时活塞被炮管两端的制动环卡住,燃气逐渐逸出炮管。发射时无焰、无光、噪声低。

1.2.4 轻型无坐力武器的特点

一方面,轻型无坐力武器发射弹药时需要向后喷射物质以抵消后坐力,若弹药初速度过高,势必增加后喷物质的重量和速度,这会造成武器和弹药重量的提高。考虑到步兵分队的承载能力,必须降低弹药初速度。另一方面,破甲弹主要依靠命中目标时以聚能炸药爆炸后形成的金属射流实现对装甲目标的毁伤,其毁伤效果并不依赖炮弹初速度。两方面结合就诞生了为步兵分队提供轻便反装甲火力的轻型无坐力武器。基于轻型无坐力武器特殊的发射原理,它具有以下性能特点:

1）结构简单,操作使用方便

轻型无坐力武器体积小、零件少、重量轻,无须配装反后坐装置和庞大的炮架。因此结构大为简化,操作使用十分方便可靠。

2）质量小,便于携行和机动

小口径无坐力武器如我国 40mm 火箭发射器质量仅有 5.7kg,可手持或肩扛射击,便于单兵携行;中口径无坐力武器如某 82mm 无坐力迫击炮,全炮重 29kg,借助于简单的脚架便可射击,通常可以分解成几个部件人背马驮,相比于同口径加农炮或榴弹炮其重量大大减轻,大幅提升其机动性能。

3）形体较小,适应性强

轻型无坐力武器是火炮中体形较小、射界宽、弹道低伸、适应能力较强的直射武器。适合于在山地和复杂地形使用,可直接伴随步兵作战。

4）制造容易,造价低廉

由于轻型无坐力武器结构相对简单,制造工艺流程相对容易,因此,制造成本较低,适宜大批量装备部队。

轻型无坐力武器也存在一些自身的不足,主要体现在以下几个方面:

（1）膛压低,初速度较小,射程较近;

（2）火药利用率较低;

（3）由于大量的火药气体后喷,射击时火光、噪声较大;

（4）轻型无坐力武器有一个很大的后危险区,选择阵地受一定限制,并且射后容易暴露阵地。

1.3 随伴火炮的发展趋势

近些年来,军事技术的发展和作战样式的变化推动了随伴火炮技术的创新和发展,使武器的作战性能得到了较大提高。

1)武器重量不断降低

对于随伴火炮来讲减轻重量始终是一个十分重要的努力方向,尤其对于中小口径便携式火炮来讲更是重中之重。一方面,大量采用新材料、新工艺以实现减重。钛合金、镍合金、铝合金、玻璃钢等新型高强度材料均得到了应用;另一方面,在武器设计上进一步减少部件、简化机构,如小口径轻型迫击炮去掉脚架、采用弹性吸振座板设计等。2011年6月,美国陆军首门M224A1式60mm轻型连级迫击炮系统装备到位于美国华盛顿州刘易斯堡的第一特种大队。最终将替换所有现役的M224迫击炮系统。M224A1迫击炮炮管采用镍合金制成,这种材料重量非常轻,但强度与钢相当,此外还具有耐磨、使用寿命长等特点。两脚架采用轻型铝和钛高性能材料制成,同时火炮部件数量也进一步减少。M224A1型重量比M224型减轻了20%,而射速、射程和炮管寿命等指标水平相当。

2)进一步提升射击精度和威力

一方面,改进炮弹定心部的结构,使炮弹定心部与身管内壁的贴合更科学,增加内弹道的一致性,这一点对于迫击炮来讲更加重要,主要是采取特殊的弹带结构来实现。迫击发射时,弹带能保证与身管内壁之间有足够的间隙,以便于炮弹顺利下滑,而炮弹发火后,弹带能够减小该间隙,从而减小火药燃气的流出;另一方面,大量应用火控系统,以提高射击诸元获取、解算和装表能力,从而提高射击精度。即使是一些便携式随伴火炮也配备了简易的火控系统,这对于提高便携式反坦克武器的射击精度效果更加明显,大大提高了对高速运动的装甲目标的射击精度。除此之外,人们还大力研制发展制导炮弹、新型破甲弹和子母弹等新型炮弹。在反装甲方面,主要发展串联战斗部破甲弹,可有效击毁带披挂式反应装甲的装甲车辆。制导迫击炮弹可使迫击炮从根本上摆脱面杀伤武器的限制,具备点面杀伤的能力,可从顶部对装甲目标进行精确打击,成为十分有效的"攻顶武器"。美国海军陆战队实施的"精确增程迫击炮(PERM)"项目,研制了120mm"自旋控制制导迫击炮弹(RCGM)",这是一种低成本的制导迫击炮弹,采用了标准的M934A1迫击炮弹和M734A1引信元件,可由M327式120mm迫击炮发射。该弹采用了"自旋式控制固定鸭翼(roll-controlled fixed canard)"专利技术,在射程17~18km处的圆概率误差不到10m。而像技术比较成熟的瑞典"卡尔·古斯塔夫"M2火箭筒,在改进后命名为M3,并发展配备了较为完备的弹药体系,其作战性能得到了较大的提升。

3)发展高机动性、信息化的自行武器系统

运载平台不仅为火炮提供了机动能力,还为火炮采用新型装置和设备提供了便利。同时,运载平台可携带较多的弹药配以火炮高射速性能,大大增加了火力系统的威力。自行迫击炮系统大多采用轻型轮式或履带式车辆为底盘,配备不同口径的身管,配用包括精确制导弹药在内的各种新型弹药和先进的火控系统,具有火力猛、可部署性强、精度高的特点,是理想的地面火力支援武器。轮式自行迫击炮重量轻、机动性高的特点,使其更加适用于特种、轻型部队遂行山地作战、空降作战和城市巷战。同时,大量信息化技术的介入,使自行迫击炮系统具备了较强的自主射击能力,具备导航、定位定向、弹道计算机、数字传输装置和自动瞄准系统,能够随时了解自身炮位的准确坐标,并能利用上级或前方观察员报知的目标信息迅速计算出射击诸元,使武器系统反应时间可以缩至 1min,甚至几十秒。自行迫击炮中的佼佼者当数芬兰的帕特里亚(Patria)公司,该公司先后成功推出了"AMOS"和"NEMO"迫击炮系统。"AMOS"是世界上第一种正式列装的炮塔多联装式自行迫击炮,其射速高、防护性能好、快速反应能力强、携弹量大和全向射击能力等优点引起了世界广泛关注,为迫击炮的发展开拓了新途径。该炮有履带式和轮式两种底盘,瑞典军队采用 CV90 履带式底盘,芬兰军队采用轮式装甲车底盘。炮塔为全焊接结构,可防御12.7mm 子弹和炮弹破片的攻击,还可通过附加装甲来提高防护能力。该炮的最大特点是采用了双管 120mm 迫击炮,最大射速达到 26 发/min,最初的 4 发弹可在 4s 内发射完。可采用直接射击和间接射击两种方式,间接射击时的最大射程达到 10km。其火控计算机能够通过对弹道高度的调节实现多发连续射击,最高达到 14 发/min,并能使多发炮弹同时击中目标。它由行军状态转入发射状态,到发射出第一发炮弹的时间为 30s,完成射击任务后 10s 内即可撤出阵地,大大提高了战场生存力。与 AMOS 系统不同的是,NEMO 迫击炮系统是一种单管 120mm 迫击炮,采用无人炮塔式结构。其结构紧凑的特点,使它很容易安装到多种轮式和履带式底盘上,也可安装到轻型小型舰艇上。由于是无人炮塔,整套装置很紧凑,炮塔全重只有 1500kg,方向射界 360°,高低射界−3°~+85°,采用半自动装弹方式。装在芬兰 AMV 模块化装甲车底盘上的 NEMO 自行迫击炮有 4 名乘员(车长、驾驶员和 2 名装填手),具有遥控操作炮塔能力,炮塔的外形设计体现了隐形化的设计思想,弹药基数为 50~60 发。其最大射速、持续射速、最大射程、进入阵地时间和撤出阵地时间等性能指标都和 AMOS 的相同,配用的弹种也和 AMOS 的相同。美军列装的"STRIKER"B 迫击炮系统,主要是采取车运载炮的形式,车、炮一体化程度虽不如"AMOS"系统,但其也具备较强的火力指挥和控制能力。该炮除装备 1 门 120mm 迫击炮外,还载有另一门可卸载的 60mm 或 81mm 迫击炮,通常连级为 60mm,营级为 81mm。在迫击炮车右后侧的弹药架上可储存 48 发 120mm 迫击炮弹,连级可储存 77 发 60mm 迫击炮弹,弹药架经过改装后可储存 35 发 81mm 迫击炮弹。"STRIKER"B 型迫击炮通过车顶上的门从车内射击,车上配有新型 M95 式迫击炮火控系统(MFCS),使每门迫击炮都可以自主计算射击诸元,也可以作为迫击炮排其他迫击炮的射击指挥中心。自动瞄准系统可以缩短整个系统的行军战斗转换时间,同时具有"多发同时弹着"和"打了就跑"的作战能力。

4) 无坐力炮和便携式火箭武器合二为一

无坐力炮发射时膛压相对较高,限制了炮身重量的下降,而便携式火箭武器则存在初速度不足的缺点,因此二者走合二为一的路线成为必然。除非在降重问题上能取得明显的进展,否则完全严格意义上的无坐力炮将逐步走向消亡。同时,随着其他反坦克武器的发展,重型反坦克随伴火炮也将逐步退出历史舞台,取而代之的是轻量化的无坐力发射器,在技术上大力改进发射药,以减小危险区、控制发射时的声响和火光。如我军的120mm 反坦克火箭筒,筒身重量仅约 10kg。

第2章 内弹道基础理论

随伴火炮在射击时,不仅具有一般火炮的主要射击现象,而且还具有燃气流出现象,但迫击炮和轻型无坐力武器的燃气流出量和流出方向之间又有显著差别,因而表现出不同的内弹道特点。

2.1 迫击炮内弹道

2.1.1 迫击炮的发射药结构及其要求

迫击炮采用尾翼稳定的滴状炮弹,由于迫击炮弹弹尾很长且具有稳定装置,因而药室容积比同口径的一般火炮大得多。根据战术要求,迫击炮的最高膛压和初速度都比较低,因此,炮弹的发射药量一般都很小,从而使得药室内装填密度也很小,一般为 $40\sim150\mathrm{kg/m^3}$。在这样小的装填密度条件下,为使所有发射药瞬时点火得到较好的射击精度,一般迫击炮弹的发射药分为两个部分:一部分是基本装药,装填在用纸做成的基本药管内,起到传火作用,基本药管内装填密度很大($650\sim800\mathrm{kg/m^3}$),药管的底部装有底火;另一部分是辅助装药,由环形药包固牢在传火孔周围,如图2-1所示。

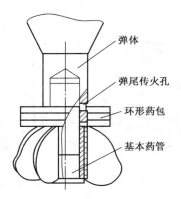

图2-1 环形药包套在尾管上的情况

2.1.1.1 基本药管的构造

基本药管的主要作用是点燃附加药包。同时基本药管也是中小口径迫击炮的0号装药。

基本药管的结构如图 2-2 所示,它由管壳、底火、点火药、火药隔片、发射药和封口垫等六个基本元件组成。

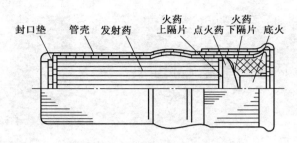

图 2-2 基本药管的构造

各种口径迫击炮的基本药管构造基本相同,只是点火药的安装形式有所不同。一般点火药有 3 种安放方式,即散装、盒装和袋装。散装时,将点火药用上、下隔片分开。现有 60mm 和 82mm 迫击炮,基本药管的点火药就是散装的。盒装时,先将点火药装入用双基药制成的软盒内,密封后再装入管内。64 式 120mm 迫击炮,基本药管的点火药就是采用盒装。袋装时,先将点火药装入圆形绸袋内,然后再装入管内。某 82mm 迫击炮长弹的基本药管点火药就是采用袋装的。

迫击炮基本药管内的点火药,一般为 2 号和 3 号小粒黑火药。

2.1.1.2 附加药包的构造

附加药包是将发射药装入特制的药包袋内缝合而成的。药包袋的材料是易燃、少灰的丝绸或棉纱织品。迫击炮附加药包的形式有以下三种:

1) 环形药包袋(图 2-3)

在每个药包袋内装等重量的双基环状药。发射时,装一个药包袋为一号装药,以后每增加一个药包,则装药号数增加一级。药包数量越多,初速度和射程越大。使用时,将每个药包袋套在带有传火孔的炮弹尾管上。现有的 60mm、82mm 和 100mm 迫击炮附加药包都采用这种结构形式。

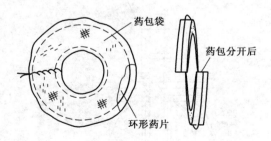

图 2-3 环形药包袋

2) 条形药包袋(图 2-4)

条形药包袋成条状,内装方片状或管状发射药。在药包袋两端有绳环和绳结,便于将药包袋捆扎在炮弹的尾管上。图 2-5 是条形药包袋捆扎在尾管上的情况。根据每个药包袋内装入发射药的重量,又分为等重或不等重药包两种。等重药包指每个药包袋内装入的发射药种类和重量都相同。64 式 120mm 迫击炮的附加药包就是等重药包。不等重药包指每个药包袋内装入的发射药种类相同,而重量不同。一般分为大药包和小药包两种,小药包的重量是大药包的一半。使用时,不同的装药号由大、小药包搭配组成。55 式 120mm 迫击炮的附加装药就是由大、小药包搭配组成的,其组成形式见表 2-1。

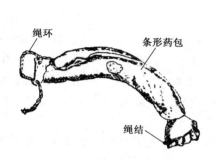

图 2-4　条形药包袋

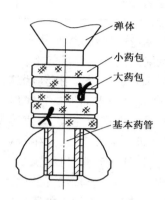

图 2-5　条形药袋捆扎在尾管上的情况

表 2-1　55 式 120mm 迫击炮装药号与药包袋的搭配关系

装药号 组成	1#	2#	3#	4#	5#	6#
3/1 石小药包数/个	1		1		1	2
3/1 石大药包数/个		1	1	2	2	2

3）环袋形药包(图 2-6)

环袋形药包是将方片状或管状发射药装于绸质的环形药袋内缝制而成的。56 式 160mm 迫击炮的全变装药的药包就是环袋形药包。

图 2-6　环袋形药包

迫击炮的附加装药也可由条形药包和环袋形药包搭配组成。64 式 120mm 迫击炮的早期装药有六个装药号,它是由不同形式的药包搭配而成的(表 2-2)。

表 2-2　64 式 120mm 迫击炮早期装药号与药包袋的搭配关系

装药号 组成	1#	2#	3#	4#	5#	6#
3/1 石条形药包数/个	1	2	2	2	2	
4/1 石环袋形药包数/个			1	2	3	6

2.1.1.3　对发射药的基本要求

对发射药的基本要求如下：

（1）小号装药时发射药应燃烧完全。由于小号装药的药量少，膛压低，故火药燃烧速度减小，燃烧结束点向炮口方向移动。当装药设计不合适时，会使小号装药在膛内燃烧不完。小号装药燃烧不完全，会使初速度跳动大，射弹的散布增大。如果未燃完的剩药粘在膛壁，将会阻止炮弹下滑，产生卡弹现象。此外，剩药还能窜入击针机的间隙中，将击针卡住，影响击发能量和击针回位。

影响小号装药燃烧情况的因素较多，如基本药管点火压力的大小以及稳定情况；附加装药药形及药包在弹尾上的固定方式；装药的温度、湿度以及膛内油污等。对于小号装药是否完全燃烧，应通过试验才能确定。

（2）在满足全装药初速度和小号装药完全燃烧的情况下，应使装药有较低膛压值，这有利于减轻炮重。装药时一般采用增加发射药弧厚的方法，使膛压值降低。但是，弧厚增加过多，会导致小号装药燃烧不完。这一矛盾在大口径迫击炮上体现的比较明显。在实际装药中，常采用混合装药的结构形式：全装药采用弧厚较厚的火药，以利于降低膛压值；小号装药采用弧厚较小的火药，以利于完全燃烧。

（3）发射药的弹道性能应稳定。发射药的弹道性能与选择的发射药种类、药形及弧厚有关，同时也与基本药管和炮弹尾管的结构有关。因此，应综合考虑上述各种因素对弹道性能的影响。

（4）发射药的高、低温弹道性能变化要小。对于一般火炮来说，当发射药的温度升高时，其膛压和初速度都是增加的。由于迫击炮的发射药结构与一般火炮的不同，故迫击炮发射药的高、低温弹道性能与一般火炮的也不一样。各种迫击炮常温、高温和低温的初速度和膛压值列于表 2-3。

表 2-3　各种迫击炮发射药在常温、高温和低温时的初速度和膛压值

火炮名称	火药	药温 /℃	初速度 /(m/s)	膛压 /MPa	与常温相比膛压的 增长率/%
某 60mm 迫击炮	双基方片药	+ 15	135.3	18.2	
		− 40	132.2	18.7	−8.2
		+ 50	137.7	19.5	7.1
某 82mm 迫击炮	双基环状药	+ 15	208.6	33.5	
		− 40	208.6	36.9	10
		+ 50	205.4	32.1	−4.2

（续）

火炮名称	火药	药温/℃	初速度/(m/s)	膛压/MPa	与常温相比膛压的增长率/%
某 100mm 迫击炮	双基环状药	+ 15	249.9	52.1	
		− 40	249	55.8	7.1
		+ 50	250.8	54.6	4.8
某 120mm 迫击炮	单基管状药	+ 15	272	92.7	
		− 40	269.9	90.0	−2.9
		+ 50	271.9	97.9	5.6
某 140mm 迫击炮	双基方片药	+ 15	394.8	90.9	
		− 40	—	81.0	−10.9
		+ 50	—	98.2	8
注:表中的膛压和初速度值是设计定型时的试验数据					

从表 2-3 中可以看出:一般单基管状药的高温膛压值高于低温膛压值;双基环状药的高温膛压值反而低于低温膛压值。这是因为:双基环状药片较薄,在高温时药片容易产生粘连,使火药燃烧面相对减小;在低温时药片容易脆裂,使火药燃烧面相对增大。因此,在进行装药设计时,应合理选择发射药的药形尺寸和基本药管的药量,以保证发射药在不同温度下,有较稳定的弹道性能。

（5）发射药结构应方便使用。发射药的结构应保证药包和基本药管在尾管上安装方便,同时药包在安装后应不易窜动。药包位置的改变会影响膛压和初速度的改变。

2.1.2　迫击炮及其炮弹结构特点

迫击炮的身管结构非常简单,既没有膛线,也没有活动的炮闩,是一个光滑的圆管。圆管的后端用螺纹和炮尾相连,在连接处装有铜制的紧塞环,以防止火药燃气从螺纹处漏出。炮尾的构造也非常简单,其底部有一炮杵,整个炮身即以它支撑在座钣上。在炮尾底部中央,装有突出的击针。射击时,炮弹从炮口装填,炮弹因重力作用沿炮管滑下,一直落到炮膛底部,使基本药管的底火与击针撞击而发火。

为了适应前装滑膛迫击炮的射击勤务和弹道要求,迫击炮弹具有如下特点:

1) 弹尾设有尾翼稳定装置

现代迫击炮一般无膛线,炮弹飞行时不旋转,为了保证其飞行稳定性,弹尾设有尾管和尾翼。尾管上端用螺纹与弹体连接。尾翼的片数一般为 6~12 片,片数的多少与炮弹的类型有关。尾翼叶片均匀、对称、呈辐射状排列在尾管周围,并且尾翼叶片倾斜一个很小的角度,使炮弹出炮口时空气动力均匀且微旋。此外,在尾管上一般有 12~18 个传火孔,作为发射药的传火之用。

2) 弹体与炮膛之间存在一定的间隙

迫击炮弹从口部装填,为了保证击针撞击时具有足够的动能,使底火确实发火,以及确保有一定的发射速度,炮弹的定心部与膛壁间必须有一定的间隙,同时也便于炮弹下滑时排除炮膛内的空气。适宜的弹炮间隙为 0.5~0.9mm。几种迫击炮膛壁与弹体定心部之间的间隙量如表2-4所列。

表2-4 迫击炮膛壁与弹头定心部之间的间隙

口径/mm	60	82	100	120	160
间隙量/mm	0.75~0.95	0.6~0.8	0.5~0.75	0.6~0.85	0.3~0.65

3）具有特殊的点火方式

辅助装药的点火完全依靠基本装药，此时基本装药起到传火药的作用，但基本装药又是迫击炮的0号装药，因此基本装药还有强有力的发射作用。在射击时，底火首先点燃尾管内的基本装药。由于基本药管中的装填密度很大，基本装药点燃后，压力迅速上升到60~100MPa，高压的火药燃气即冲破纸筒从传火孔流进药室（炮膛内）。由于火药燃气具有很大冲量，较容易地点燃管外装填密度较小的辅助装药，并保证它们的燃烧一致性，从而保证迫击炮弹道性能的稳定。

2.1.3 射击过程

迫击炮的射击过程对于基本药管和炮膛内而言分别可以分为预备时期、第一时期和第二时期3个不同的阶段。

2.1.3.1 基本药管

1）预备时期

从击针击发底火到基本药管内的火药燃气突破尾管传火孔这一阶段称为预备时期。在这一阶段内，基本药管内的装药迅速燃烧（定容条件下），压力迅速上升，当基本药管内压力达到60~100MPa时，突破基本药管纸筒经尾管传火孔点燃辅助装药，这一压力称为突破压力。

2）第一时期

从火药燃气突破尾管传火孔到基本装药燃完。随着基本装药的燃烧，气体生成量增加，基本药管内的火药燃气压力迅速从突破压力上升到最大值100~150MPa，促使火药燃气经传火孔喷出的量增大，基本药管内的压力又逐渐下降，直到基本装药燃完。

3）第二时期

从基本装药燃完到炮弹射出炮口为止。这一时期，当基本药管内的压力下降到与主药室的压力相同时，基本药管内停止向主药室喷出火药燃气，而主药室内由于辅助装药的燃烧而压力上升。火药燃气推动迫击炮弹向前运动，主药室内的压力不断变化，直至炮弹出炮口。

2.1.3.2 炮膛内

1）预备时期

从火药燃气突破尾管传火孔到基本装药燃完，即基本药管的第一时期为炮膛内的预备时期。这一时期内，辅助装药被点燃，迫击炮弹开始运动，但运动速度很小。

2）第一时期

从基本装药燃完到辅助装药燃完。这一时期为射击过程的主要时期。辅助装药被点燃后，膛内火药燃气压力迅速升高并达到最大值p_{m}，炮弹运动的速度也迅速增大，从而又导致膛压迅速下降，直至辅助装药燃完，此时的压力为p_{k}，弹速为v_{k}，炮弹行程为l_{k}。

为保证最小号装药(1 号装药)能在膛内燃烧结束,辅助装药的弧厚也很薄,一般为 0.1~0.37mm。因而在全装药时,火药燃烧很快,达到最高膛压时,已燃去相对厚度的 80%左右。所以,燃烧结束的位置 l_k 很小,几乎与最高膛压的位置 l_m 靠在一起。例如,某型 100mm 迫击炮全装药射击时,$l_m = 159mm$,$l_k = 248mm$。

3)第二时期

从辅助装药燃烧结束到炮弹射出炮口的这一阶段称为第二时期。这一时期内已没有新的火药燃气生成,靠定量气体膨胀做功,膛压继续下降,弹速继续增加。由于火药燃烧结束时炮弹的速度已经很大,且没有新的气体生成,所以压力下降很快。压力急速下降又使炮弹运动的加速度很快减小。所以,这一阶段的速度曲线上升很平缓,直至炮弹射出炮口。此时的压力为 p_g,弹速为 v_g,炮弹行程为 l_g。某 100mm 迫击炮的 $p_g = 14.5MPa$,$v_g = 251mm/s$,$l_g = 1076mm$,其膛压与弹速曲线如图 2-7 所示。

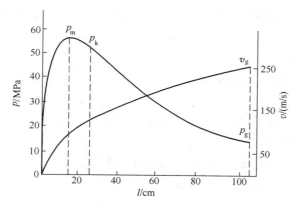

图 2-7　某 100mm 迫击炮的 $p\text{-}l$、$v\text{-}l$ 曲线

迫击炮有区别于枪械的特殊药室结构,即尾管内的基本药管和炮膛内的附加药包,因此可以通过改变附加药包而选取不同号数的辅助装药,从而改变炮弹的初速度,以达到对武器射程的控制。

2.1.4　内弹道特点

根据迫击炮弹的特点和射击过程,迫击炮内弹道具有以下特点:

1)基本装药的燃烧情况对弹道性能有显著影响

基本药管内装药燃烧的一致性、纸筒强度、传火孔的面积和位置以及辅助装药的结构等都将直接影响整个装药燃烧的一致性,从而使 p_m 和 v_g 改变,影响射击精度。因此,平时应加强对弹药的保管,防止基本药管受潮,射击时应将尾管和传火孔擦拭干净,安装辅助装药时应注意对称安装和卡夹。

2)火药燃气经弹体与膛壁间隙流失大

由于迫击炮弹的定心部和膛壁之间有一定间隙,在整个射击过程中,随着弹头的运动,火药燃气不断从间隙流出。试验表明,经弹体与膛壁间流失的火药燃气,约占总生成火药燃气的 10%~15%。流出量的变化直接影响最大膛压和初速度的变化,从而影响射击精度。

3）具有较大的热散失

造成火药燃气热散失大的原因：一是装药量少而药室容积大，即装填密度 Δ 小，基本药管内的火药燃气经传火孔流入主药室内时，迅速膨胀而使温度下降，同时，较大的药室容积具有较大的散热面积；二是在火药燃烧的大部分时间内，炮弹运动速度较小，使得火药燃气与膛壁等金属表面有较长的接触时间。因此，迫击炮火药燃气的热散失较一般火炮要大得多。

4）迫击炮装药均采用燃速较大的薄火药

为保证最小号装药在膛内燃烧结束，迫击炮采用厚度很薄的双基硝化甘油火药。因此，全装药射击时的最高膛压升高和下降都很迅速，所以 $p\text{-}l$ 曲线一般都很陡，且最高膛压和燃烧结束点的位置几乎在一起，且靠膛底很近。

5）炮膛的机械磨损较小，身管寿命较长

由于迫击炮属于滑膛炮，无挤进压力，最大膛压较小，所以炮膛的机械磨损较小，身管寿命较长。

6）次要功计算系数小

一般火炮的次要功计算系数为

$$\varphi = 1 + K_2 + K_3 + K_4 + K_5$$

式中：K_2 为弹丸旋转功系数；K_3 为弹丸与膛壁的摩擦功系数；K_4 为火药气体运动功系数；K_5 为火炮后坐运动功系数。

但对迫击炮而言，炮弹无旋转，所以 $K_2 = 0$。迫击炮膛壁与弹体间有间隙，且炮弹运动速度小，所以摩擦力小，摩擦功可以略去不计，即 $K_3 = 0$。

气体运动功系数 $K_4 = \dfrac{1}{3}\dfrac{\omega}{m}$，其中 ω 为药室装药量，m 为弹丸质量。由于迫击炮的 ω/m 很小，一般为 0.01 左右，即 $K_4 = \dfrac{1}{3}\dfrac{\omega}{m} \leqslant 0.01 \approx 0$，火药燃气运动功也近似为零。

迫击炮正常射击时后坐距离受到大地的限制，较传统火炮来说非常小，所以后坐运动功系数 K_5 一般较小。同时，由于迫击炮的后坐运动受炮位土壤性质的影响，所以对后坐运动功系数 K_5 进行精确计算是比较困难的。

因此，对于迫击炮来说，次要功计算系数较小。在迫击炮的弹道计算中，一般将次要功系数作为弹道修正系数来考虑。修正时，可取次要功计算系数 $\varphi \geqslant 1$，并根据实测的初速度和膛压进行拟合计算。

2.2　无坐力炮内弹道

2.2.1　无坐力炮的结构特点

现代无坐力炮有两种类型，一种为线膛无坐力炮，利用弹头旋转来保证其飞行稳定性，而大部分无坐力炮为滑膛无坐力炮，利用尾翼来保证弹头飞行的稳定性。两种无坐力炮的结构示意图如图 2-8 所示。其主要特点如下：

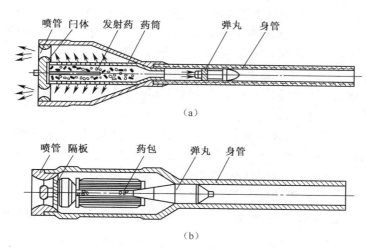

图 2-8 线膛与滑膛无坐力炮
(a)线膛无坐力炮;(b)滑膛无坐力炮。

1)炮尾有喷管

发射时部分火药燃气要经喷管向后喷出,以实现炮身无后坐。无坐力炮是利用动量守恒原理,发射时火药燃气一方面推炮弹向前运动,另一方面又经喷管向后流出。前者使炮身产生后坐力,后者使炮身产生反后坐力。如果使这两个力相等,则可保持炮身平衡。

2)弹药结构特殊

(1)装药量大,装填密度小。发射时,经喷管向后流出的火药燃气约占装药生成总气体的 60%~70%。为保证其具有满足战术要求所必需的膛压和初速度,因此装药量比具有相同弹道性能的一般火炮要大得多,是相同威力(炮口动能相同)火炮装药量的三倍。几种无坐力炮、榴弹炮和加农炮的装填条件与炮口动能的比较见表 2-5。

表 2-5 几种火炮的装填条件与炮口动能 E_0

火炮名称	装药量 ω/kg	装填密度 $\Delta/(\mathrm{kg/m^3})$	炮口动能 $E_0/(\times10^3\mathrm{J})$
某 75mm 无坐力炮	1.42	310	293.3
某 82mm 无坐力炮	0.53	180	105.9
某 105mm 无坐力炮	2.69		2051.3
某 85mm 加农炮	2.6	660	3002.8
某 122mm 榴弹炮	2.10	560	2889.1
某 130mm 加农炮	12.9	690	14458.0
某 152mm 加农榴弹炮	8.28	660	9341.1

为确保火药燃气经药筒流出后有足够的通路流向喷管,在药筒和药室壁之间留有相当大的空间,因此药室容积大,装填密度小。

(2)发射药及其装药方式特殊。由于装药量 ω 大,装填密度 Δ 小,为保证发射药在膛内按几何规律燃烧结束、弹头在膛内做加速运动以及膛压下降又不太快,线膛无坐力炮一般采用"9/14"含氮量高的硝化棉火药。为使火药燃气有流出的通路,药筒上开了许多小孔,内衬纸垫密封。药筒底部中央安装有点火管,以实现装药的瞬时点火。滑膛无坐力炮一般采用双带 4l-5×15 双基硝化甘油火药,装于药包内,捆扎在弹体尾管上。点火药装于尾管内,尾管的前端和后端分别有 12 个和 6 个传火孔,以实现对主药室内装药的瞬时点火。在尾管的后端装有隔板以暂时封闭药室后端。

线膛无坐力炮主要靠纸筒、滑膛无坐力炮则靠尾管后端的胶木板暂时封闭喷口,利用纸筒或胶木板的强度不同,调整气体流出的时机。

(3)弹体结构不同。线膛无坐力炮弹体的弹带上,预先刻制了膛线槽,以减小挤进压力对膛压的影响。滑膛无坐力炮的弹体类似迫击炮弹,弹尾细而长,以减小涡流阻力,尾管后端安装有尾翼,弹体定心部与膛壁之间有一定的间隔,射击时有少量气体向前流失。

3)无坐力炮重量轻,机动性好

无坐力炮由于没有后坐力,因此不需要一般火炮那样笨重的炮架和反后坐装置,从而使其机动性大大提高。

2.2.2 无坐力炮的射击过程

与其他枪炮一样,无坐力炮的射击过程分为预备时期、第一时期和第二时期。由于后效期的影响甚小,一般都不予考虑。

1)预备时期

从打燃底火到点燃基本装药(同时启动弹头和打开喷孔)的这一阶段称为预备时期。在这一阶段内,首先点火管内的点火药被点燃,当管内压力升高到点火压力 $p_0 = 9.8 \sim 19.6\text{MPa}$ 时,火药燃气便突破点火管筒经传火孔点燃装药,与此同时,一方面启动弹头(线膛无坐力炮为克服弹头与药筒口部的紧口力,弹带上预制的膛线槽嵌入膛线),另一方面打开喷口(线膛无坐力炮为突破药筒的纸衬筒,滑膛无坐力炮为压碎弹体尾端封闭喷口的胶木隔板)。然后点火管内的压力迅速达到最大值 $p_{0\text{m}}$,一般该值均不大于 40MPa。试验表明,$p_{0\text{m}}$ 过大,在低温下会将变脆的装药压碎,使 p_m 和 v_g 增大。

2)第一时期

从发射药开始燃烧到燃烧结束的这一阶段称为第一时期。

这一阶段起始时,发射药刚开始燃烧,气体生成速率 $\mathrm{d}\psi/\mathrm{d}t$ 较大,弹头刚开始启动,运动速度还很慢,一部分火药燃气及未燃完的火药经喷管向后喷出。因此,开始时膛压是不断上升的,但由于相当一部分火药燃气向后流失,膛压上升比一般火炮要平缓,并逐渐达到最大值 p_m。一般无坐力炮 $p_\text{m} \approx 50\text{MPa}$。以后,膛压随着弹头不断加速向前运动而下降,直至发射药燃烧结束。由于膛内压力不很高,弹头的加速度并不很大,因此膛压的下降也比较平缓。

无坐力炮发射药燃烧结束点的位置一般在炮口以外。滑膛无坐力炮多在炮口内,但也十分接近炮口。某 82mm 无坐力炮的 $p\text{-}l$、$v\text{-}l$ 曲线如图 2-9 所示。

3)第二时期

火药燃烧结束到弹头定心部离开炮口的这一阶段称为第二时期。这一时期已没有新的火药燃气生成,具有一定压力的向前的火药燃气膨胀,继续对弹头做功,使弹速略有增加。与此同时,仍有一部分火药燃气继续向后喷出,膛内压力继续下降,直至弹头定心部离开炮口。

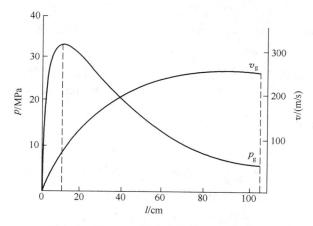

图 2-9　某 82mm 无坐力炮的 $p\text{-}l$、$v\text{-}l$ 曲线

2.2.3　内弹道特点

1）有大量火药燃气流出，膛压和初速度较低

射击时，火药相当于在半密闭容器内燃烧，有 $60\%\sim70\%$ 的火药燃气经喷管流出，无坐力炮火药燃气做功减少，因此膛压和初速度均较低，这是无坐力炮内弹道的基本特点。几种无坐力炮的 p_{m}、v_0 值如下：

某 82mm 无坐力炮：$p_{\mathrm{m}}=103\mathrm{MPa}$，$v_0=252\mathrm{m/s}$；

某 75mm 无坐力炮：$p_{\mathrm{m}}=50.0\mathrm{MPa}$，$v_0=310\mathrm{m/s}$；

某 105mm 无坐力炮：$p_{\mathrm{m}}=66.7\mathrm{MPa}$，$v_0=503\mathrm{m/s}$。

2）影响 p_{m}、v_0 的因素多且难于控制，弹道性能的一致性较一般火炮差

点火压力是影响火药燃烧一致性的重要因素，而点火压力受点火药的性质、点火管的结构、传火孔位置及面积、纸壳强度等的影响。另外点火压力大，有利于使装药达到瞬时点火，但低温时点火压力 $p_0>40\mathrm{MPa}$，由于装药被压碎而使 p_{m}、v_0 增大。

药筒内纸筒及弹体尾管上胶木板的强度，对于保证药室内的点火压力及火药燃烧有重要影响，因此对 p_{m}、v_0 也有影响。

火药燃气向后的喷出量，尤其是未燃完的火药喷出的多少很难控制，随每发弹的具体情况不同波动较大，从而使 p_{m}、v_0 波动。

3）炮身运动情况受起始条件的影响

无坐力炮在射击时可能出现两种不同的压力：一种是弹头开始运动的挤进压力 p_0，相当于一般火炮的挤进压力；另一种是喷口打开的压力 $p_{0\mathrm{m}}$。线膛无坐力炮弹头开始运动的压力等于拔弹力，火药燃气打开喷口的压力等于冲破纸筒的压力，滑膛无坐力炮则分别等于断销压力和压碎胶木的压力。显然，这两种压力的大小不同，将直接影响弹头运动和喷口打开的时间，从而影响膛内的压力变化和炮身的运动情况。

当 $p_0>p_{0\mathrm{m}}$ 时，喷口打开之后，弹头才开始运动。由于火药燃气先流出后弹头才启动，燃气流出所产生的反作用力会使炮身前冲，膛压和初速度下降，而且影响装药的燃烧。

当 $p_0<p_{0\mathrm{m}}$ 时，弹头启动后喷口才打开，在 p_0 上升到 $p_{0\mathrm{m}}$ 的过程中，弹头的运动使炮身

后坐,而且使药室内的点火压力增大,膛压和初速度升高。

当 $p_0 = p_{0m}$ 时,弹头启动同时打开喷口,炮身保持动量平衡,既不后坐也不前冲,保持规定的点火压力、膛压和初速度。

p_0 与 p_{0m} 对每发炮弹来说,其误差是必然存在的,不仅影响炮身的运动,而且必然给无坐力炮的弹道性能带来影响。这些因素都增加了无坐力炮弹道的复杂性。

2.2.4 无后坐条件

为了使火药燃气流出喷管所产生的反作用力正好抵消弹丸及火药气体的运动对炮身所产生的后坐力,以保持炮身的平衡。无坐力炮的喷管尺寸需与火炮结构和装填条件存在一定关系,这个关系这就是无后坐条件。

为了确定无坐力炮的无后坐条件,必须根据射击过程中不同阶段的性质,分析各种形式的动量,再利用动量平衡原理导出一定的关系式。

分析无坐力炮的射击过程,明显地可以分成两个不同的阶段:一个是弹丸出炮口之前的阶段;另一个是弹丸出炮口之后的阶段。前一阶段的动量变化包括有气体流出喷管、弹丸运动以及火药气体在膛内运动三部分。后一阶段没有弹丸运动,而仅有火药气体在膛内运动,并从喷管和炮口两处喷出所产生的动量。不过,在这些动量之中,火药气体在膛内的运动情况,不论是第一阶段还是第二阶段,都可以近似地认为一半向前运动,另一半向后运动,从而使它们的动量相互抵消,这虽然是一种近似的假设,但是仍具有一定的真实性。根据这样的假设,在动量平衡中,就不必考虑这种动量的存在。

首先分析第一阶段的动量变化,并假设挤进压力不等于喷口打开压力,设炮膛断面积为 S ,喷管喉部断面积为 S_{kp},喷管的反作用力系数为 ξ ,当弹丸运动和气体流出达到某瞬间压力 p 时,则在该瞬间气体从喷管喷出对炮身产生的作用力为 $\xi S_{kp} p$,而弹丸运动所作用的力则为 Sp ,这两个力的方向正好相反,前者向着炮口,后者向着炮尾。

如以 t_0 表示弹丸开始运动的时间, t_{0m} 表示喷口打开的时间, t_g 表示弹丸出炮口瞬间的时间,则第一阶段内从喷口打开一直到弹丸出炮口的整个过程,因气体流出和弹丸运动所产生的总动量变化为

$$F_{\mathrm{I}} = (\xi S_{\mathrm{kp}} - S) t l \int_{t_0}^{t_g} p \mathrm{d} + \xi S_{kp} t l \int_{t_{0m}}^{t_0} p \mathrm{d}$$

又

$$\int_{t_0}^{t_g} p \mathrm{d}t = \frac{\varphi m}{S} v_g$$

式中: φ 为次要功计算系数; m 为弹丸质量; v_g 为炮口速度。

以 Z 表示已燃的相对火药厚度,如果火药的燃烧速度服从正比定律,则从 t_{0m} 到 t_0 这个阶段的压力冲量 $\int_{t_{0m}}^{t_0} p \mathrm{d}t$ 可以表示为

$$\int_{t_{0m}}^{t_0} p \mathrm{d}t = I_k (Z_0 - Z_{0m})$$

式中: I_k 为压力全重量。

于是 F_{I} 可写成下式:

$$\boldsymbol{F}_{\mathrm{I}} = (\xi\bar{S}_{\mathrm{kp}} - 1)\varphi m v_{\mathrm{g}}\boldsymbol{l} + \xi S_{\mathrm{kp}} I_{\mathrm{k}} (Z_0 - Z_{0\mathrm{m}})\,\boldsymbol{l}$$

式中：$\bar{S}_{\mathrm{kp}} = S_{\mathrm{kp}}/S$ 为相对的喷管喉部断面积。

下面讨论第二阶段的动量变化。

当弹丸飞出炮口后，膛内的火药气体即向炮口和喷口两个相反方向同时喷出，设喷出过程的某瞬间气体压力为 p，则前者产生对炮身的作用力为 $\xi_0 Sp$，其中 ξ_0 为炮口反作用力系数，而后者产生对炮身的作用力为 $\xi S_{\mathrm{kp}}p$。那么这一阶段的总动量变化为

$$\boldsymbol{F}_{\mathrm{II}} = (\xi S_{\mathrm{kp}} - \xi_0 S)\int_{t_{\mathrm{g}}}^{t_{\mathrm{g}}+t_{\mathrm{h}}} p\mathrm{d}t\boldsymbol{l}$$

式中：t_{h} 为后效期作用终了的时间。

假设 M 为火炮的质量，$\boldsymbol{v}$ 为火炮在射击过程中的运动速度，则火炮的动量应为这两个阶段的动量之和：

$$M\boldsymbol{v} = \boldsymbol{F}_{\mathrm{I}} + \boldsymbol{F}_{\mathrm{II}}$$

当整个过程无后坐时，即 $\boldsymbol{v} = 0$，于是求得无后坐条件为

$$(\xi\bar{S}_{\mathrm{kp}} - 1)\varphi m v_{\mathrm{g}} + \xi S_{\mathrm{kp}} I_{\mathrm{k}} (Z_0 - Z_{0\mathrm{m}}) + (\xi S_{\mathrm{kp}} - \xi_0 S)\int_{t_{\mathrm{g}}}^{t_{\mathrm{g}}+t_{\mathrm{h}}} p\mathrm{d}t = 0$$

上式清楚地表明，标志喷管结构的喉部面积 $\bar{S}_{\mathrm{kp}}$ 或 S_{kp} 不仅与火炮结构有关，而且还与弹丸及装药系统的结构有关，其中也包含体现挤进压力 p_0 和喷口打开压力 $p_{0\mathrm{m}}$ 以及已燃的相对火药厚度 Z_0 和 $Z_{0\mathrm{m}}$ 这两个量。显然，如果这两个压力不同，那么在其他条件都一定的情况下，上式就可能有 $Z_0 > Z_{0\mathrm{m}}$ 或 $Z_0 < Z_{0\mathrm{m}}$ 这两种情况存在。此外，对于第二阶段，因为 ξS_{kp} 和 $\xi_0 S$ 的不相等，情况也是一样。因此，为了满足上式以达到炮身无后坐的目的，不同的情况将给出不同的结论。不过，应该指出，这样所给出的 ξS_{kp} 虽然可以保持整个射击过程中的炮身平衡，但并不表明炮身没有受到不平衡力的作用。实际上，不论是射击的开始阶段（Z_0 和 $Z_{0\mathrm{m}}$ 不相等），还是弹丸出炮口之后的阶段（ξS_{kp} 和 $\xi_0 S$ 不相等），炮身都将受到不平衡力的作用。只不过作用的时间很短，而炮身又有较大的惯性，按上式所给出的 ξS_{kp} 能够产生相反的力来抵消这种不平衡力，而使火炮在整个射击过程中保持平衡。正因如此，对于这种火炮，我们只能称之为无坐力炮，而不能称之为无后坐力炮。

但是，如果在射击的开始阶段，挤进压力 p_0 和喷口打开压力 $p_{0\mathrm{m}}$ 完全相等，也就是弹丸运动和喷口打开是同时开始，那么 $Z_0 = Z_{0\mathrm{m}}$。此外，还假定，在弹丸出炮口之后的阶段，火药气体从炮口和喷口流出所产生的反作用力完全相等，即 $\xi S_{\mathrm{kp}} = \xi_0 S$。这样，以上的无后坐条件式则表示为

$$\xi\bar{S}_{\mathrm{kp}} - 1 = 0$$

这就表示，在整个射击过程的每一瞬间，弹丸向前运动所产生的动量和气体从喷管流出所产生的动量都保持平衡，而使炮身不受任何不平衡力的作用。那么也只有在这种情况下的火炮，才能称为既是无坐力炮，又是无后坐力炮。这属于理想的无后坐，上式则称为理想的无后坐条件式。

虽然以上所导出的理想的无后坐条件实际上并不存在，一般的无坐力炮的挤进压力 p_0 和喷口打开压力 $p_{0\mathrm{m}}$ 并不完全相等，但是由于它们的绝对值以及差值都较小，以致在无后坐条件中并不产生显著的影响。至于第二阶段的 ξS_{kp} 和 $\xi_0 S$，在一般情况下，这两个量

也接近相等。根据这样的分析,上式表示的无后坐条件虽然有一定的近似性,但仍有较好的准确性。

2.2.5 无坐力炮中的膛压力分布及次要功计算系数

对于无坐力炮而言,K_2、K_3、K_5 都约等于零,但是 K_4 不同,它不像一般火炮那样是一个定值,因为无坐力炮在射击过程中不断地流出火药气体,气体运动功也就随着不断减小,而且还产生不同于一般火炮的膛内压力分布。所以,我们讨论无坐力炮的次要功计算系数 K_4 的问题,实际上也就是讨论无坐力炮的膛内压力分布问题。

无坐力炮在整个射击过程中不断有气体流出,因此,它的膛内压力分布问题比一般火炮要复杂得多。复杂的原因主要有两方面:一方面,气体的流出使得炮膛内运动的火药及火药气体的质量不断减少;另一方面,由于在射击过程中,一部分气体随着弹丸向前运动,另一部分气体向喷管方向运动,因而在膛内形成两个相反方向的气流。在这两个气流之间必然有速度为零的滞止点存在,并且滞止点的位置随射击过程的进行不断地变动。在射击开始时,若在打开喷口同时弹丸就开始运动,则滞止点是在弹底和喷管喉部之间的某一个位置,但很接近于弹底。随着弹丸向前运动,气体向前流动的速度也相应地增加,滞止点也相对地向后移动。但是,气体从喷管中流出的速度总是大于弹丸运动的速度,因此,随着弹丸的运动滞止点仍然向炮膛中间移动,在滞止点两边形成不同情况的压力分布。

从图 2-10 中可以明显地看出,在最大压力以前的阶段,药室内的压力一直高于炮膛内的压力。这表明,此时的弹丸运动速度还不大,大部分火药仍集中药室部分燃烧,虽然有气体流出,但还不至于使药室压力下降。到了下个阶段,情况就不同了。在 4.81ms 左右两者的压力几乎相同,以后随着弹丸向前运动速度的增加,部分火药也随着向前运动。而药室部分由于气体的流出,压力下降得要比膛内快,以致药室的压力曲线一直低于膛内的压力曲线。从压力差值来看,虽然变化不显著,但越来越大,在弹丸定心部达到炮口瞬间,压力差甚至达到药室压力的 60%。通过这两条曲线的对比,可以说明无坐力炮的膛内压力分布的复杂性和重要性。

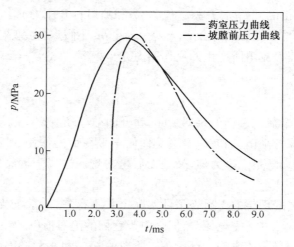

图 2-10 药室及坡膛前实测压力曲线

根据以上的分析可以看出,在最大压力之前的阶段,虽然压力差较大,但弹丸前进的距离还很短,滞止点位置变化不会很大。而在最大压力以后的阶段,随着弹丸速度的不断增加,滞止点向炮膛中间部分移动。以后,坡膛前压力大于药室压力。由于坡膛前压力大于弹底压力,所以,在运动情况下,平均压力应该低于坡膛前处的压力。这样,可以近似地认为,药室的压力就代表了平均压力,甚至等于弹底压力。

在一般火炮情况下,滞止点是在膛底,所导出的 K_4 为 $\dfrac{\omega}{3m}$。对于无坐力炮而言,情况完全不同,一方面由于气体的流出,另一方面由于滞止点在炮膛中间部分移动,根据这些特点,如果按照一般火炮相同的方法导出 K_4,则 K_4 表示为

$$K_4 = \frac{1}{3}\frac{\omega}{m}(1-\eta)i$$

式中:η 为无坐力炮某瞬间的相对气体流出量;$\omega(1-\eta)$ 为该瞬间膛内的火药和火药气体量;i 为滞止点位置的修正量,它应该小于 1。不论 η 还是 i 都是变量。所以,无坐力炮的 K_4 也应该是变量。显然,在同样装填条件下它比一般火炮的 K_4 要小得多。所以对于无坐力炮而言,次要功计算系数的理论值可以近似地取为 1.0。在实际应用时,为了进行初速度的修正,又经常当作经验系数来处理,在理论值附近不大的范围内取恰当的值。

2.2.6　无坐力炮弹道的稳定性问题的讨论

弹道稳定性是评价火炮弹道性能的一个重要因素,因为它将直接影响射击的安全和射击精度。

对于一般火炮而言,由于其火药是在完全密闭的情况下燃烧,再加上有较高的启动压力以保证火药点火一致性,只要选择适当厚度的火药以保证火药的相对燃烧结束时相对气体流出量 $\eta_k < 0.7$,就比较容易保证火药能量利用的一致性,从而保证最大压力和初速度的一致性,也就是保证弹道的稳定性。迫击炮虽有气体流出,情况比一般火炮差一些,但是,气体流出量很少,火药基本上还是接近于在密闭的情况下燃烧,而且它所用的火药很薄,在全装药情况下,η_k 很小,而使火药能利用得比较充分,所以也能较好地保证弹道稳定性。

无坐力炮的情况不同,根据它的结构特点和弹道特点,存在以下一些因素在不同程度上影响其弹道稳定性。

(1)无坐力炮在射击过程中,随着气体的流出,不可避免地会产生火药流失现象,流失量多少又具有一定的偶然性,因而就影响了弹道的稳定性。显然,这种火药流失现象是与火炮-弹药系统的结构有关的。例如,某 75mm 无坐力炮应用多孔药筒的结构,具有较好的挡药作用,因而流失量较小,弹道稳定性也较好;而某 82mm 无坐力炮则没有有效的挡药结,因而流失量较大,弹道稳定性也较差。

此外,随着射击发数的增加,喷口的烧蚀使喷管喉部断面积不断扩大,从而增加了气体流量,这种流量的变化不仅影响弹道稳定性,而且还影响炮身的平衡。

气体流量的变化对最大压力和初速度的变化具有显著的影响。例如,已知某 75mm 无坐力炮的 η_k 为 0.7065,当它变化 1% 时,p_m 将为 8MPa,v_g 为 2.9m/s;某 82mm 无坐力炮的 $\eta_k = 0.9242$,当它变化 1% 时,p_m 将为 8MPa,v_g 为 2.9m/s。这两种火炮虽然不同,但 η_k

的变化对最大压力和初速度所产生的影响则几乎相同。由此可见,对于低压、低速的无坐力炮而言,只要 η_k 在百分之几的范围内跳动,最大压力和初速度都将引起显著的变化。

(2)无坐力炮的点火条件较差是产生弹道不稳定的第二个原因。一般无坐力炮的启动压力较低,造成点火一致性较差。在一般情况下,如果火药是在膛内燃烧结束,火药的能量还能比较充分利用,则这种点火条件的不一致性,对最大压力的影响较大,而对初速度的影响较小。但是,如果火药是在膛外燃烧结束,则不仅显著地影响最大压力,而且还显著地影响初速度。

(3)在低压、低速、无后坐力的情况下,为了不提高最大压力而又获得较高的初速度,就必须使压力曲线尽可能地下降平缓。为此,所采用的火药的燃烧结束位置不得不接近炮口,甚至超出炮口。这是造成初速度不稳定的又一个原因。

(4)在应用双基药和尾管点火的情况下,由于这种火药的强度随温度的下降而下降,因此在低温射击时,从尾管中喷出的点火药气体具有强烈的冲击作用,火药易于破碎,而使火药燃烧的减面性显著增加。在这种情况下,常常产生低温膛压过高的反常现象,甚至发生膛炸的现象。可见,凡是应用这类火药和点火结构的火炮,不论是迫击炮还是无坐力炮,都容易存在低温弹道不稳定的问题,从而影响低温的射击精度。

2.3 火药火箭弹内弹道

火箭弹是飞行器的一种,它与探空火箭、卫星运载火箭、星际航行火箭等飞行器都具有相同的发射原理和类似的结构,其组成一般包括有效载荷(炸药战斗部、核弹头、探测仪器、卫星等)、动力装置(发动机)、飞行稳定装置等部分。当有效载荷为炸药战斗部、发动机内的推进剂主要是火药时就是火药火箭弹。而便携式火箭武器一般采用火药火箭弹。

有别于普通的炮弹,火药火箭弹的战斗部和动力部连于一体伴随飞行,战斗部的作用和构成与普通弹丸相同,但弹径变化较大,壁厚较薄,可以多装炸药,提高威力。步兵分队使用火箭发射器发射火箭弹,而火箭发射器本质上只是火箭弹发射时的定向装置,发射过程中并不承受膛压,也不赋予火箭弹初速度,所以本节主要讨论火药火箭弹在发射器内运动时的弹道相关问题。

2.3.1 火药火箭弹发射药及其特点

火药火箭弹中采用的发射药形状是多种多样的,如图 2-11 所示。比较图中所有的火药形状可以看出,按照燃烧面的变化情况,我们可以将它们分为两大类,其中一类由于药柱的外表面与燃烧室壁的衬层粘合,而使燃烧面仅限于暴露在空间的一部分,而另一类装药则因与燃烧室壁完全分开,在燃烧过程中所有的表面都同时燃烧,所以称前一种装药为限制燃烧火药,而称后一种装药为非限制燃烧火药。例如图 2-11 中(a)和(b)两种装药就属于限制燃烧火药,而另外四种装药则属于非限制燃烧火药。

比较这两种装药不难看出,在容积一定的燃烧室中限制燃烧火药的装填密度都比较大,其中第一种装药的装填密度为最大,它的装填密度实际上就是火药的密度,但是它的燃烧面仅限于燃烧室的断面,同其他装药的燃烧面比起来它的燃烧面最小,所以在工作压

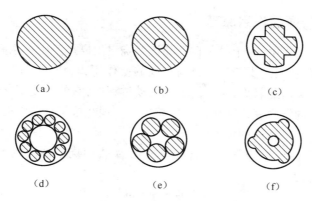

图 2-11　火药的不同装药示意图

(a)、(b)限制燃烧火药;(c)、(d)、(e)、(f)非限制燃烧火药。

力相同的情况下,由于它的燃烧厚度最长,所以它的燃烧时间最长,而其他各种装药的燃烧时间都很短。目前,一般的非限制燃烧火药的燃烧时间最短的约为 0.05s,最长可以达到 6s,而限制燃烧火药的燃烧时间最短的约为 4s,最长的甚至达到 120s 以上。燃烧时间的长短主要取决于火箭的用途。对于一般的火箭弹而言,为了要求在较短的时间内产生较大的冲量而使弹丸具有一定的速度,所以都采用非限制燃烧火药,如果是用于对导弹或飞机起辅助的加速作用,则要求在较长的时间内产生恒定的反作用力而使一定容积的燃烧室产生较大的冲量值,所以都采用装填密度较大的限制燃烧火药。

火药火箭弹所应用的发射药都是具有均匀燃烧性能及一定强度的胶质火药。通常在非限制燃烧火箭中多采用硝化甘油火药、硝化棉-TNT 火药以及硝化二乙二醇火药,而在限制燃烧火箭中则大都采用沥青火药、塑料火药以及橡胶火药。

单位质量发射药所产生的冲量称为比冲量。比冲量是火箭发射药的一个极其重要的特征量,其大小主要取决于氧化剂的性质及质量组成。如在相同质量组成情况下进行比较,其中以硝酸钾火药的比冲量最小,过氯酸钾火药次之,过氯酸铵为最大。例如,过氯酸钾沥青火药的比冲量约为 1911N·s/kg,如果用过氯酸铵代替过氯酸钾,则比冲量可以提高到 2156N·s/kg。而一般高强度硝化甘油火药的比冲量也只有 2058N·s/kg。

机械混合的胶质火药的密度都比较大,一般在 1.70kg/dm³ 以上,最高可以达到 1.76kg/dm³,而硝化甘油系统的火药密度都在 1.60kg/dm³ 左右。

同一般火药的情况一样,在装药量一定的条件下,火箭的弹道性能在很大程度上与温度、气压等装填条件有关,装填条件的变化对于火箭发动机的效能将会发生显著的影响。

总的来说,发射药应满足性能和使用方面的要求。性能方面:要求高比冲量、大密度、满足所需的内弹道性能、良好的力学性能和较低的温度敏感系数;燃烧产物的分子量要小、比热要大、离解程度要小,最好全是气态物质。使用方面:要求物理化学安定性好,自燃温度高,危险性小,能长期储存;燃烧产物无毒、少烟。此外,要求原材料丰富、制造工艺简单、成本低廉。

2.3.2 火药火箭弹的作用原理

在火箭的射击过程中,由于火药在发动机燃烧室内燃烧产生高温高压的气压,通过喷管形成高速的气流,从而产生与气流方向相反的反作用力,作用于弹体,使弹体沿着反作用力的方向前运动。由此可见,在火箭弹的运动过程中,它的速度变化规律同火药的燃烧规律以及燃烧室内的压力变化规律是密切相关的。现在根据火箭弹的运动原理导出它的飞行速度与弹道各参量之间的关系。

设火箭弹的战斗部、燃烧室及喷管的总质量为 q,燃烧室内装的火药质量为 ω,则整个火箭弹的总质量为

$$Q = q + \omega$$

在火箭弹的飞行过程中,在火药燃完之前,由于不断有气体流出而使火箭弹的运动成为一种变质量的运动。设在某一瞬间流出的火药气体质量为 y,火箭弹的速度为 v,如果不考虑飞行时空气阻力及其他方面的影响,则在该瞬间火箭弹应有如下的运用方程:

$$F = \frac{Q - y}{g} \frac{\mathrm{d}v}{\mathrm{d}t}$$

式中:F 为火箭弹的反作用力。

对上式进行变换、积分,可以得到有名的齐奥尔科夫斯基公式:

$$v = \overline{U} \ln\left(\frac{Q}{Q - y}\right)$$

式中:$\overline{U}$ 为比衡量,当喷管条件和火药性质一定时 $\overline{U}$ 为常量。

当所有气体都流出时,$y = \omega$,则得到最大速度:

$$v_{\mathrm{m}} = \overline{U} \ln\left(\frac{Q}{Q - \omega}\right)$$

由于 $Q = q + \omega$,所以上式也可以写为

$$v_{\mathrm{m}} = \overline{U} \ln(1 + \omega/q)$$

该式表明,火箭弹的最大飞行速度主要取决于 ω/q 和 $\overline{U}$。

2.3.3 火药火箭弹燃烧室压力及影响因素

火药火箭弹内弹道学的主要任务是研究发动机燃烧室内压力随时间的变化规律。燃烧室的压力及其变化规律是决定火箭性能最重要的参数之一。例如,燃烧室压力的变化规律实际上就确定了火箭推力 F 的变化规律;压力不同,火药的燃速随之不同,在装药弧厚给定的情况下,实际上压力决定了装药的燃烧时间,任何火药都有保证其完全燃烧所必需的临界压力,发动机的工作压力要设计在该压力之上;发动机的壁厚(决定了发动机的结构质量)也取决于燃烧室压力的大小。由此看来,燃烧室内的压力与发动机的一系列性质有关,是发动机十分重要的参量。

2.3.3.1 燃烧室工作过程中的压力变化

火药的燃烧产物在燃烧室中从前端向喷管方向流动时,流速逐渐增加,压力逐渐下降。在燃烧室前端流速为零,压力最高,称为滞止压力。但是这种压力和流速的分布随时

间而变化。若横截面上各点的参量数值相同,则压力仅是纵轴 x 及时间 t 的函数。然而,为了计算方便,通常假定燃烧室中的气流速度为零,燃烧室中各点压力处处相同,因而仅需考虑压力随时间的变化。这样,燃烧室压力就成了与坐标 x 无关的简单的零维问题。

压力随时间的变化过程如图 2-12 所示,可以分为三个阶段:

第一阶段是压力上升段,为发动机启动阶段。自点火装置发火后,点火药燃烧产物充满燃烧室,压力迅速上升至点火压力,加热并点燃装药,装药的燃烧产物又使燃烧室压力剧升,同时使燃气流出量增加,最后燃气生成率与排出率趋于平衡,达到稳定的最大压力。但实际上,为使问题简化,多忽略点火过程,直接以最大点火压力为上升段压力曲线的起点。

第二阶段为平衡段,是发动机的主要工作阶段,燃气生成速率与质量流率相等,压力相对平衡。这一阶段的压力变化主要取决于装药燃烧面的变化倾向。若装药为增面性燃烧,则燃气生成率逐步增加,压力升高,质量流率也加大,从而抑制了压力的上升而达成新的平衡;若装药为减面性燃烧,则燃气生成率也逐步降低,压力随之下降,燃气排出量也减少,最后达成新的平衡;若装药为恒面性燃烧,燃气生成率与排出率一直相等,压力就维持不变。

第三阶段是压力下降段,此时装药已经燃完,燃烧室中的余气继续排出,直至与大气压强相等,形成拖尾阶段。

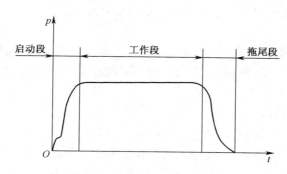

图 2-12　燃烧室中的压力变化

2.3.3.2　发射药燃烧过程的压力-时间曲线微分方程

根据质量守恒定律,燃烧室的燃气质量变化率等于燃气的质量生成率与流出率之差,即

$$\frac{\mathrm{d}m_\mathrm{r}}{\mathrm{d}t} = q_\mathrm{b} - q_\mathrm{m}$$

式中:m_r 为充满燃烧室中自由容积的燃气质量;q_b 为燃气质量生成速率;q_m 为燃气质量流出率。

经一系列变换得到火药装药燃烧过程的压力-时间曲线微分方程:

$$\frac{V_\mathrm{c}}{\chi RT_0} \cdot \frac{\mathrm{d}p_\mathrm{c}}{\mathrm{d}t} = q_\mathrm{J} - q_\mathrm{m}$$

式中:q_J 为燃烧室内燃气的净增率;V_c 为燃烧室的自由容积;χ 为热损失修正系数;R 燃

气常数;T_0 为喷管入口处滞止温度,与装药定压燃烧温度大体相同,可看作燃烧室内燃气的平均温度;p_c 为烧室内的平均压力,与喷管入口处或装药末端的滞止压力大体相当。

显然,若 $q_J > q_m$,则 $\dfrac{dp_c}{dt} > 0$,压力上升;若 $q_J < q_m$,则 $\dfrac{dp_c}{dt} < 0$,压力下降;若 $q_J = q_m$,则 $\dfrac{dp_c}{dt} = 0$,压力达到了平衡。总之,燃烧室内的压力取决于燃气净增率和燃气质量流出率的相对关系。

2.3.3.3 平衡压力的影响因素

当燃气净增率与燃气质量流出率相等时,燃烧室内的压力处于相对稳定状态,称为平衡压力 p_{eq}。平衡压力的影响因素很多,其中:一类是火药的性能参数,如火药的特征速度、密度、燃速系数、燃速压力指数等;另一类是发动机的结构参数,如喷喉面积,装药燃烧面积等;还有一部分因素同时与火药性能和发动机结构有关,如热损失修正系数、流量修正系数、燃气密度等。

1) 推进剂性质的影响

火药的特征速度反映火药的能量性质,密度反映燃烧同样体积的火药所产生的燃气的多少,燃速系数、燃速压力指数反映火药的燃速特性,它们都是决定燃气生成率的因素之一。这些量的值大,平衡压力就高,因而必须严格控制火药的成分和质量。尤其值得注意的是燃速压力指数,要尽量选用燃速压力指数小的火药。

2) 面喉比的影响

面喉比是指燃烧面与喷喉面之比。燃烧面大,燃气生成率高;喷喉面大,则燃气流率高。两者反映了对燃烧室内压力的不同影响。因此在火药确定后,可以控制面喉比的值来保证燃烧室压力的大小。

3) 装药初温的影响

初温升高,火药燃速增大,燃烧室内平衡压力也就随之增加。一般情况下,初温对压力的影响要大于对燃速的影响。发动机的工作压力是以低温下火药燃烧的临界压力为准的,而发动机的强度是以夏天高温最大压力为准的,这两个压力值相差很远,这给发动机设计和性能的改善带来了极大的困难,因此要尽量选择燃速温度敏感度小的火药。

第3章 外弹道基础理论

弹头质心运动的轨迹称为弹道。研究弹头质心在空气中的运动规律及弹头绕质心的运动规律是外弹道学研究的主要内容。通过对弹头质心在空中运动规律的研究,能够求解弹头质心在空中任意点的弹道诸元(水平距离 x、高度 y、速度 v、倾角 θ、飞行时间 t 等)。通过对弹头绕质心运动规律的研究,可以解决保持弹头飞行稳定性,减小射弹散布的方法。所以外弹道学是随伴火炮维修技术人员重要的专业基础理论之一。

3.1 常用符号及术语

为便于学习,首先介绍外弹道中一些常用的符号及术语(图3-1)。

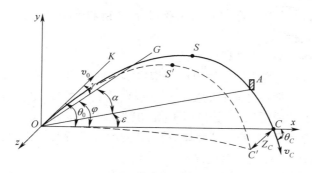

图3-1 弹道示意图

(1)起点(O):炮口切面中心,即弹道开始点。

(2)初速度(v_0):在后效期内,将弹丸看成仅受重力及空气阻力的作用,且保持后效期末弹丸的最大速度 v_{max} 不变,反算出炮口速度,如图3-2所示。它比炮口速度 v_g 稍大。工厂、靶场所测的炮口速度,一般是炮口前 25m 的平均速度,用 v_{25} 表示,不要与初速度混淆。

(3)射线(OG):发射前炮膛轴线的延长线。

(4)射面(xOy):通过射线(或初速度矢量 $\boldsymbol{v}_0$)的铅垂面。

(5)炮口水平面(xOz):通过起点的水平面。

(6)炮目线(OA):起点到目标的连线,又称炮目高低线。

(7)高角(α):射线与炮目线之间的夹角。

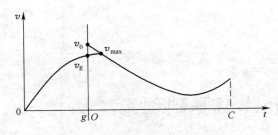

图 3-2 初速度 v_0 的确定

(8) 高低角(ε):炮目线与炮口水平面之间的夹角。

(9) 射角(φ):射线与炮口水平面之间的夹角,$\varphi = \alpha + \varepsilon$。

(10) 发射线(OK):弹丸出炮口瞬间,枪膛轴线的延长线(与初速度矢量一致)。

(11) 发射差角或跳角(γ):发射线与射线之间的夹角。当发射线在射线上方时,γ 为正值,反之为负值。

(12) 发射角(θ_0):发射线与炮口水平面之间的夹角。

$$\theta_0 = \varphi \pm \gamma = \alpha + \varepsilon \pm \gamma$$

式中:α_0 为高低角 $\varepsilon = 0$ 时的高角;当 $\varepsilon = 0$,$\gamma = 0$ 时,$\theta_0 = \alpha_0$。

(13) 理想弹道($\overset{\frown}{OSC}$):在外弹道标准条件(标准气象条件、标准地形与地球条件、标准射表条件)下得到的弹道,今后不特殊指明,本书所指的弹道均为理想弹道。

(14) 实际弹道($\overset{\frown}{OS'C'}$):在实际射击条件下得到的弹道。它是一条逐渐离开射面(xOy)的扭曲的空间曲线。

(15) 弹道顶点(S):弹道最高点。

(16) 弹道落点(C):弹头射出后再回到炮口水平面上的一点。

(17) 弹道诸元:包括弹丸质心的坐标(x、y、z)、质心速度(v)的大小和方向倾角(θ)。对于起点、顶点、落点的弹道诸元,分别以下角"0""S""C"表示,如表 3-1 所列。表中大写字母 X 表示全水平射程,Y 表示最大弹道高,T 表示全飞行时间,θ_0 表示发射角,$|\theta_C|$ 表示落角,v_0 表示初速度、v_C 表示落速度。

(18) 偏流:实际弹道在炮口水平面的投影称为偏流曲线。偏流曲线上任意点到射面的距离(Z)称为偏流。落点的偏流称为定偏(Z_C),也称落点偏流。

表 3-1 弹道诸元

名 称	任意点	起 点	顶 点	落 点
距 离	x	$x_0 = 0$	X_S	$X_C = X$
高 度	y	$y_0 = 0$	$Y_S = Y$	$Y_C = 0$
偏 流	Z	$Z_0 = 0$	Z_S	$Z_C = Z$
速 度	v	v_0	v_S	v_C
倾 角	θ	θ_0	$\theta_S = 0$	$|\theta_C|$
飞行时间	t	$t_0 = 0$	t_S	$t_C = T$

3.2　真　空　弹　道

弹头质心在真空中运动的轨迹称为真空弹道。真空弹道方程组可近似解 v_0 不大、θ_0 较大的空气弹道,如迫击炮弹道。

弹头在真空中运动,其质心上所受到的力只有重力 q,使弹头产生重力加速度 g。g 的大小因纬度不同而略有差异。在我国北纬 $12° \sim 40°$,g 取平均值为 $9.8\mathrm{mm/s}^2$。

3.2.1　真空弹道方程组的建立

在 xOy 直角坐标系中,弹头自 O 点以初速度 v_0、发射角 θ_0 射出。弹道上任意点 A 的位置及运动状态可由水平距离 (x)、弹道高 (y)、飞行时间 (t)、速度 (v)、倾角 (θ) 五个参量确定。

若指定 x 为自变量,则可建立 $y = f_1(x)$、$t = f_2(x)$、$v = f_3(x)$、$\theta = f_4(x)$ 的真空弹道方程组。

1) 飞行时间 t 的方程

弹头从 O 点以 v_0、θ_0 射出,t 秒到达 $A_1(x,y)$ 点,如图 3-1 所示。则水平距离:

$$x = OA \cdot \cos\theta_0 = v_0 \cdot t \cdot \cos\theta_0$$

那么

$$t = \frac{x}{v_0 \cos\theta_0} \tag{3-1}$$

2) 弹道高 y 的方程

$$y = AA_2 - AA_1 = v_0 t \sin\theta_0 - \frac{1}{2}gt^2$$

将式(3-1)代入上式并整理可得

$$y = x\tan\theta_0 - \frac{gx^2}{2v_0^2 \cos^2\theta_0} \tag{3-2}$$

3) 弹速 v 的方程

由机械能守恒定律可知,弹道上任意点弹头的动能与势能之和为一常数,即

$$\frac{1}{2}mv_0^2 = \frac{1}{2}mv^2 + mgy$$

式中:v_0 为初速度;v 为弹道上任意点的速度;y 为弹道高。

整理上式可得

$$v_0^2 = v^2 + 2gy$$
$$v = \sqrt{v_0^2 - 2gy} \tag{3-3}$$

4) 倾角 θ 的方程

弹道上任意点的速度 v,可分解为 v_x 与 v_y,如图 3-3 所示。v_y 是以 v_{0y} 为初速度的竖直上抛运动任意点的速度,故

$$v_y = v_{0y} - gt$$

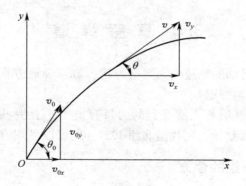

图 3-3 弹道上任意点的速度

而重力在水平方向没有分力,因而水平方向的分速度沿全弹道没有变化:

$$v_x = v_{0x} = v_0\cos\theta_0$$

那么

$$\tan\theta = \frac{v_y}{v_x} = \frac{v_0\sin\theta_0 - gt}{v_0\cos\theta_0}$$

将式(3-1)代入上式,整理得

$$\tan\theta = \tan\theta_0 - \frac{gx}{v_0^2\cos^2\theta_0} \tag{3-4}$$

这样,式(3-1)、式(3-2)、式(3-3)、式(3-4)即为以 x 为自变量的真空弹道方程组。

由式(3-2)可绘出真空弹道曲线,如图 3-4 所示。当指定一个 x 时,即可由方程组确定该点在弹道上的位置(x、y)及运动状态 v、θ、t,解出弹道任意点的诸元。

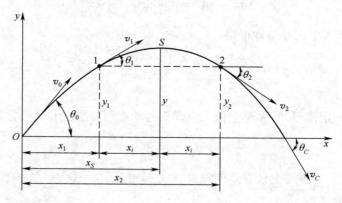

图 3-4 真空弹道曲线

3.2.2 真空弹道的特点

真空弹道有以下特点:

(1)真空弹道是一条对称的抛物线。对称轴与最大弹道高重合,升弧与降弧的形状相同,$OS = SC$。

式(3-2)经过数学整理配成完全平方式为

$$y = -\frac{g}{2v_0^2 \cos^2\theta_0}\left(x - \frac{v_0^2\sin 2\theta_0}{2g}\right)^2 + \frac{v_0^2\sin^2\theta_0}{2g}$$

由上式可以看出：它是一个开口向下、以直线 $x = \dfrac{v_0^2\sin 2\theta_0}{2g}$ 为对称轴的抛物线，且该对称轴与最大弹高 $Y = \dfrac{v_0^2\sin^2\theta_0}{2g}$ 重合。

（2）弹道上任意点速度 v 的大小取决于该点的弹道高。同一弹道高处的速度值相同，即 $v_1 = v_2$，因而 $v_0 = v_C$，v_S 最小。

由式(3-3)可见：当 v_0 一定时，任意点的速度仅由 y 值决定，y 相等，v 即相等。$y = Y$ 时，v 最小，故 $v_{\min}$ 点在 S 点。

（3）在弹道高相等的两点，其方向倾角的绝对值相等，即 $\theta_1 = |\theta_2|$，从而落角等于发射角，即 $\theta_0 = |\theta_C|$，顶点倾角 $\theta_S = 0$。

a. 证明 $\theta_S = 0$。

$$x_S = \frac{v_0^2\sin(2\theta_0)}{2g}$$

将 x_S 值代入式(3-4)，即可求得 θ_S。

$$\begin{aligned}
\tan\theta_S &= \tan\theta_0 - \frac{gx_S}{v_0^2\cos^2\theta_0}\\
&= \tan\theta_0 - \frac{g}{v_0^2\cos^2\theta_0}\cdot\frac{v_0^2\cdot 2\sin\theta_0\cos\theta_0}{2g}\\
&= 0
\end{aligned}$$

则

$$\theta_S = 0$$

b. 证明 $\theta_1 = |\theta_2|$。

如图 3-4 所示，$y_1 = y_2$，则

$$x_1 = x_S - x_i$$
$$x_2 = x_S + x_i$$

将 x_1、x_2 值代入式(3-4)得

$$\begin{aligned}
\tan\theta_1 &= \tan\theta_0 - \frac{g(x_S - x_i)}{v_0^2\cos^2\theta_0}\\
&= \tan\theta_0 - \frac{gx_S}{v_0^2\cos^2\theta_0} + \frac{gx_i}{v_0^2\cos^2\theta_0}\\
&= \frac{gx_i}{v_0^2\cos^2\theta_0}
\end{aligned}$$

同理

$$\tan\theta_2 = \frac{gx_i}{v_0^2\cos^2\theta_0}$$

则

$$\theta_1 = |\theta_2|$$

（4）最大射程角 $\theta_{0\max} = 45°$。

$$X = 2x_S = \frac{v_0^2 \sin(2\theta_0)}{g}$$

当 $\theta_0 = 45°$ 时,有

$$\sin(2\theta_0) = 1$$

则

$$X = \frac{v_0^2}{g}$$

（5）弹头在升弧段的飞行时间等于弹头在降弧段的飞行时间。因为升弧段的水平距离与降弧段的水平距离相等,由式(3-1)可知,飞行时间 t 相等。

由 3.2.1 节的真空弹道方程组可求得弹道顶点及落点的表达式,如表 3-2 所列。

表 3-2　弹道诸元

诸元	起点	顶点	落点
t	0	$t_S = \dfrac{T}{2} = \dfrac{v_0 \sin\theta_0}{g}$	$T = \dfrac{2v_0 \sin\theta_0}{g}$
x	0	$x_S = \dfrac{X}{2} = \dfrac{v_0^2 \sin(2\theta_0)}{2g}$	$X = \dfrac{v_0^2 \sin(2\theta_0)}{g}$
y	0	$Y = \dfrac{v_0^2 \sin^2\theta_0}{2g}$	0
v	v_0	$v_S = v_0 \cos\theta_0$	$v_C = v_0$
θ	θ_0	0	$\lvert \theta_C \rvert = \theta_0$

3.3 空 气 弹 道

由于迫击炮弹射角大、初速度小,其外弹道受空气阻力较小,可以近似用真空弹道方程来进行计算。但对于无坐力炮和火箭弹来说,其弹道低伸,不能忽略空气阻力的影响。本节主要讨论空气阻力对弹道的影响。

3.3.1　空气阻力的形成及原因

在无风的天气,我们以自然速度步行,不会感到有风,而当我们跑起来的时候,就感觉到迎面有风吹来,这就是空气阻力。跑得越快,感到的阻力越大。

同理,弹头在空气中飞行也受到空气阻力,弹头飞行的速度 v 不同,受到的空气阻力的组成和大小也不同。下面我们分别加以分析。

1）摩擦阻力

由于空气有黏性,当弹头以速度 v 向前运动时,与弹头表面接触的一层空气即被带动,并以速度 v 一同与弹头向前运动,表层空气又带动第二层空气运动,第二层又带动第三层……。由于空气层间的内摩擦作用,外层较内层速度低,直至最外层速度为零。整个被带动的空气层称为附面层。弹头带动附面层空气运动消耗能量,与此相当的这一部分

空气阻力即为摩擦阻力。

图 3-5(a)为风以速度 v 吹过静止弹头时的附面层,此时,接触弹头表面的气流速度为零。图 3-5(b)为弹头以速度 v 运动时的附面层状态,附面层的厚薄与弹速和弹体的表面光滑程度有关。附面层越厚,摩擦阻力越大。弹速越低,弹体表面越光滑,附面层越薄。

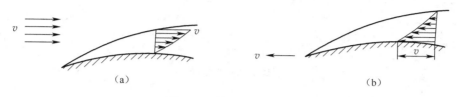

（a）　　　　　　　　　　　　　　　　　　（b）

图 3-5　附面层的产生

弹速较低时,摩擦阻力是构成空气阻力的主要部分,弹速越高,摩擦阻力所占的比重越小。例如,500m/s 左右的中速弹头,摩擦阻力仅占空气总阻力的 6%～10%。

2）涡流阻力

随着弹速 v 的增大,但仍小于声速,附面层因惯性在弹尾发生分离,在弹尾部形成近似真空的低压区,侧方空气流入补充而产生涡流。弹头因挠动空气产生涡流而消耗能量,与此相当的这部分空气阻力即为涡流阻力。

从力的观点看,弹头部空气压力高,弹尾部空气压力低,形成压力差,故涡流阻力又叫压差阻力。压差阻力实际上是作用在弹体表面法向力的合力。

附面层的分离都在弹头圆柱部之后。试验表明,涡流阻力的大小与弹头速度 v 及弹尾部的形状有关。弹速越大,分离区越大,涡流阻力越大。为减小弹尾部的低压区,对于弹速较大的枪炮弹头,其尾部都做成半锥角 6°～9°的船尾形,迫击炮弹、火箭弹做成流线型。对于 500m/s 的中速弹头,涡流阻力约占空气总阻力的 40%～50%。

3）波动阻力

由于空气有压缩性,弹速小时表现不明显,弹速大时就明显地表现出来。

犹如投一石子到平静的湖面,产生一圈一圈的波纹,石子是扰动源。弹头的弹尖、弹尾及弹体表面凹凸不平处在弹速 v 大于声速 a 时,都会给空气以强烈的压缩挠动,并在上述各部位构成浓密的圆锥形压缩空气层(使该空气层内的密度、温度、压力等都发生剧烈的变化),称为激波或弹道波。这种弹道波以弹头部及尾部最明显。弹头在超声速飞行时,因压缩空气使之产生激波而消耗能量,与此相当的这部分空气阻力称为波动阻力。

弹道波有弹头波、弹带波与弹尾波三种,如图 3-6 所示。弹头波又有分离波与密接波两种。分离波为正激波,激波与弹丸本体分离,激波面与弹速 v 成 90°夹角,如图 3-6(a)所示;密接波为斜激波,激波附着弹丸上,激波面与弹速 v 夹角小于等于 90°,如图 3-6(b)所示。试验表明,分离正激波的波动阻力最大。

波动阻力的大小与弹头飞行的速度以及弹尖部的形状有关。在空气动力学中,弹速 v 的大小通常用马赫数来表示。

$$Ma = \frac{v}{a}$$

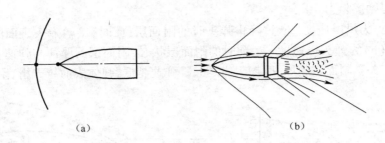

（a）　　　　　　　　　　　　　（b）

图 3-6　弹道波

式中：Ma 为马赫数；v 为弹速；a 为声速。

产生波动阻力的条件是弹速 $v \geqslant a$（声速），或者是马赫数 $Ma \geqslant 1$。试验表明，当 $Ma<1$ 但接近于 1 时，弹体局部表面开始产生激波；当 $Ma \geqslant 1$ 且超过不多时，在弹头部产生分离正激波；当 $Ma>1$ 且超过较多时，弹头部产生密接斜激波，如图 3-7 所示。

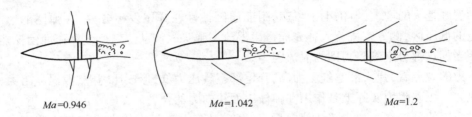

$Ma=0.946$　　　　　　　$Ma=1.042$　　　　　　　$Ma=1.2$

图 3-7　不同 Ma 马赫数的弹道波

中速弹头（500m/s 左右），波动阻力约占空气总阻力的 40%～50%。

同时，弹尖形状对波动阻力的影响很大，头部越锐长的弹头，弹头波越弱，越圆钝的弹头，弹头波越强。所以远程枪炮弹头其头部都做得比较锐长，但考虑到在弹道后段有亚声速飞行的情况，故尾部做成船尾形。

超声速弹头的弹尖通常都做成圆弧形，其半径 r 一般取 $(0.15～0.2)d$。弹尖过尖，当章动角 $\delta \neq 0$ 时，易造成附面层分离，增大涡流阻力，如图 3-8 所示。

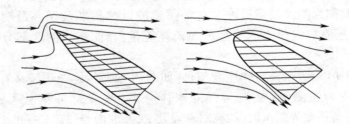

图 3-8　弹尖形状的影响

3.3.2　空气阻力表达式

影响空气阻力的因素主要有空气密度、空气的可压缩性、空气的黏性、弹形、弹径及弹

速等。考虑上述因素的影响,在理论研究与试验相结合的基础上,将空气阻力的表达式写为如下形式:

$$R = \frac{\rho v^2}{2} \cdot S \cdot C_{x0}\left(\frac{v}{a}\right)$$

式中:$S = \frac{\pi}{4}d^2$ 为弹头圆柱部最大横断面积(m^2),其中 d 为弹径;v 为弹速($\mathrm{m/s}$);ρ 为空气密度($\mathrm{kg \cdot s^2/m^4}$);$C_{x0}\left(\frac{v}{a}\right)$ 为阻力系数,下角"0"表示章动角 $\delta = 0$,$\left(\frac{v}{a}\right)$ 表示阻力系数 C_{x0} 是 $Ma = \frac{v}{a}$ 马赫数的函数,$C_{x0}\left(\frac{v}{a}\right)$ 是由试验确定的,其大小与弹形、马赫数 Ma 的大小有关。

弹形一定,C_{x0} 与马赫数 Ma 的函数关系可由射击试验测得,如图 3-9 所示。随伴火炮弹速一般低于声速,根据图 3-9,其阻力系数 C_{x0} 几乎为一常数。说明此时只有摩擦阻力和涡流阻力的影响,空气阻力 $R \propto \dfrac{\rho v^2}{2}$。

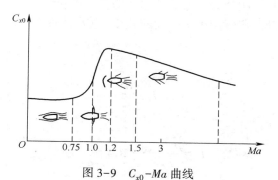

图 3-9 C_{x0}-Ma 曲线

不同形状弹头用射击试验测定的阻力系数曲线是不同的,如图 3-10 所示。从大量试验中发现,形状相近的弹头,在相同马赫数处阻力系数 $C_{x0}(Ma)$ 的比值近似为一个常数,即

$$\frac{C_{x0}(Ma_1)}{C_{\overline{x0}}(Ma_1)} \approx \frac{C_{x0}(Ma_2)}{C_{\overline{x0}}(Ma_2)} \approx \frac{C_{x0}(Ma_3)}{C_{\overline{x0}}(Ma_3)} \cdots = i$$

式中:$C_{x0}(Ma)$ 为第 I 种弹头的阻力系数;$C_{\overline{x0}}(Ma)$ 为第 II 种弹头的阻力系数。

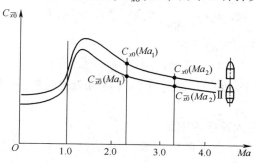

图 3-10 不同形状弹头的 $C_{\overline{x0}} - Ma$ 曲线

如果我们选第Ⅱ种弹头的弹形为标准弹形,则欲求第Ⅰ种弹形相近于该标准弹的阻力系数曲线时,就不必做大量的射击试验了,只要通过大量射击试验精确测定,并编成 $C_{x0}^- - Ma$ 函数表或绘成 $C_{x0}^- - Ma$ 函数曲线。通过试验测出某一马赫数处的 $C_{x0}(Ma)$ 值,如 Ma_1 处的 $C_{x0}(Ma_1)$,再求出它与标准弹的 $C_{x0}^-(Ma_1)$ 的比值 i,即可求出任意马赫数处的 $C_{x0}(Ma)$ 值,即

$$i = \frac{C_{x0}(Ma)}{C_{x0}^-(Ma)}$$

i 的大小反映待测弹较标准弹形的好坏。所谓弹形好即阻力系数比标准弹的阻力系数小,受到的空气阻力比标准弹小。对同一阻力定律,i 越小,其弹形越好。例如,$i_{43} = 1$,说明该弹的弹形与 43 年标准弹的弹形一样好;$i_{43} < 1$,说明该弹的弹形比 43 年标准弹还好。

3.3.3 空气阻力加速度

3.3.3.1 空气阻力加速度表达式

空气阻力的大小是影响弹头运动的外因。如何评价空气阻力对弹头运动的影响?要看空气阻力使弹头运动的速度产生了多大的改变,也就是看空气阻力使该弹头产生了多大的加速度。

对普通弹头:

$$J = \frac{R}{m}$$

其中

$$R = \frac{\rho v^2}{2} \cdot S \cdot i C_{x0}^- \left(\frac{v}{a} \right)$$

代入上式得

$$J = \frac{1}{m} \cdot \frac{\rho v^2}{2} \cdot S \cdot i C_{x0}^- \left(\frac{v}{a} \right)$$

整理得

$$J = \left(\frac{id^2}{m} \right) \cdot \left(\frac{\rho}{\rho_{ON}} \right) \cdot \left[\frac{\pi}{8} \rho_{ON} \cdot v^2 \cdot C_{x0}^- \left(\frac{v}{a} \right) \right]$$

式中:$\rho_{ON} = 1.206(\text{kg/m}^3)$ 为地面标准空气密度。

令 $C = \frac{id^2}{m}$ 为弹道系数,$H(y) = \frac{\rho}{\rho_{ON}}$ 为空气密度函数,$F(v) = \frac{\pi}{8} \rho_{ON} \cdot v^2 \cdot C_{x0}^- \left(\frac{v}{a} \right)$ 为阻力函数,则空气阻力加速度表达式为

$$J = C \cdot H(y) \cdot F(v)$$

由上式可以计算出加速度的大小,分析出影响 J 的因素,从而进一步讨论减小 J 的措施。

3.3.3.2 影响空气阻力加速度的因素

显然,影响空气阻力加速度的因素有弹道系数 C,空气密度函数 $H(y)$,阻力函数 $F(v)$,下面我们分别加以讨论。

1）弹道系数

弹道系数是弹头自身结构特征量对空气阻力加速度影响的一个综合系数,其表达式为

$$C = \frac{i \cdot d^2}{m}$$

式中:i 为弹形系数,表示弹头形状特征量;d 为弹径,表示弹头大小的特征量;q 为弹重,表示弹头惯性的特征量。

用三种不同弹道系数的弹头($C_1 < C_2 < C_3$),以相同的 v_0、θ_0 射击,其弹道形状不相同,如图 3-11 所示。

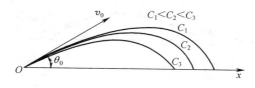

图 3-11　C 对弹道形状的影响

C 值越大,x 越小,弹道形状越弯曲。因此,C 是反映弹头自身特性对飞行轨迹影响的一个物理量,故称为弹道系数。

由弹道系数表达式看,似乎弹径 d 越大,弹道系数 C 越大,但其实并不是这样。因为弹径 d 增加时,弹头质量也会增加,并且

$$m = C_q \cdot d^3$$

式中:C_q 为弹重系数,相当于以弹径 d 表示的单位体积弹头的质量(kg/m³)

因此弹道系数表达式可改写为

$$C = \frac{i}{C_q \cdot d}$$

由上式可知,影响弹道系数 C 的因素如下:

(1)弹形系数 i。弹形越好,i 越小,C 越小,空气阻力加速度 J 就越小。可见改善弹形对减小空气阻力加速度是非常重要的。标准弹选择不同,弹形系数 i 亦不同。

(2)弹重系数 C_q。C_q 与 C 成反比。为减小空气阻力加速度 J,应增大弹重系数 C_q。

(3)弹径 d。弹径 d 越大,C 越小,J 越小,射程越远。

2）空气密度函数 $H(y)$

由空气密度函数的表达式可知,$H(y)$ 随弹道上某点的空气密度 ρ 的变化而变化。y 越大,ρ 越小,$H(y)$ 越小。无坐力炮弹和单兵火箭弹多用于反装甲武器,其弹道高一般不超过 100m,所以计算时可以取 $H(y) = 1$。

3）阻力函数 $F(v)$

阻力函数是反映弹头与空气相对运动特性的物理量。由表达式 $F(v) = \dfrac{\pi}{8} \rho_{ON} \cdot v^2 \cdot C_{x0}\left(\dfrac{v}{a}\right)$ 可以看出,阻力函数 $F(v)$ 是弹速 v 的函数,也是声速 a 的函数。由于无坐力炮弹和单兵火箭弹弹道高 y 较小,一般不考虑声速 a 的影响,而弹速 v 是保证一定射程和杀

伤力所必需的,因此不可能用减小 v 的方法来减小 $F(v)$ 值。

3.3.4 空气弹道的特性

3.3.4.1 弹速 v 沿全弹道的变化

弹头在空中运动,除受到空气阻力作用外,还受到重力的作用。这两个力都要使弹头产生加速度,前者是空气阻力加速度,后者是重力加速度。空气阻力加速度 J 的方向始终与弹速 v 的方向相反,为负值;重力加速度 g 却始终铅垂向下,如图 3-12 所示。

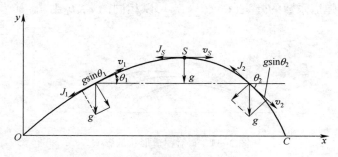

图 3-12 弹速沿全弹道的变化

将重力加速度 g 分解到弹头质心的切向和法向,这样在质心运动的切线方向,弹头运动的加速度为

$$\frac{\mathrm{d}v}{\mathrm{d}t} = J + g\sin\theta$$

1)升弧段

J 和 $g\sin\theta$ 均为负值,即

$$\frac{\mathrm{d}v}{\mathrm{d}t} = J + g\sin\theta < 0$$

故弹速 v 在升弧段一直在减小。

2)弹道顶点 S

因为 $g\sin\theta = 0$,则

$$\frac{\mathrm{d}v}{\mathrm{d}t} = J < 0$$

故弹速 v 仍然继续减小。

3)降弧段

因为 $g\sin\theta > 0$,故可能有下述三种情况:

(1)刚过 S 点,$g\sin\theta < |J|$ 时,$\frac{\mathrm{d}v}{\mathrm{d}t} < 0$,弹速仍继续减小;

(2)当 $g\sin\theta = |J|$ 时,$\frac{\mathrm{d}v}{\mathrm{d}t} = 0$,弹速 v 达到最小值;

(3)最小速度点后,$g\sin\theta > |J|$,$\frac{\mathrm{d}v}{\mathrm{d}t} > 0$,故弹速逐渐有所增加,直到落点 C。

全弹道弹速 v 随时间 t 的变化曲线如图 3-13 所示。

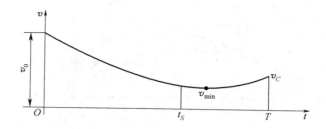

图 3-13　弹速 v 随时间 t 的变化曲线

对于初速度 v_0 很大、发射角 θ_0 很小的武器,由于弹道低伸,弹头一般都达不到最小速点即着地,故全弹道的弹速一直是减小的。对于初速度 v_0 不大、发射角 θ_0 很大的武器(如迫击炮,其发射角一般大于 $45°$),则有弹速增加的一段,但因飞行时间很短,所以弹速增加不多。所以无论任何枪炮的空气弹道,都是初速度 v_0 大于落速 v_C,最小速度点 $v_{\min}$ 是在 t_S 以后降弧段上的某一点。

3.3.4.2　空气弹道的不对称性

空气弹道是一条不对称于直线 $x=x_S$(即最大弹道高 Y)的抛物线,其主要特点有:

1)弹道形状不对称

弹道顶点 S 不在弹道中央,离落点 C 近,即 $x_S > x/2$,$\overset{\frown}{OS} > \overset{\frown}{SC}$。

造成空气弹道形状不对称的根本原因是空气阻力,且随弹道系数 C 的增大,其不对称性越来越显著。以 $v_0 = 1000\,\text{mm/s}$,$\theta_0 = 45°$,弹道系数 C 分别为 0.6(大口径炮弹)、1.0(中口径炮弹)和 6.0(枪弹)的几种弹射击为例,其弹道形状如图 3-14 所示。图中 $C=0$ 的一条弹道是真空弹道。

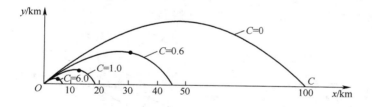

图 3-14　弹道系数与不对称性

2)在升弧段与降弧段弹道高相等($y_1 = y_2$)处,弹速与倾角不对称

$v_1 > v_2$,$v_0 > v_C$,这是由于弹速的水平分速度沿全弹道始终减小,垂直分速度的绝对值升弧段大于降弧段的缘故;$\theta_1 < |\theta_2|$,$\theta_1 < |\theta_C|$,故弹道降弧段较升弧段弯曲,如图 3-15 所示。

3)飞行时间不对称

升弧段的飞行时间短,降弧段长,即 $t_C < T/2$。从物理意义上讲,因等高处升弧段的垂直分速度始终大于降弧段的垂直分速度,故达到等高处升弧段所需时间小于降弧段所需时间,也就是升弧段到达最高点 Y 的时间小于降弧段从 Y 降到 $y=0$ 的时间。

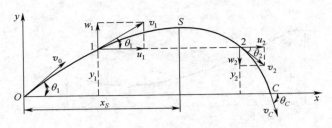

图 3-15 空气弹道的不对称性

4）最大射程角

真空弹道的最大射程角 $\theta_{max} = 45°$，空气弹道中由于空气阻力加速度的影响，情况比较复杂，各种武器的最大射程角的概略范围如下：

v_0 为 800mm/s 左右的枪弹：28°~35°；

中口径中速炮弹：42°~44°；

大口径高速远射程炮弹：50°~55°；

小初速度迫击炮弹：约为 45°。

3.4 尾翼弹飞行稳定性

3.4.1 章功角的产生

前面研究弹头在空气中的运动，都是研究弹头质心的运动，并假定弹轴与弹道切线重合，这样弹头速度 v 即与弹轴及弹道切线一致，空气阻力的合力 R 过质心沿弹道切线指向后。但实际上弹轴与弹道切线并不重合，它们之间总存在一个夹角。我们称弹轴与弹道切线之间的夹角为章动角，用 δ 表示，如图 3-16 所示。

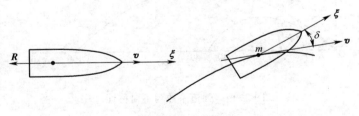

图 3-16 章动角

章动角产生的原因如下：

（1）弹头定心部与膛壁之间有间隙，因而弹轴在膛内与炮膛轴线有夹角 δ，如图 3-17（a）所示。迫击炮的间隙可达 0.5~0.9mm。

（2）弹头质量偏心。由于质量偏心，在离心力作用下，弹轴将向质心所在一侧偏离，并使该侧的定心部紧贴膛壁，如图 3-17（b）所示。

（3）弹底火药燃气压力合力的作用线偏心，在膛内期间将使弹轴偏向质心偏离的一侧，如图 3-17（c）所示。

上述三条原因,使弹轴在膛内与枪膛轴间产生一个夹角。当弹头定心部离开枪炮口切面时,该夹角达到最大值,如图 3-17(d)所示。

（4）在弹道曲线段飞行时,由于弹道切线(即 v 的方向)不断下转,也必然产生章动角。

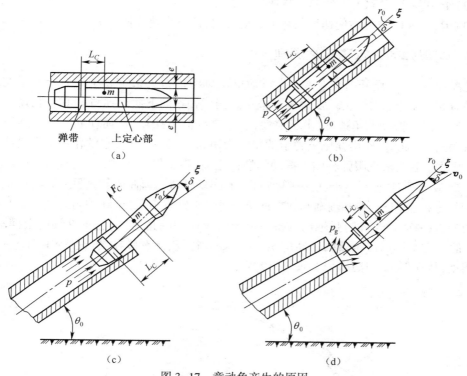

图 3-17　章动角产生的原因

3.4.2　尾翼弹的受力分析

由于迫击炮弹的初速度小,所以空气阻力主要表现为涡流阻力,弹头一般都做成流线型,弹头重心靠近头部。在有章动角的情况下,由于尾翼弹的质心靠前,空气阻力 R 的作用点 P 位于质心 m 的后方,如图 3-18 所示。

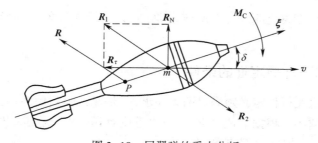

图 3-18　尾翼弹的受力分析

将空气阻力的合力 R 向质心 m 简化,过 m 作与 R 平行且相等的一对平衡力 R_1、R_2,R、R_2 构成一稳定力矩 M;再将 R_1 沿 v 分解得 R_τ,沿垂直于 v 分解得 R_N,如图 2-18 所示。

这样 R 的作用效果分别表现为

（1）M（由 R、R_2 构成）——稳定力矩。它不是使弹头翻倒，而是使弹轴 ξ 与速度矢量 v 靠拢，使章动角 δ 减小。故力矩 M 称为稳定力矩。

（2）R_τ——切向阻力。使弹头减速。

（3）R_N——法向力。使速度矢量 v 改变方向，即改变速度倾角 θ。

3.4.3 尾翼弹的飞行稳定性原理

尾翼弹飞行时，设开始在上方产生章动角 δ，则稳定力矩 M 使弹轴 ξ 向下摆动与 v 靠近。随着 δ 的减小，稳定力矩 M 也逐渐减小。当弹轴 ξ 向下摆动到与 v 重合时，尾翼弹已经有一定的向下摆动的角速度，由于惯性，它将继续向下摆动，从而在 v 的下方逐渐产生新的章动角 δ。此时，作用在尾翼弹上的稳定力矩 M 改变了方向，它的作用效果是使弹轴 ξ 向上摆动。但在未克服弹轴向下摆动的惯性之前，弹轴继续下摆。章动角 δ 继续增大，稳定力矩 M 亦继续增大，直至克服弹轴向下的摆动惯性，弹轴停止下摆。而后稳定力矩 M 使弹轴 ξ 向上回摆，弹轴逐渐与 v 靠近，δ 减小，M 亦减小，直至弹轴与 v 重合。与向下摆动的分析一样，由于此时弹轴已具备一定的向上摆动的角速度，它将继续向上摆动，从而在 v 的上方又逐渐产生新的章动角 δ……。如此往复，尾翼弹在飞行过程中围绕 v 矢量来回摆动，从而形成单摆运动，如图 3-19 所示。

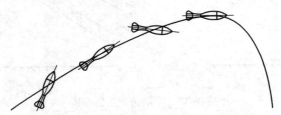

图 3-19　尾翼弹的飞行稳定性原理

由于弹轴 ξ 以某一角速度 $\dot\delta$ 摆动时，周围空气作用于弹体，产生阻滞摆动力矩 M_D，方向恒与摆动方向相反，最终使章动角 δ 逐渐减小，从而实现飞行的稳定性。

由于离开炮口瞬间产生初始章动角 δ 的方向是随机的，尾翼弹在飞行中的摆动方向完全是随机的。

迫击炮弹实现的是单摆稳定，无偏流现象，但其飞行受气象条件影响大，射击密度差。

3.4.4 尾翼弹的飞行稳定性的条件

尾翼弹在全弹道飞行稳定必须满足两条要求：一是保持弹尖始终向前，二是摆动角 δ 的变化趋势是越来越小。根据上述要求，提出以下尾翼弹的飞行稳定条件。

1）有足够的稳定储备量（静态稳定）

所谓稳定储备量是以百分数表示的阻心距 h 与全弹长 L 的比值，即

$$N = \frac{h}{L} \times 100\%$$

式中,阻心距 h 是指阻力作用点 P 到质心 m 的距离。

为保持尾翼弹的静态稳定(即保持弹头不翻转),阻心 P 必须位于质心 m 的后方,且阻心距 h 不能太小。实践证明,当 $N>10\%$ 时,就足以保证尾翼弹的静态稳定,也就是说有足够的稳定储备量。几种尾翼弹的稳定储备量 N 与射弹散布量(用公算偏差 B 表示)如表3-3所列。

表 3-3　几种尾翼弹的 N、B 值

炮弹名称	$v_0/(\text{m/s})$	X_m/m	$N = \dfrac{h}{L}$	散布量		
				B_1	B_2	B_3
82mm 迫击炮弹	211	3040	10.6%	45	10	—
120mm 迫击炮弹	272	5520	14.5%	51	24	
160mm 迫击炮弹	344	8329	10.8%	28	14	—
105mm 无坐力炮尾翼式破甲弹	503	570	18.0%	—	0.3	0.4

稳定储备量 N 越大,射弹散布越密集,即公算偏差越小。N 也不能太大,否则不仅影响炮弹尾部的结构和质量分布,而且在后效期内,由于反向气流的作用将产生翻转力矩,使起始摆动角 δ_0 及起始摆动角速度增大,使飞行中的动态稳定性变差,增大射弹散布,所以稳定储备量 N 一般不大于30%。合理的稳定储备量 N 为10%~30%左右。

2)应有适当的摆动波长(动态稳定)

根据理论分析,尾翼弹的摆动角 δ 随弹道弧长的变化规律为一周期性的阻尼振动。弹轴每摆动一个周期质心 m 所经过的距离称为摆动波长,用 λ 表示:

$$\lambda = vT = \frac{2\pi}{\sqrt{\alpha}}$$

式中:v 为炮弹质心在该周期内的平均速度;α 为摆动角加速度。

λ 越小,稳定力矩越大,弹轴摆动的振幅小,周期短,弹轴与 v 的一致性好,即炮弹飞行的动态稳定性好。但 λ 也不能过小,否则由于稳定力矩 M 过大而使空气阻力增大,不仅给射程带来影响,而且也影响射弹散布。

试验表明,摆动波长 λ 与弹径 d 成正比,即 $\lambda = nd$,且弹径 d 越大,比值 n 也越大。当弹径 $d<82\text{mm}$ 时,摆动波长 λ 一般为25~50m;当 $d>82\text{mm}$ 时,λ 一般为50~130m。

3)超声速尾翼弹的飞行稳定性

对于超声速弹头,其空气阻力增大,空气阻力作用 P 点前移,从而使阻心距 h 减小,稳定力矩 M 减小。为保持超声速弹头的飞行稳定性,一般采用超口径尾翼装置,即尾翼直径 D 大于炮的口径 d。D/d 的取值范围为2~5。

3.5　火箭弹外弹道特点

上述外弹道的介绍中,都没有考虑弹丸受到推力作用的情况。对于靠发动机推进的火箭弹而言,其区别于其他炮弹的最大特点就是在发动机工作时,存在较其重力和空气阻力大得多的推力作用,这种作用必然会对弹道产生影响。因此,有必要对火箭弹的外弹道的特点做简单介绍。

3.5.1 火箭弹飞行中的受力分析

火箭弹发动机的工作时间相对子全弹道飞行时间而言是比较短的,一般将发动机工作的这段弹道称为主动段。火箭弹在主动段上主要靠高速后喷燃气所获得的直接反作用力构成飞行动力,这种直接反作用力是推力 F(图3-20)的主要部分。

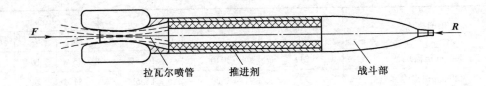

图3-20 火箭弹主动段受力示意图

在主动段,推力的主要作用是推动火箭弹做加速运动。对于喷管切向斜置的火箭弹,推力的切向分力产生力矩使弹丸绕轴旋转以实现旋转稳定或减小射弹散布的目的。无论何种目的,这种主动产生的力矩都只是推力的一种表现形式。

火箭弹主动段受力除推力之外,还有空气阻力和重力等作用力。一般情况下,推力在数值上要远大于空气阻力和重力。如某130mm火箭杀爆弹,初始所受重力为313.92N,最大空气阻力(弹速最大时)为316.86N,而推力值为20404.8N,推力值几乎为最大空气阻力或重力的65倍。

火箭弹的上述受力特点决定了其外弹道特点。当火箭弹飞过了主动段、火箭发动机停止工作后,火箭弹的受力及弹道与普通炮弹的就基本相同了。

3.5.2 火箭弹的飞行稳定性原理

火箭弹的飞行稳定性是指火箭弹在空气中飞行时,弹轴基本沿弹道切线方向,不仅不会翻跟斗,而且弹轴摆动的幅度不大;碰击目标时,弹头部中心轴线与目标水平面夹角符合设计要求。

3.5.2.1 尾冀式火箭弹

这种火箭弹在飞行过程中依靠安装在火箭弹尾部的尾翼装置来保持飞行稳定。它的稳定原理是当在火箭弹体尾部安装尾翼时,作用在飞行中的火箭弹体上的空气动力的合力着力点(称为压力中心)会移至弹体质心之后。当火箭弹体受到外界扰动时,不论弹体如何摆动,弹体本身都能产生一个稳定力矩来克服外界扰动力矩的作用,使弹轴线始终围绕弹道切线摆动并逐渐趋向一致。

3.5.2.2 涡轮式火箭弹

这种火箭弹也称为旋转稳定火箭弹,它在飞行中是依靠弹体绕自身纵轴高速旋转产生的陀螺力矩来保持飞行稳定的。飞行中,当这种弹受到外界翻转力矩或其他干扰力矩作用时,该陀螺力矩能抗衡外界力矩的作用,保持弹轴处于正常方向,使火箭弹可靠地飞向目标。

3.5.3　火箭弹外弹道特性

3.5.3.1　弹道划分

与普通炮弹的外弹道有所不同,火箭弹外弹道可以划分为主动段、被动段和被动结束段三部分,如图 3-21 所示。主动段是指火箭发动机开始工作点或出炮口中心点 O 至发动机结束工作点 K 的一段弹道,即 OK 段,K 点称为主动段末点。被动段是指由 K 点开始到弹道上与 K 点等高点 L 止的一段弹道 KL。被动结束段则是指从 L 点开始到落点 C(与炮口中心点等高)止的一段弹道 LC。

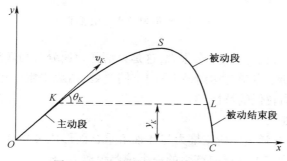

图 3-21　火箭弹外弹道划分示意图

显然,火箭弹的被动段和被动结束段与普通炮弹的弹道相同,如果火箭弹外弹道有什么特点的话,应该是由主动段决定的。

3.5.3.2　弹道参量

显而易见,如果将火箭弹的炮口中心点 O 假想为主动段末点 K,而不考虑火箭弹推力作用,则整个被动段应该由火箭弹在 K 点的弹速 v_K、弹道倾角 θ_K 和弹道系数 C_K 决定。由于主动段和被动结束段相对于整个被动段要短得多,因此可以说 v_K、θ_K、C_K 基本决定了整个弹道,但是 K 点的高低直接影响了火箭弹的飞行高度,相当于改变了普通炮弹的炮阵地海拔高度,从而影响了弹丸飞行过程中遇到的空气的密度和空气阻力,进而影响了整个弹道。因此,主动段末点的弹道高也是决定火箭弹道的参量之一。

综上所述,火箭外弹道的参量为 v_K、θ_K、C_K 和 y_K(图 3-21)。需要说明的是,由于伴随步兵的火箭弹多为一级,在主动段上弹径和外形没有变化,而推进剂随着燃烧而消耗,所以火箭弹在 K 点的弹道系数 C_K 要比 O 点的弹道系数 C_O 大。显然,如果在主动段结束后将发动机壳体甩掉,则火箭弹质量将进一步减小,弹道系数进一步增大,对提高射程是不利的。这是一级火箭弹与多级火箭弹的重大区别之一。

3.5.3.3　弹速变化规律

火箭弹在被动段和被动结束段的弹速变化规律与普通炮弹一致,但在主动段上,由于推力(远大于空气阻力和重力)的作用,弹速不断提高,至主动段末点弹速达到最大。对于涡轮火箭弹,其旋速在主动段也是不断增大的,至 K 点为最大(ω_K)。因此,火箭弹的弹速变化规律如图 3-22 所示。

虽然火箭发动机有可能在火箭弹射出炮口前就已经开始工作,但是由于火箭发射器(或导轨)身管长度较小,火箭弹射出炮口时的速度 v_0(及旋速 ω_0)是比较小的。在主动

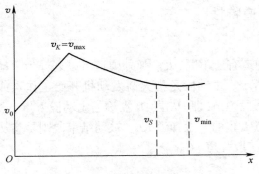

图 3-22　火箭弹弹速变化规律

段的最初阶段,弹速(及旋速)也不会很大,这是火箭弹弹速分布与普通炮弹(在离开炮口时旋速最大,在后效期末点弹速达到最大)的不同之处,由此决定了火箭弹射出炮口瞬间惯性较小,抗干扰能力较低的特性。

3.5.3.4　推力偏心现象

推力偏心是指火箭弹实际所受推力与弹轴不重合而形成夹角并在赤道面(包括弹丸质心的弹丸横截面)内与弹丸质心产生的一个偏差距离 L(图 3-23)。之所以出现推力偏心有如下原因:一是火箭推进剂无论是几何尺寸还是性能都不可能关于弹轴绝对对称,会使推力偏移和倾斜,由此产生的推力偏心称为气体动力偏心;二是由于喷管的中心线与弹轴不平行、不重合而使推力产生几何偏心;三是弹丸质心由于制造原因一般也不与弹轴重合,这种质量偏心也构成了推力偏心的一部分。当然,上述三种偏心都是空间量,因此,推力偏心应是它们的矢量和。

图 3-23　火箭弹推力偏心

推力偏心的存在,不仅使推力在弹速方向上的有效分量减小,从而影响弹速的增加;其垂直分量将改变弹速方向,使弹道在方向上发生偏离;同时,它还相对弹丸质心产生一个推力偏心矩使弹轴发生摆动,从而影响弹丸的飞行姿态和空气阻力,最终导致实际弹道与理论弹道不重合。由于每发弹的推力偏心的大小是随机的,方向也是不确定的,因此,每发弹由于推力偏心而产生的实际弹道(和着点)与理论弹道(和平均弹着点)的偏差量无论大小还是方向也都是随机的。推力偏心对弹道的影响可以利用旋转,使其在各个方向产生的影响相互有所抵消。这也是涡轮火箭弹散布精度一般高于尾翼火箭弹的原因之一。当然,普通炮弹不存在推力偏心的作用。

3.5.3.5　迎风偏现象

按照一般常识,左横风(从炮尾面向炮口站立,风向从左向右平吹)使弹道向右偏,右横风使弹道向左偏,这就是顺风偏。但对于主动段上的尾翼火箭弹,当其受到水平横风作用时,会产生迎风偏。迎风偏是指尾翼火箭弹在主动段受到横风作用时,其弹道要迎着风向偏转的现象。

为什么会产生迎风偏呢?假定尾翼火箭弹的推力与弹轴及弹速矢量重合(图 3-24(a)),此时,空气阻力亦与弹轴重合,但作用点在阻心,当出现右横风(风速为 W)作用后,由于尾翼弹阻心在质心之后,则此横风所产生的力矩使弹轴绕质心摆动,直至弹轴与相对弹速 v_r 重合,这种力矩才会消失,弹轴处于新的平衡位置。此时,弹尾左摆,推力方向右摆而与绝对弹道 v 产生一个夹角 δ_r(图 3-24(b))。

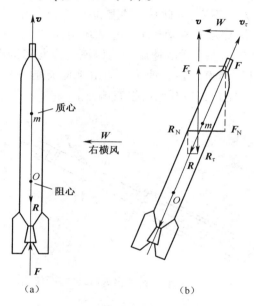

图 3-24　迎风偏产生原理示意图
(a)初始状态;(b)平衡状态。

在弹轴偏转以后,空气阻力与弹轴重合,其作用点可由阻心移至质心而作用等效。此时,推力 F 和阻力 R 在绝对弹速矢量的平行方向和垂直方向上分别形成分力 F_τ、R_τ 和 F_N、R_N,其中 F_τ 使弹速增加,R_τ 使弹速减小,F_N 使弹道右偏(弹丸质心向右运动),R_N 使弹道左偏。由于 $F \gg R$,故 $F_N \gg R_N$,最终使弹道迎着风向向右偏,即产生迎风偏。

应该注意的是,只有尾翼火箭弹且在主动段上遇到水平横风时,才可能发生迎风偏。否则,只可能出现顺风偏。例如,对于我国 40mm 火箭发射器发射的火箭弹来说,其火箭发动机在弹离开发射器一段距离后才开始工作,所以在其整个弹道上会出现迎风偏现象,发射时需要沿风向修正横风的影响;而对于采用发射筒式发射方式的某 80mm 火箭来说,由于其发动机工作时间集中在发射器内,所以外弹道阶段并不存在主动段,一般来说也就没有迎风偏现象。

3.5.3.6　涡轮火箭弹的偏流

根据外弹道知识,枪、加农炮、榴弹炮等依靠弹丸旋转实现弹道稳定的武器,在其外弹道的曲线段部分由于动力平衡角的存在,会出现偏流现象。涡轮火箭依靠火箭旋转实现弹道稳定,所以同样会出现偏流现象,但与普通炮弹"右旋偏右、左旋偏左"的偏流特点不同,涡轮火箭弹(右旋)偏流的最大特点是:水平距离较小时,偏流向左;水平距离较大时,偏流向右;在某一段弹道上,基本无偏。如某130mm火杀爆弹,最大射程为10.02km,5km以内弹道左偏,5km左右偏流基本为零,5km以上弹道右偏。其原因可参见图3-25。由于火箭弹出炮口瞬间的弹速和旋速都很小且又有推力作用,在弹丸上定心部或质心出炮口后,而弹丸尾部尚未脱离身管支撑前,弹丸将由于重力 q 的作用而使弹丸受到身管一个附加的反力 N 的作用,N 与 q 将使弹丸受到一力矩 M_q 的作用,M_q 的方向向左。按照陀螺效应,弹顶将向 M_q 的方向即向左摆动,进而开始进动。在弹底出炮口之前,M_q 的作用始终存在(大小有变化)且方向不变,因此从弹丸质心出炮口开始至弹底出炮口前为止,弹轴在进动过程中始终因 M_q 作用而左摆产生向左的攻角,故推力平均地位于弹速矢量的左侧,使弹丸在弹道早期产生向左运动的速度和左偏流。弹丸完全出炮口以后 M_q 消失,其后就与普通右旋炮弹一样,弹道开始右偏了。但由于偏流是一种累积量,要在一定距离上,左偏流才能减为零(无偏),其后开始产生右偏流。

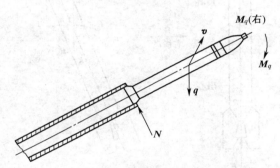

图3-25 涡轮火箭弹出炮口时的重力作用

普通旋转炮弹之所以不存在涡轮火箭弹的上述复杂的偏流特点有以下两个原因:一是弹丸炮口速度较大,虽然也有 M_q 的作用,但作用时间很短;二是普通炮弹不受推力作用,即使弹轴左偏也不会产生火箭弹那样大的偏流。

第4章 随伴火炮射击基础理论

4.1 射弹散布

4.1.1 射击精度和射弹散布

4.1.1.1 射击精度

射弹命中目标的精确程度,通常称为射击精度。在火炮射击中,火炮的射击精度通常用射击准确度和射击密集度来衡量。

1)射击准确度

平均弹着点与预期命中点的偏差程度称为射击准确度。射击中平均弹着点与预期命中点偏离越小,射击准确度越好。

2)射击密集度

弹着点密集的程度称为射击密集度。射击中弹着点越密集,射击密集度越好。

4.1.1.2 射弹散布

射击时,在用同一火炮、同一批弹药装定同一射击诸元,并由同一炮班以相同的操作条件尽量准确地进行操作,发射多发炮弹,这些弹丸的运动轨迹并不完全重合,而是按一定规律分布在一定的空间范围内,这种现象称为弹道散布。弹道有散布就会导致多发射弹的弹着点也是按一定规律分布在一定范围内,这种现象称为射弹散布。图 4-1 为射弹散布及集束弹道。

1)集束弹道

射弹自然散布所形成的诸弹道的综合称为集束弹道,如图 4-1 所示。

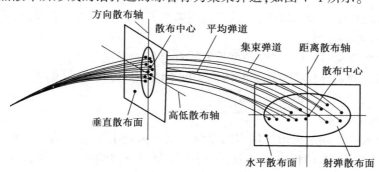

图 4-1 射弹散布及集束弹道

2）平均弹道

通过集束弹道中央的一条弹道(是理想的)称为平均弹道。

3）散布中心

平均弹道与目标平面相交的一点称为散布中心。散布中心是理想的,是大量射弹散布的中心。弹着点围绕散布中心形成规律性的散布。根据少量射弹散布求得的平均中心称为平均弹着点,平均弹着点与散布中心间存在一定的误差。在实际运用过程中,若射弹量足够大,可以认为平均弹着点与散布中心近似重合,用平均弹着点来代替散布中心。

4）射弹散布面

弹着点所占有的面积称为射弹散布面。

（1）水平散布面:弹着点在水平面上所占有的面积。

（2）垂直散布面:弹着点在与水平面相垂直的面上所占有的面积。

5）射弹散布轴

在射弹散布面上,通过散布中心作互相垂直的两条直线,使每条直线两边的弹着点数相等,则称该直线为射弹散布轴。

在水平散布面上,射弹散布轴分别称为方向散布轴和距离散布轴;在垂直散布面上,则分别称为方向散布轴和高低散布轴。

6）射弹偏差

弹着点与散布轴之间的距离称为射弹偏差。弹着点与方向散布轴之间的距离称为射弹的方向偏差。弹着点与距离散布轴之间的距离称为射弹的距离偏差。弹着点与高低散布轴之间的距离称为射弹的高低偏差。

4.1.2 射弹散布产生的原因和特点

射弹散布对射击效果有很大影响,因而我们需要了解散布产生的原因,以便设法减小射弹散布。

4.1.2.1 射弹散布产生的原因

引起射弹散布的原因很多,但归根到底主要是由于初速度、射角、射向及空气阻力作用等方面的微小差异造成的。

1）初速度 v_0 的差异

（1）各发炮弹发射药重量、成分、尺寸及初温不完全相同,从而引起各发射弹的初速度 v_0 的不同。

（2）射击过程中炮膛温度升高,使得每发弹发射时的炮膛温度有差异,致使火药燃烧速度改变,引起 v_0 的差异。

（3）弹丸的重量、尺寸及其软硬度等差异都会使 v_0 发生差异。

（4）装填力的差异使弹带嵌紧膛线的程度不同,也可以引起 v_0 的差异。v_0 的差异,造成射弹的距离散布或高低散布。

2）射角 θ_0 的差异

（1）由于火药气体对全炮作用力的差异及支撑火炮射击处土质软硬程度的差异,导致每发弹射击时火炮振动程度不一致,使得次发弹射击时炮膛轴线位置发生变化,射角 θ_0 也不完全相同。

（2）炮架及瞄准装置的松动及空回、瞄准手操作的误差等均会影响射角 θ_0。射角 θ_0 的差异同样会引起距离散布或高低散布。

3）弹道系数 C 的差异

每发弹丸的形状、重量或质心位置的微小差异，都会引起弹道系数 C 的不同，造成空气阻力 R_x 和阻力加速度 a_x 不同，而产生距离散布或高低散布。同时，弹丸形状、质心位置的差异还会引起其进动、章动状况发生差异，弹丸在方向上的偏离也会不同，而产生方向散布。

4）炮身射向的差异

火炮在方向上的差异会引起射弹方向散布。造成各炮弹射击时方向上差异的原因很多，如炮手的瞄准误差、拉火力不同使炮身射击瞬时的位置不同、驻锄土质松动等。

5）气象条件的变化

风向风速、气温气压等变化是造成射弹散布的主要原因。当旋转弹遇到横风时，将产生"顺风偏"；而部分火箭弹遇到横风时，将产生"迎风偏"。

4.1.2.2　射弹散布的特点

由于导致射弹散布的原因很多，且每条弹道都是这些影响因素综合作用的结果，所以我们不能预先知道每一发射弹的弹着点将落在散布区域内的哪一个具体位置，也就是说散布中的各发射弹的弹着点具有偶然性。但是，就射弹散布的总体、全貌来说，散布还是有规律的。实验证明，射弹散布具有如下特点：

（1）局限性（有一定范围）：尽管引发射弹散布的原因有很多，但影响都很微小并且有的可以互相抵消，故散布总是限制在一定范围内。射弹散布的区域近似为一椭圆形，如图 4-2 所示。

（2）不均匀性：越靠近平均弹着点的区域，弹着点越密；离平均弹着点越远，弹着点越稀疏。

（3）对称性：平均弹着点前后左右的各弹着点是近似对称分布的。

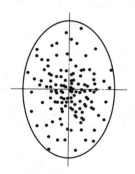

图 4-2　射弹散布

另外，火箭弹射弹散布区域的形状与射角有关，具体表现为：小射角（小射程）时，距离平均偏差大于方向平均偏差，呈长椭圆形；大射角（射程较大）时，方向平均偏差大于距离平均偏差，呈扁椭圆形；在某个射角（射程）范围内，距离平均偏差约等于方向平均偏差，呈圆形（图 4-3）。

由上述散布特点可以得出如下推论：

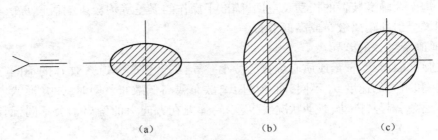

图 4-3　火箭弹散布区域与射程的关系

(a)小射程;(b)大射程;(c)中射程。

（1）在射击中,若某发射弹出现特别大的偏差时,必定是操作错误或其他原因造成的,不能认为是正常散布。

（2）靠近平均弹着点的弹着机会多,远离平均弹着点的弹着机会较少。

（3）由于射弹散布具有上述规律,故可以根据射弹散布情况求出平均弹着点。

4.1.3　平均弹着点的求法

求平均弹着点的方法视发射弹数的多少以及要求的精确程度而定,有连线法、计算法等。

4.1.3.1　连线法

视弹着点的散布情况可用如下方法:

（1）逐次连线法。

如图 4-4(a)所示,以一直线连接任意两个弹着点(A、B),将该线段(AB)等分为两段($AE = EB$),以中点(E)与第三个弹着点(C)连接,并将该线段(EC)等分为三段($CF = 2FE$),再以靠近前两个弹着点(A、B)的一点(F)与第四个弹着点(D)相连,再将线段(FD)等分为四段($DG = 3GF$),靠近前三个弹着点(A、B、C)的一点(G)即为四发弹着点(A、B、C、D)的平均弹着点。若只取三发弹着点(A、B、C),则 F 点为三个弹着点的平均弹着点。

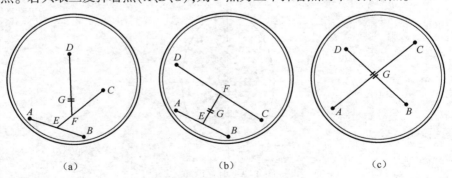

图 4-4　连线法求平均弹着点

(a)逐次连线法;(b)对称连线法;(c)交叉连线法。

（2）对称连线法。

如图 4-4(b)所示。对称连线法适用于四个弹着点,且散布较对称。对称连线法是将并排的弹着点,两个一组(A、B、C、D)地连起来,而后将两线段(AB、CD)各等分成两段

$(AE=EB、DF=FC)$，再将两线段的中点$(E、F)$连接起来，线段 EF 的中点 G 即为四个弹着点$(A、B、C、D)$的平均弹着点。

（3）交叉连线法。

如图 4-4（c）所示。此法也适用于四个弹着点，且散布较对称。将四个弹着点分成两组，以两相交直线连接，两直线的交点 G 即为四个弹着点的平均弹着点。

4.1.3.2　计算法

射弹散布情况如图 4-5 所示，求平均弹着点。

（1）在散布区域内任意建立一直角坐标系，其坐标原点为 O，x 轴为射弹的距离，z 轴为方向。

（2）测量各弹着点对坐标原点 O 的偏差，并列表记录，如表 4-1 所列。

（3）求偏差的平均值 $\bar{x}$ 和 $\bar{z}$。

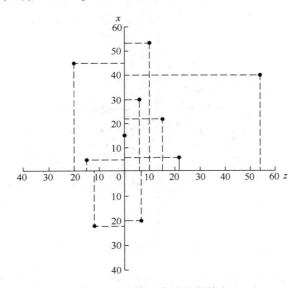

图 4-5　计算法求平均弹着点

表 4-1　各弹着点坐标值

发射顺序	1	2	3	4	5	6	7	8	9	10
x/m	+45	+30	+5	-20	+15	+22	+6	+40	+53	-22
z/m	-20	+6	-15	+7	0	+15	+22	+54	+10	-12

【例 4-1】　根据表 4-1 中的数据，计算平均弹着点的位置。

解：

$$\bar{x} = \frac{1}{n}\sum_{i=1}^{10} x_i = \frac{1}{10} \times (45 + 30 + 5 - 20 + 15 + 22 + 6 + 40 + 53 - 22)$$
$$= 17.4(\text{m})$$

$$\bar{z} = \frac{1}{n}\sum_{i=1}^{10} z_i = \frac{1}{10} \times (-20 + 6 - 15 + 7 + 0 + 15 + 22 + 54 + 10 - 12)$$
$$= 6.7(\text{m})$$

故平均弹着点的坐标为(17.4,6.7)。

4.1.4 公算偏差

不同的火炮具有不同的射弹散布。同一种火炮在不同的射击条件下,其射弹散布也各不相同。射弹散布的大小也是衡量火炮性能优劣的一个重要指标。为了定量地分析射弹散布,我们引入公算偏差这个概念。

4.1.4.1 公算偏差概念

在多发射弹的散布区域内,取两条互相平行且对称于散布轴的直线,若两直线间包含总弹着点数的 50%,则任意直线到散布轴的距离就称为公算偏差,如图 4-6 所示。射弹散布符合正态分布规律,故公算偏差又称为中间偏差。公算偏差考虑了全部射弹的偏差,因而可以确切地反映射弹散布的大小。公算偏差越大,射弹散布就越大,反之则小。

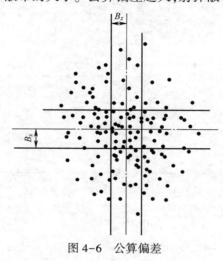

图 4-6 公算偏差

由于散布有距离、高低、方向之分,故公算偏差也分为距离公算偏差、高低公算偏差和方向公算偏差,分别用 B_x、B_y 和 B_z 来代表。

射击距离的不同,射弹散布的大小也不同。对于火炮,距离散布和方向散布同样随射击距离的增加而增大。对于一般的旋转稳定弹丸,其射弹的距离公算偏差相对值 $\dfrac{B_x}{X} \approx \left(\dfrac{1}{200} \sim \dfrac{1}{300}\right)$,方向公算偏差相对值 $\dfrac{B_z}{X} \approx \left(\dfrac{1}{1500} \sim \dfrac{1}{2000}\right)$;对于尾翼式迫击炮弹,其距离公算偏差相对值 $\dfrac{B_x}{X} \approx \left(\dfrac{1}{60} \sim \dfrac{1}{300}\right)$,方向公算偏差相对值 $\dfrac{B_z}{X} \approx \left(\dfrac{1}{150} \sim \dfrac{1}{500}\right)$。火箭弹,尤其是尾翼火箭弹,其外弹道受到较多因素的影响,射击密集度较低,中间误差较大。如 63 式 130mm 火杀爆弹(涡轮),在最大射程下的射击密集度为 $\dfrac{B_x}{X_x} \leqslant \dfrac{1}{155}$;120mm 火箭炮在最大射程下的密集度指标仅为 $\dfrac{B_x}{X_x} \leqslant \dfrac{1}{100}$。将有关弹药种类按射击密集由高到低排列,依次为地面炮弹、迫击炮弹、涡轮火箭弹和尾翼火箭弹。

4.1.4.2 公算偏差的求解方法

1）排列法

根据公算偏差的定义,只需将每发射弹的弹着点与散布中心的偏差值按绝对值大小的顺序排列,中间的偏差值即为公算偏差。

【例 4-2】 已知七发射弹的弹着点与散布中心的方向偏差为 0、+10m、−3m、+5m、−2m、−12m、+1m,求方向公算偏差 B_z。

解:将各方向偏差绝对值按大小顺序排列:0、1、2、3、5、10、12。

中间方向偏差数值为 3,则 $B_z = 3m$。

若弹数为偶数,则应取中间两个数的平均值。

【例 4-3】 已知六发射弹的弹着点与散布中心的距离偏差为 −13m、+15m、−5m、+50m、+30m、−60m,求距离公算偏差 B_x。

解:将各距离偏差绝对值按大小顺序排列:5、13、15、30、50、60。

中间数值的算术平均值即为距离公算偏差,即

$$B_x = \frac{15 + 30}{2} = 22.5(m)$$

排列法求解公算偏差,其优点是简单方便,缺点是不精确。它适用于不必精确知道火炮的公算偏差,仅通过发射少量射弹即可大致确定火炮散布的情况。

2）计算法

在精确确定公算偏差时(如射表编制或在工厂中确定时),通常用如下公式:

$$B = 0.6745 \sqrt{\frac{\sum_{i=1}^{n} \lambda_i^2}{n - 1}}$$

式中:n 为射弹发数;λ_i 为第 i 个发射弹对散布中心的偏差。

4.1.4.3 必中界和散布率

1）半数必中界

根据公算偏差的意义可知,在靠近平均弹着点的两个公算偏差区域(长度等于公算偏差二倍的区域)内,将包含全部射弹的一半的这个区域称作半数必中界,如图 4-7 所示。半数必中界可分为方向、距离和高低三个方面。

2）全数必中界

全数必中界也分为方向、距离和高低三个方面。散布区域的横宽称为方向全数必中界(图 4-7),散布区域的纵深称为距离全数必中界,散布区域在垂直方向的高度称为高低全数必中界。在上述各个全数必中界的区域内,均能包含全部射弹。

由计算及实验证明,全数必中界等于公算偏差的八倍。根据这个特点,便可以很方便地计算全数必中界。同时,也可以由散布区域大小求解公算偏差的近似值。

3）散布率

如图 4-7 所示,若将全数必中界分为八等份,每一份为一个公算偏差,则与其相对应的区域称作一个公算偏差区域。根据射弹散布规律,每个公算偏差区域的弹着点不会相等,我们采用散布率来表示在各个公算偏差区域的分布规律。

某公算偏差区域的散布率是该区域的弹着数与全部射弹数的百分比。根据理论及实

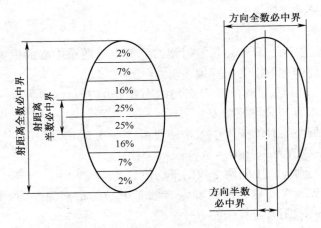

图 4-7　必中界和散布率

验得出,散布率对各个公算偏差区域为一定值,其分布情况自内向外为 25%、16%、7% 和 2%。

4.1.5　减小射弹散布的方法

尽管射弹散布是客观存在的现象,无法排除,但是我们可以通过技术的进步和规范使用火炮,达到减小射弹散布的目的。

4.1.5.1　生产制造方面

在火炮设计与制造中,采取合理的结构或机构以减小瞄准装置误差、减小火炮的跳动。通过制造技术或工艺的改进,适当提高主要部件的制造精度。在弹药的生产中,保证每发炮弹和每批装药性能尽可能一致。

4.1.5.2　操作使用方面

遵守发射速度规定,在不影响射击效果的情况下采用小号装药射击,以减小炮膛磨损和火炮结构的松动,保持火炮的良好性能。射击间隙应及时擦拭炮膛,保持炮膛洁净。

对同一目标射击应选用相同批号的装药、相同等级的弹丸。

加强炮手的技术训练,以精确的和相同的手法装定诸元、居中气泡,瞄准点位置尽量选远些并且清晰好瞄,瞄准时要排除空回,每次应瞄准在同一位置。以相同的力量、方向和手法正确地装填、击发。

按规定构筑火炮阵地,做到驻锄牢固,土质抗力均衡。尽量缩短射击持续时间,以减小气象条件变化的影响,条件允许时,可选择在气象较稳定的情况下进行射击。

4.1.5.3　勤务管理方面

重视火炮的维护保养,需做到经常擦拭火炮,防止腐蚀,减少损坏,保持火炮各机构动作良好且具有良好的精度。

重视弹药保管条件的一致性,库存或阵地上的同批弹药要保管在同一库房(或工事)内,应具有相同的保管条件(温度、湿度等),防尘、防潮、防曝晒,以保持弹药质量(特别是发射药质量)、药温的一致性。

细致地擦拭弹丸,使弹丸表面干净,防止机械碰伤。机械碰伤或碰撞会改变弹丸的外形(尤其是带风帽的弹丸),使定装式炮弹结合松弛(拨弹力降低)。弹带、定心部等处碰伤会影响炮弹装填和弹丸腔内运动的正确性或改变装填条件。机械碰撞还会使涂漆剥落,使弹丸表面状况改变。

维修弹药(除锈、除毛刺、涂漆、补漆等)时应保持弹丸(含引信)外表面平滑的一致性。

除了上述减小(保证)射弹散布的措施之外,目前在弹药结构上还广泛采用微旋原理来抵消弹丸由于重量不对称和受力(火药燃气压力、推力和空气作用力)不对称的随机影响,以提高射击精度。当然,采用各种制导方式也能明显降低射弹散布,但会大大提高生产成本。

4.2　命中概率和毁伤概率

随伴火炮是通过向目标发射弹丸来完成毁伤目标任务的,毁伤目标的前提是命中目标。本节对命中问题和毁伤问题进行初步研究,并给出相应的计算方法。

4.2.1　单发命中概率

火炮向目标发射一发弹丸,该发弹丸命中目标可能性的大小称为该发弹丸对目标的命中概率。单发命中概率是计算火炮射击效力指标必不可少的基础数据,也是衡量武器系统性能的重要指标。

对于火炮来说,单发命中概率的大小取决于射击误差的分布特征和目标外形特征(形状和大小)。当发射一发弹丸时,构成射击误差的误差源是不相关、非重复的。这里以矩形目标为例给出单发命中概率的精确计算公式,更多形状的目标命中概率可以参考计算。

如图4-8所示,以矩形目标中心为原点建立直角坐标系,矩形目标的边长为$2l_x$和$2l_z$,并分别平行于坐标x轴和z轴;射弹散布中心为C,散布椭圆主轴与坐标轴平行,在x轴、z轴上的弹着散布相互独立,其公算偏差为B_x、B_z,散布中心相对目标中心的坐标为(x_C、z_C)。

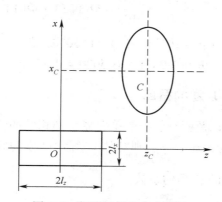

图4-8　矩形目标的命中情况

对此矩形目标射击的单发命中概率为

$$P(x,z) = \iint_R \varphi(x,z)\,\mathrm{d}x\mathrm{d}z = P(x) \cdot P(z) = \int_{-l_x}^{l_x} \varphi(x)\,\mathrm{d}x \int_{-l_z}^{l_z} \varphi(z)\,\mathrm{d}z$$

$$= \frac{1}{4}\left[\hat{\Phi}\left(\frac{x_C + l_x}{B_x}\right) - \hat{\Phi}\left(\frac{x_C - l_x}{B_x}\right)\right] \cdot \left[\hat{\Phi}\left(\frac{z_C + l_z}{B_z}\right) - \hat{\Phi}\left(\frac{z_C - l_z}{B_z}\right)\right] \tag{4-1}$$

式中：$\varphi(x,z)$ 为弹着散布分布密度；$\varphi(x)$、$\varphi(z)$ 为弹着散布在 x 轴、z 轴上的分布密度，数值可在附表 1 中查取，且有

$$\varphi(x,z) = \varphi(x) \cdot \varphi(z) = \frac{\rho}{\sqrt{\pi}B_x}\exp\left[-\rho^2\frac{(x-x_C)^2}{B_x^2}\right] \cdot \frac{\rho}{\sqrt{\pi}B_z}\exp\left[-\rho^2\frac{(z-z_C)^2}{B_z^2}\right]$$

R 为矩形目标，且有 $R = 2l_x \times 2l_z$；$\hat{\Phi}(x)$ 为简化拉普拉斯函数，且有 $\hat{\Phi}(x) = \frac{2\rho}{\sqrt{\pi}}\int_0^x \exp(-\rho^2 t^2)\,\mathrm{d}t$，$\hat{\Phi}(x)$ 的值均可在附表 2 中查取。

当散布中心与目标中心重合，即 $x_C = z_C = 0$ 时，单发命中概率 $P(x,z)$ 变为

$$P(x,z) = \hat{\Phi}\left(\frac{l_x}{B_x}\right) \cdot \hat{\Phi}\left(\frac{l_z}{B_z}\right) \tag{4-2}$$

【例 4-4】 已知某矩形目标为 $2l_x \times 2l_z = 30\mathrm{m} \times 20\mathrm{m}$，射弹公算偏差 $B_x = 30\mathrm{m}$、$B_z = 10\mathrm{m}$，求散布中心为以下两种情况的单发命中概率。

（1）$x_C = 75\mathrm{m}, z_C = 20\mathrm{m}$；

（2）$x_C = z_C = 0$。

解： 因为 $2l_x = 30\mathrm{m}$，$2l_z = 20\mathrm{m}$，所以 $l_x = 15\mathrm{m}$，$l_z = 10\mathrm{m}$。

（1）当 $x_C = 75\mathrm{m}$，$z_C = 20\mathrm{m}$ 时，由式（4-1）得

$$P = \frac{1}{4}\left[\hat{\Phi}\left(\frac{75+15}{30}\right) - \hat{\Phi}\left(\frac{75-15}{30}\right)\right] \cdot \left[\hat{\Phi}\left(\frac{20+10}{10}\right) - \hat{\Phi}\left(\frac{20-10}{10}\right)\right]$$

$$= 0.25\left[\hat{\Phi}(3) - \hat{\Phi}(2)\right]\left[\hat{\Phi}(3) - \hat{\Phi}(1)\right] = \frac{0.1343 \times 0.4570}{4} = 0.0153$$

（2）当 $x_C = z_C = 0$ 时，由式（4-2）得

$$P = \hat{\Phi}\left(\frac{15}{30}\right)\hat{\Phi}\left(\frac{10}{10}\right) = \hat{\Phi}(0.5) \cdot \hat{\Phi}(1)$$

查附表 2，可知 $\hat{\Phi}(0.5) = 0.2641$，$\hat{\Phi}(1) = 0.5000$，则

$$P = 0.2641 \times 0.5000 = 0.1321$$

4.2.2　发射 N 发命中 k 发的概率

在各次射击相互独立以及所有射击的单发概率都相同的情况下，设第 i 次发射的命中概率为 p_i，不命中概率为 $q_i = 1 - p_i$，则发射 N 发命中 k 发的概率 $P_{k,N}$ 是母函数 $\varphi_N(z) = \prod_{i=1}^{N}(q_i + p_i z)$ 的展开式中的 z^k 项的系数：

$$P_{k,N} = P_k = C_N^k p^k q^{N-k}$$

其中

$$C_N^k = \frac{N!}{k! \ (N-k)!}$$

4.2.3　发射 N 发至少命中 k 发和至少命中一发的概率

设各发的命中概率都等于 p，发射 N 发至少命中 k 发的概率为

$$P_{\geqslant k} = \sum_{i=k}^{N} C_N^i p^i q^{N-i}$$

至少命中一发的概率为

$$P_{\geqslant 1} = 1 - (1-p)^N$$

若第 i 次发射的命中概率为 p_i，则发射 N 发至少命中一发的概率为

$$P_{\geqslant 1} = 1 - \prod_{i=1}^{N} (1-p_i)$$

当只需 k 发命中弹就能毁伤目标时，毁伤目标的概率等于至少命中 k 发的概率。实际情况中经常遇到只需一发命中弹就能毁伤目标的情况，这时的毁伤目标概率即至少命中一发的概率。

4.2.4　对单个目标射击的毁伤概率

对目标射击的目的是毁伤目标，毁伤能力指标是毁伤目标事件发生的概率，下面以杀爆弹为例介绍对单个目标毁伤概率进行计算的方法。

对单个目标射击的毁伤概率为

$$W = P(A)$$

式中：A 为"目标被击毁"这一事件，可表示为

$$A = \{S \geqslant S_n\}$$

式中：S 为目标实际遭受毁伤的比例；S_n 为击毁目标必须毁伤的比例。

上式表明，只有在 $S \geqslant S_n$ 时，才可认为目标被击毁。S_n 值取决于目标类型。可参考定义如下：对小型目标，$S_n = 1$ 时可认为目标全部摧毁；对大型目标，$S_n \geqslant 0.5$ 时可认为目标全部摧毁，而当 $S_n < 0.5$ 时，目标局部摧毁。

考虑独立射击的情况。假设对目标进行了 N 次射击，有 k 发命中，$G(k)$ 为命中毁伤概率，$P_{k,N}$ 为射击 N 发命中 k 发的概率。根据全概率公式，可得目标击毁概率为

$$W = \sum_{k=1}^{N} P_{k,N} G(k)$$

上式称为柯尔莫哥洛夫公式。

当命中一发就足以毁伤目标时，即零壹毁伤概率，有

$$\begin{cases} G(k) = 1, & k \geqslant 1 \\ G(k) = 0, & k = 0 \end{cases}$$

毁伤概率等于至少命中一发的概率，因而

$$W = 1 - (1-p_1)(1-p_2)\cdots(1-p_n)$$

式中：p_i 为第 i 发命中时毁伤目标的概率。

如果 $p_1 = p_2 = \cdots = p_N$，则

$$W = 1 - (1 - p)^N$$

4.2.5 对集群目标射击的毁伤概率

这里所说的集群目标是指大面积的有生力量及火器、集群火力点、坦克编队等,此种射击模式的射击目的是尽可能地击毁大量目标,基本毁伤指标可以用击毁目标的百分数的数学期望值表示,即

$$M = M[X_t]$$

式中: X_t 为目标群中被击毁目标的百分数。

除上述基本指标外,还可以定义补充指标,如击毁给定数量目标的概率、目标被击毁数不少于给定数量的概率等。

1) 平均毁伤目标百分数

平均毁伤目标百分数为

$$N_m = M[X]$$

式中: X 为目标群中毁伤目标数的随机变量; $M[X]$ 为目标群中毁伤目标数的数学期望,若用 X_i 表示第 i 个目标的毁伤状态,且假设目标已毁伤,则 $X_i = 1$,如未毁伤,则 $X_i = 0$ 。那么,我们就可以将 X 表示为 N 个随机变量之和,这里 N 为目标群所含目标数,即

$$X = \sum_{i=1}^N X_i$$

根据数学期望加法定理可知:

$$M[X] = \sum_{i=1}^N M[X_i]$$

以 W_i 表示整个射击过程中第 i 个目标的毁伤概率,则有

$$M[X_i] = W_i \times 1 + (1 - W_i) \times 0 = W_i$$

因此有

$$N_m = M[X] = \sum_{i=1}^N W_i$$

上式说明目标群中平均毁伤目标百分数 N_m 等于目标群中各目标的毁伤概率之和。

在没有火力转移(即把火力从已毁伤目标转移到未毁伤目标)的条件下, W_i 可以较简单地求得。

若有 K 个杀伤兵器,令 r_{ij} 为第 j 个兵器射击第 i 个目标的概率, $0 \leqslant r_{ij} \leqslant 1$, p_{ij} 为射击条件下第 j 个兵器毁伤第 i 个目标的概率,则在随机非均匀分配目标的一般情形下,有

$$W_i = 1 - \prod_{j=1}^K (1 - p_{ij} r_{ij})$$

若使用同一种类武器对 N 个同一类目标射击 $p_{ij} = p$, $(i = 1, 2, \cdots, N; j = 1, 2, \cdots, K)$,假设采用确定性均匀分配目标方式,射击每一目标的兵器数的数学期望相等,均为 K/N ,则有

$$W_i = W = 1 - (1 - p)^{K/N}$$

在随机性均匀分配目标的情况下,对所有的 i 和 j 可假定 $r_{ij} = r = 1/N$,则各单个目标的毁伤概率相等,均为

$$W = W_i = 1 - (1 - p/N)^K$$

【例 4-5】 用 10 门火炮($K=10$)来射击 4 辆坦克($N=4$)。1 门火炮毁伤 1 辆坦克的概率为 $p=0.4$。试求确定性和随机性均匀分配时毁伤坦克的数学期望。

解: 对于确定性均匀分配情况,有

$$M = N[1 - (1 - p)^{K/N}] = 4 \times [1 - (1 - 0.4)^{2.5}] = 2.8(辆)$$

对于随机性均匀分配情况,有

$$M = N\{1 - [1 - (p/N)^K]\} = 4 \times \{1 - [1 - (0.4/4)^{10}]\} = 2.6(辆)$$

2)毁伤给定目标数的概率

考虑对疏散目标群射击而又不进行火力转移的情况。这种情况意味着:一个战斗部不能同时毁伤两个目标,不能从已毁伤目标向未毁伤目标实施火力转移。因此,可以认为对 N 个目标的射击是彼此独立的。如果每一目标的毁伤概率相同,均为 W,则 N 个被射击目标中有 m 个毁伤的概率 $P_{N,m}$ 为

$$P_{N,m} = C_N^m W^m (1 - W)^{N-m}$$

若对目标射击 n 次,各次射击独立,且按目标确定性均匀分配,则

$$W = 1 - (1 - p)^{n/N}$$

式中:p 为一次射击毁伤目标概率。

如果各目标的毁伤概率都不相同,分别 $W_1, W_2, \cdots, W_N$,则 $P_{N,m}$ 可根据下列母函数展开式 Z_m 的系数求出:

$$\Phi_N(Z) = [(1 - W_1) + W_1 Z][(1 - W_2) + W_2 Z] \cdots [(1 - W_N) + W_N Z]$$
$$= P_{N,0} + P_{N,1} Z + \cdots + P_{N,N} Z^N \tag{4-3}$$

给定 $P_{N,m}$ 的计算公式,不难求得至少毁伤 K 个目标的概率为

$$R_{N,k} = P_{N,m} + P_{N,m+1} + \cdots + P_{N,N}$$

【例 4-6】 反坦克火炮对 3 辆进攻坦克的毁伤概率依次为 $W_1 = 0.4$、$W_2 = 0.5$、$W_3 = 0.6$,试求毁伤 2 辆进攻坦克的概率及至少毁伤 2 辆进攻坦克的概率。

解: 由式(4-3)得

$$\Phi_N(Z) = [(1 - 0.4) + 0.4Z][(1 - 0.5) + 0.5Z][(1 - 0.6) + 0.6Z]$$
$$= 0.12 + 0.38Z + 0.38Z^2 + 0.12Z^3$$

因此,有

$$P_{32} = 0.38$$
$$R_{32} = P_{32} + P_{33} = 0.38 + 0.12 = 0.5$$

4.2.6 对面积目标射击的毁伤概率

面积目标是指支撑点、防御工事地带、部队集结区等。射击的目的是造成尽可能大的毁伤面积。能力指标常取为平均相对毁伤面积:

$$u_M = M(u)$$

式中:$u = S_p/S_t$ 为目标毁伤面积 S_p 与目标总面积 S_t 之比,称为相对毁伤面积。

目标毁伤面积是在给定破坏程度和性质下目标受损的面积。若要求目标的相对毁伤面积不小于某给定值 u_g,则效能指标为

$$R_u = P(u \geqslant u_g)$$

火炮作用于目标的条件下,对目标的条件毁伤概率取决于目标易损性和武器战斗部威力。根据战斗部对目标的毁伤机制,毁伤概率可分为两大类:当战斗部达到目标附近(目标可毁伤区)也能毁伤目标时,毁伤概率是战斗部炸点坐标的函数,这时的毁伤概率称为坐标毁伤概率;当战斗部必须直接命中目标才能予以毁伤时,毁伤概率是命中目标的战斗部数量的函数,这时的毁伤概率称为命中毁伤概率。

1) 坐标毁伤概率

坐标毁伤概率描述了目标受在周围区域爆炸的战斗部作用而被毁伤的条件概率。战斗部的落点分别为 $(x_1,y_1),(x_2,y_2),\cdots,(x_n,y_n)$。设第 i 发战斗部在 (x_i,y_i) 点爆炸时的目标毁伤概率为 $G_1(x_i,y_i)$,各发对目标的毁伤作用互相独立,即无毁伤积累,则目标被 n 发战斗部毁伤的条件概率,则 n 发平面坐标毁伤概率为

$$G_n[(x_1,y_1),(x_2,y_2),\cdots,(x_n,y_n)] = 1 - [1 - G_1(x_1,y_1)][1 - G_1(x_2,y_2)]\cdots[1 - G_1(x_n,y_n)]$$

若 n 发战斗部都在同一点 (x,y) 邻近爆炸,则 $G_1(x_i,y_i)$ 近似相等,按上式可得

$$G_n[(x_1,y_1),(x_2,y_2),\cdots,(x_n,y_n)] \approx 1 - [1 - G_1(x_i,y_i)]^n \approx 1 - \exp[-nG_1(x,y)]$$

坐标毁伤概率随远距毁伤机制的不同而有不同的特征,当远距毁伤是由于战斗部爆炸的直接作用(如冲击波)造成的时,在目标周围可确定一肯定毁伤区。爆炸点在此区域内的毁伤概率 $G_1(x,y,z) = 1$,在此区域外的毁伤概率 $G_1(x,y,z) = 0$。当远距毁伤是由于战斗部的破片造成的时,在目标的肯定毁伤区外还存在一个危险区,爆炸点在此区域内的毁伤概率 $G_1(x,y,z)$ 将随炸点远离目标而逐渐减小到零。

2) 命中毁伤概率

命中毁伤概率是指战斗部直接命中目标才可能毁伤目标时的条件毁伤概率。如果用 m 表示命中目标的战斗部发数,那么,这个概率可以表示为命中数 m 的函数 $G(m)$。

假设在垂直于相对弹道的平面上,目标的投影面积为 S,目标致命部位的投影面积为 S_i,若弹着点在面积 S 内呈均匀分布,目标尺寸较战斗部的散布小,则单发命中目标时击毁目标概率为

$$G(1) \approx S_i/S = r$$

若各发炮弹击中目标是互相独立的事件且没有损伤积累(即目标各个部位易损性差别很大,对于某些部位只需击中一发目标就能被击毁),则 m 发命中目标的击毁概率为

$$G(m) = 1 - (1 - r)^m$$

上式称为指数毁伤概率。

实际中为方便起见,常用平均必须命中数 ω 代替毁伤概率描述目标易损性,即

$$\omega = E[X]$$

式中: X 为击毁目标所需的战斗部命中数; ω 为击毁目标平均需要命中的发数。

可以证明:

$$\omega = \sum[1 - G(m)]$$

当命中毁伤概率符合指数毁伤概率时,上式可变化为

$$\omega = 1 + (1 - r) + (1 - r)^2 + \cdots$$

这是一个公比为 $(1 - r)$ 的无限递减几何级数,求级数和,可得

$$\omega = 1/r$$

这表明对于没有损伤积累的目标,平均必须命中数等于目标致命部位相对面积的倒数。将上式代入指数毁伤概率表达式中,可得

$$G(m) = 1 - (1 - 1/\omega)^m$$

由于 $(1 - 1/\omega)^m \approx \exp(-m/\omega)$,故有

$$G(m) \approx 1 - \exp(-m/\omega)$$

由上式可以看出, $G(m)$ 是一单调递增指数函数。事实上,上述 $G(m)$ 表达式只是真实毁伤概率的近似表达式。实际上,由于 m 是离散增长的, $G(m)$ 是阶梯形函数。

当弹药的破坏作用很大或目标的易损性很高时,命中毁伤概率可以有条件地称作 0-1 毁伤概率。即 $G(m) = 0(m = 0$ 时$)$, $G(m) = 1(m \geq 1$ 时$)$ 。

4.3　随伴火炮弹药作用原理

随伴火炮弹丸初速度较低,一般不利用终点动能实现杀伤,而是利用弹丸终点效用实现作战目的。随伴火炮弹药包括杀伤榴弹、聚能破甲弹、碎甲弹、云爆弹、燃烧弹、多功能弹等几种。本节介绍几种主要弹药及其引信的作用原理。

4.3.1　杀伤榴弹作用原理

杀伤榴弹主要依靠弹丸命中目标后的爆炸毁伤作用和由于爆炸产生的弹丸破片或释放出的钢珠造成杀伤。

4.3.1.1　爆炸毁伤作用原理

弹丸或战斗部爆炸对目标产生的破坏作用统称为弹丸的爆炸效应。高能炸药爆炸时,产生强大的冲击波向四周运动,将以很高的压力作用在障碍物上,产生的冲量和超压使目标遭受到不同程度的破坏。

装药在空气中爆炸产生的高温、高压使爆轰产物急剧膨胀,把周围空气从原来的位置迅速排挤出去,形成一压缩空气层。这个以超声速运动、状态参数有突跃变化的压缩空气层即为空气冲击波,其前沿称波阵面。一方面,继续膨胀的爆轰产物推动空气冲击波波阵面使其不断加速向外运动(其运动速度大于当地声速);另一方面,因为空间增大和对外做功能量损失,爆轰产物的压力降低且膨胀速度减小。当爆轰产物压力降到空气初始状态压力时,空气冲击波与爆轰产物发生了分离,此时空气冲击波完全形成。爆轰产物因惯性继续膨胀,直至其压力低于周围大气压力。在空气冲击波后部产生一个低于周围气压的稀疏区。冲击波上空气质点的运动速度与冲击波的传播方向一致,速度的大小由其压力决定。波阵面上质点速度最大,而后逐渐减小,在波尾处质点速度为零。由于波阵面上质点速度前大后小,使得空气冲击波在传播过程中其波长不断增大,且其波后总有一个负压区。空气冲击波在传播过程中,波阵面上的压力等参量迅速下降,最后衰减成声波。

冲击波对目标的破坏作用不仅与超压有关,而且还与作用时间有关。如果载荷的作用时间 τ 大于目标体系的自由振动周期 T_0 ,则可认为载荷作用时间长,此时目标的变形或应力取决于最大压力;若载荷的作用时间非常短,即 $\tau \leq 0.25T_0$,则可认为是冲击载荷,变形与破坏仅取决于冲量的大小,而与最大超压无关。当然,也有人认为对目标的破坏是

超压和冲量共同作用的结果。

空气冲击波超压对各种军事装备的总体破坏情况基本如下：

（1）当比冲量 i 为 $2000 \sim 3000 \text{N} \cdot \text{s/m}^2$ 时，可破坏坚固的建筑物。

（2）飞机：超压大于 0.1MPa 时，各类飞机完全破坏；超压为 $0.05 \sim 0.1 \text{MPa}$ 时，各种活塞式飞机完全破坏，喷气式飞机受到严重破坏；超压为 $0.02 \sim 0.05 \text{MPa}$ 时，歼击机和轰炸机轻微损坏，而运输机受到中等或严重破坏。

（3）轮船：超压为 $0.07 \sim 0.085 \text{MPa}$ 时，船只受到严重破坏；超压为 $0.028 \sim 0.043 \text{MPa}$ 时，船只受到轻微或中等破坏。

（4）车辆：超压为 $0.035 \sim 0.3 \text{MPa}$ 时，可使装甲运输车、轻型自行火炮等受到不同程度的破坏。超压 $0.045 \sim 1.5 \text{MPa}$ 时，受到不同程度的破坏。

（5）当超压为 $0.05 \sim 0.11 \text{MPa}$ 时，能引爆地雷、破坏雷达和损坏各种轻武器。

（6）冲击波对人员的杀伤作用是：引起血管破裂致使皮下或内脏出血；内脏器官破裂，特别是肝脾等器官破裂和肺脏撕裂；肌纤维撕裂等。空气冲击波超压对暴露人员的损伤程度见表 4-2。空气冲击波对掩体内的人员的杀伤作用要小得多。掩蔽在战壕内，杀伤半径为暴露时的 2/3；掩蔽在掩蔽所和避弹所内，杀伤半径仅为暴露的 1/3。

表 4-2 空气冲击波超压对暴露人员的损伤程度

冲击波超压/MPa	损 伤 程 度
$0.02 \sim 0.03$	轻微（轻微的挫伤）
$0.03 \sim 0.05$	中等（听觉器官损伤、中等挫伤、骨折等）
$0.05 \sim 0.1$	严重（内脏严重挫伤，可引起死亡）
>0.1	极严重（可能大部分人死亡）

除了空气冲击波超压造成的毁伤之外，瞬时风驱动飞行体（侵彻体或非侵彻体）造成的损伤、冲击波和风动压造成目标整体位移而导致的损伤也应受到重视。这类损伤与飞行体性质（速度、质量、体积、形状、材质等）、目标和爆炸重心的距离、受力部位等多种因素都有关系，所以在考虑冲击波损伤效应时，应尽量考虑全面。

4.3.1.2 破片杀伤原理

破片通常是指金属壳体在内部炸药装药爆炸作用下猝然解体而产生的一种杀伤元件。破片的特性参数包括破片数量、破片初速度、破片质量分布和空间分布，破片效应则是这种杀伤元件对人员、飞机和车辆等目标的杀伤破坏作用。一般称具有破片效应的弹药或战斗部为破片型弹药或杀伤战斗部。破片型战斗部的设计应以产生最大数量有效杀伤破片的最佳质量分布和空间分布为目标。

破片对目标的作用，实际上就是破片的终点弹道问题。归纳起来有贯穿作用、引燃作用和引爆作用。贯穿作用是指破片依靠动能对目标造成机械损坏，即形成孔穴或贯穿目标。破片对目标形成穿孔的动能应大于或等于目标动态变形功。而现代飞机和机动车辆油箱占有很大比重，利用破片使油箱内燃料引燃，对击毁这类目标具有重要的现实意义。引燃作用必须以贯穿为前提，并且要考虑遭遇高度的影响。当破片直接打击弹药的装药部分时，则会激发弹药爆炸。

破片作为一种杀伤元件，其主要作用在于以其质量高速撞击和击穿目标，并在目标内产生引燃和引爆作用。所以,破片命中目标时动能的大小是衡量破片杀伤威力的重要尺度之一。表4-3列出了不同目标所对应的破片杀伤动能标准。

表4-3 破片对典型目标杀伤动能标准

国家	杀伤目标	杀伤动能/J	国家	杀伤目标	杀伤动能/J
苏联	杀伤人员	73.5~98.0	法国	人员轻伤	21.1
	粉碎人骨头	166.6		伤人背但不断	49.0
	杀伤马匹	≥122.5		致命伤	98.0
	折断马骨头	156.8		折断人的大骨头	156.8
	粉碎马骨头	343.0		轻伤马	98.0
	击穿金属飞机	980.0~1960.0		伤马的中等骨头	166.6
	打穿金属飞翼、油箱及油管	196.0~294.0		碎马的大骨头	343.0
	穿透50cm墙	1911.0		穿透飞机发动机	882.0~1323.0
	穿透10cm混凝土墙	2450.0	美国	杀伤人员	78.4
	穿透7mm装甲	2156.0		布穿3.17mm中碳钢板	215.6~1617.0
	穿透10mm装甲	3430.0		击穿6.35mm中碳钢板	1764.0~2548.0
	穿透13mm装甲	5782.0		击穿12.7mm中碳钢板	14553~22050
	穿透16mm装甲	10192.0	日本	杀伤人员	78.4
德国	打伤人员	19.6			
	杀伤人员	78.4			

由于破片的形状很复杂,飞行过程中又是旋转的,因此破片与目标遭遇时的面积是随机变量,故现在也采用杀伤比动能 e_d 来衡量破片的杀伤效应,如表4-4所列。

表4-4 典型目标所对应的破片杀伤比动能标准

杀伤目标	杀伤比动能 $e_d/(J \cdot cm^{-2})$
有生力量	160
发电机机翼、油箱、油管	390~490
飞机桁架	790
穿透4mm厚装甲板	790
穿透12mm厚装甲板	3430

为了直观地表示破片对目标的杀伤效率,早期还曾采用过破片的质量杀伤标准。该标准认为,对于杀伤破片的有效质量,一般应在4g以上,最好为5~10g。对于一般以TNT炸药为主装药的弹药,其壳体形成的破片初速度往往为800~1000m/s,这时杀伤人员的有效破片质量一般取1.0g。随着破片速度的增大,也有取0.5g,甚至0.2g作为有效破片。所以,破片的质量标准,实质上仍是破片动能杀伤标准。

为了获得一定形状、质量和尺寸的破片,一般在弹丸壳体设计时,考虑选择整体式、预制式或预控式破片结构,可分为常规破片和杆式破片。国内外的杀伤破片朝着"小、多、快"的方向发展,即采用高强度、高脆性的薄弹体,装填高爆装药,从而使破片质量减小、数量增多、飞散速度加快。这样杀伤动能没有减小反而增大,杀伤威力也大为提高。美军装备应用的高破片率弹体钢破片质量多在1g左右,有的甚至在1g以下,杀伤人员的动能多在78.4J左右。例如,美国的40mm榴弹杀伤破片质量为0.135g,破片速度为1400m/s

时,杀伤动能达到 132.3J。

4.3.2 聚能破甲弹作用原理

聚能破甲弹又称空心装药破甲弹,无坐力炮、单兵火箭发射器等步兵分队随伴反装甲武器多使用这一弹种。聚能破甲弹利用炸药爆炸的聚能效应,使炸药表面的金属罩形成高能金属射流击穿装甲。这种方式不要求弹丸有很高的着速和数量很多的炸药,因而战斗部的重量较轻。当用线膛无坐力炮发射聚能破甲弹时,由于弹丸旋转对破甲效果有明显的负面影响,所以为保证一定的破甲威力,应当采取有效的抗旋措施。

4.3.2.1 聚能效应

通常,装药底部带有一定形状凹穴(如锥形、半球形、喇叭形等,统称为聚能穴),使爆炸能量集中,从而增大对靶的破坏效果的现象,称为"聚能效应"或"空心效应",如图 4-9 所示。图 4-9(a)所示药柱底面是平的,药柱爆炸后,只在靶柱上炸出了一个很浅的凹坑;图 4-9(b)所示药柱底面有一圆锥形的凹穴,破坏效果增大,在靶柱上炸出一个深度为6~7mm 的凹坑;图 4-9(c)所示药柱底面不但有圆锥形凹穴,而且在凹穴表面衬有金属罩(通常称为药型罩),其爆炸后破坏效果大大提高,破甲深度为无药型罩时的 12 倍左右;图 4-9(d)所示装药结构与图 4-9(c)相同,但与靶柱有一定距离(习惯上称此距离为炸高),其爆炸后破甲深度显著增大,为无药型罩时的 17 倍之多。图 4-9(b)所示装药结构一般称为无罩聚能装药,图 4-9(c)和图 4-9(d)称为有罩聚能效应,爆炸时产生"有罩聚能效应"。

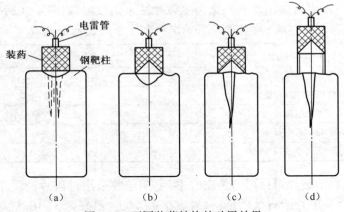

图 4-9 不同装药结构的破甲效果

4.3.2.2 物理实质

根据爆轰理论,一定形状的药柱燃炸后所产生的高温、高压的爆轰产物近似地沿炸药表面法线方向飞散,如图 4-10 所示。即对一定形状的炸药而言,爆炸能在各方向上的分布是不相同的,因而它在各方向上对靶的破坏作用也不同。

无罩聚能装药对靶的破坏作用之所以能够提高,主要原因在于雷管起爆的位置及装药的特殊形状所引起的爆炸能量的重新分配,其关键就在于装药形状的改变,即在与药柱接触处制有一定形状的聚能穴。无罩聚能装药的有效装药及爆轰产物的飞散方向,如

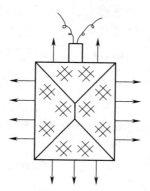

图 4-10 有效装药量和爆轰产物的飞散方向

图 4-11 所示。雷管起爆时,爆轰波由起爆点开始向前传播。当爆轰波到达聚能穴顶部,并继续向前传播时,高温、高压的爆轰产物沿聚能穴表面的法线方向飞散。同时,向轴线集中并在轴线上汇合,从而形成了一股高温、高速、高密度的聚能流。高能炸药聚能流的速度最高可达 12000~15000m/s,在距聚能穴底部一定距离的某一断面上,聚能流的直径最小,单位断面上的能量最高,该点常称为焦点,焦点与聚能穴底部的距离通常以 F 表示。小于此距离时,气流尚未来得及很好地集聚,而大于此距离时,由于质点的相互冲击,聚能流将迅速向四周扩散。两者都使得作用于靶的聚能流不是最大,从而影响破甲效果。

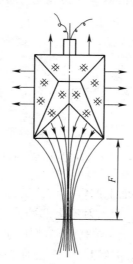

图 4-11 无罩聚能装药爆轰产物的飞散

焦点处聚能流的密度,较无聚能穴装药的爆轰产物密度高约 4~5 倍。当无罩聚能装药与靶的直接接触时(图 4-9(a)),显然集中了一部分能量,但由于聚能流尚未很好集聚起来,所以其破坏效果虽较无聚能穴时大,但其实际效能却未得以充分发挥。

与无罩聚能装药相比,带有药型罩的聚能装药结构在爆炸时发生了完全不同的物理现象。由起爆点开始传播的爆轰波,当到达药型罩表面时,罩金属由于受到强烈的压缩,从四周迅速向轴线运动。运动速度高达 1000~3000m/s。由于以这样高的速度在轴线上碰撞,从而药型内表面被挤出少部分金属来,并以更高的速度沿轴线方向向前运动。随着爆轰波连续地向药型罩底运动,金属从罩的内表面连续不断地挤出来。药型罩全部被压向轴线,最后在轴线上形成了一股高温、高速、高能量密度的金属射流和一个伴随金属射流并以低速运动的杵体(图4-12)。

图4-12　有罩聚能装药爆炸时形成的金属射流和杵体

　　金属射流是药型罩金属在爆轰产物极高压力冲量的作用下塑性流动的结果。它既不是纯固体,也不是流体,而是一种获得爆炸冲击能的大变形热塑性体。金属射流的头部速度大、温度高,而尾部速度小、温度较低。金属射流头部的温度约在1100℃以上,尾部稍低,约为900~1000℃。对于中口径(75~100mm)聚能破甲弹而言,其金属射流的头部速度约为7000~8000m/s。金属射流的断面直径从头部至尾部越来越大,但随着金属射流的不断伸长,各断面的直径逐渐减小。由于金属射流的直径很小,速度又很高,所以在单位横断面积上集中的能量非常高。如某口径为85mm的聚能破甲弹产生的金属射流比动能约为100mm滑膛超速穿甲弹比动能的4.2倍,是100mm普通穿甲弹的15.5倍。杵体的形状类似一个有大小端的"棒状物体",长度接近于金属罩母线的长度,运动速度大多在500~1000m/s之间。

　　金属射流的破甲过程,如图4-13所示。

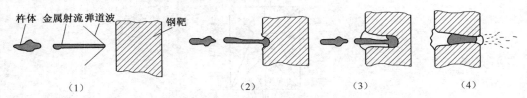

图4-13　金属射流的破甲过程

　　金属射流冲击钢靶时,在接触面上产生很高的压力。由于金属射流本身有速度梯度,所以当头部碰击钢靶时,压力很高;而当射流尾部冲击钢靶时,压力就低些。其压力一般在1×10^5~3×10^5MPa范围内变化。这样高的局部压力在金属射流和钢板中均产生有一个反向运动的冲击波。由于冲击波的绝热压缩,因而在接触的地方产生局部高温。在这种情况下,钢靶的强度甚至达到可以忽略不计的程度。金属射流的破甲过程,可以用由喷枪射出的高速水流冲击稀泥而形成孔穴的现象来比拟。

　　由于金属射流的头部速度很高,所以先在靶上形成了一个孔径较大的漏斗孔,有少量的靶金属翻出形成唇缘,而后孔径逐渐变细。其形状大致为一个孔壁表面比较光滑的细长圆锥,如图4-14所示。

　　可以认为:金属射流破甲的作用过程是在金属射流对靶金属作用时,靶金属在高温、高压下被迫向侧面和前面流动(主要是向侧面流动)。当金属射流与靶的作用时,破甲效果远远超过了无罩聚能装药。破坏效果如图4-9(c)所示。当有罩聚能装药不与靶的直

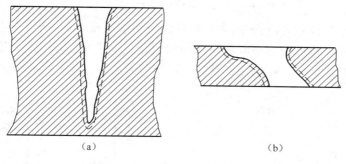

图 4-14　有罩聚能装药的破孔形状

(a)静破甲;(b)动破甲(着角为 65°)。

接接触,而有一定炸高时,为金属射流的延伸创造了有利条件,所以其破甲深度得以进一步增大。当有罩聚能装药的炸高选择适当(此炸高常称为最有利炸高)时,破甲深度可达药型罩直径的 6~7 倍,有的可高达 8 倍之多。

必须指出,并不是所有的金属射流都能起到破甲作用。由于整个金属射流长度上的速度分布不同,射流的头部速度高,而尾部的速度低,即射流头部的能量高,尾部的能量就低。尾随金属射流运动的杆体,速度很低,实际上并不起破甲作用。

当射流速度为某一数值(一般为 2000~4000m/s)时,靶板的机械强度已成为一个不可忽略的重要参数。这时,金属射流碰靶只能产生弹性碰撞,而再无破甲能力。我们常将金属射流开始失去侵彻靶板能力时的速度称为射流的极限速度。因为高于极限速度时,金属射流能够继续破甲,而当金属射流的速度低于极限速度时,则无破甲能力,所以有时又称极限速度为射流破甲的临界速度。

4.3.3　碎甲弹作用原理

当弹丸碰击装甲时,将塑性炸药堆积于装甲表面,利用其爆炸时所产生的爆轰波,在装甲背面产生"崩落效应",以杀伤乘员和破坏装备,从而使其丧失战斗力。这种弹丸装填塑性炸药在中口径的炮弹或火箭弹上适用。

4.3.3.1　崩落效应

人们在生活中发现,当用重锤猛击墙壁时,墙壁本身并不一定被重锤打透,但在墙的背面将会有泥土、墙皮被震落下来。与此相类似的现象是,当炸药装药直接接触装甲钢板表面爆炸时,爆炸生成物以数十万个大气压的压力猛烈作用于装甲,从而使装甲钢板背面金属崩落下许多大小不同的破片。我们将这种现象称为"崩落效应",也称为"层裂效应"或"掉渣效应"。大约在 20 世纪 60 年代初期,"崩落效应"才被应用到军事上,从而出现了新型的反坦克弹种——碎甲弹。

在一定厚度的钢板上,安置一个由塑性炸药压制成型的药柱,并使其与钢板直接接触(图 4-15)。用电雷管使塑性炸药药柱爆轰后,其破坏情况如 4-16 所示。

从图 4-16 可看到:在药柱和钢板的接触面上发生了强烈的塑性变形,而在钢板上形成了一个凹坑。凹坑是爆轰产物强烈压缩的结果,其坑口直径的大小与药柱端面的直径相近或稍大些。在钢板的背面与药柱位置相对应的地方也发生了破坏,即产生了崩落破片。崩落下来的大破片,其形状为碟形,故常称为碟形破片。因为碟形破片的外表面是原来钢板的自由面,所以很光滑;而内表面是从钢板上破裂形成的,所以显得非常粗糙。另外,尚存形状很不规则的一些小破片,同时由钢板上崩落下来,其数量大约有数十块之多。这些具有一定速度的小破片,同样也具有一定的杀伤人员和破坏装备的能力。

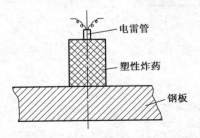 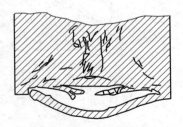

图 4-15　"崩落效应"的实验装置图　　　图 4-16　药柱对钢板破坏的"崩落效应"

碟形破片的直径约为爆炸装药直径的 1.0~1.8 倍。它的质量范围较大,质量的大小与炸药的性质、药量大小、药柱与钢板的接触面积以及钢板的性能、厚度等因素有关。

对于口径为 85~130mm 的碎甲弹而言,其碟形破片的质量约为 3~7kg,最重可达 10kg。碟形破片的飞散速度较高,约为 300~600m/s。

"崩落效应"是由于炸药紧贴钢板表面爆轰而形成的。所以,炸药与钢板直接接触是在背面产生有效崩落的先决条件。因此可以认为,炸药装药的作用与它被投送到目标的方式无关。

当炸药与钢板之间只有几毫米的间隙时,情况就大不相同了。崩落效果将显著减弱,并且随着间隙的增大,崩落效应越来越小,甚至不能产生。

4.3.3.2　碟形破片的形成

碟形破片的形成过程如图 4-17 所示。简单说来,当紧贴钢板表面的炸药爆炸时,爆轰产物以数十万个大气压的压力强烈冲击钢板。由此而产生的应力是以应力波的形式向钢板内部传播的。这种应力波是一种压缩波,而在压缩波涉及的范围内,钢板本身承受压应力。当压缩波继续向前传播到达钢板背面(即自由面)时则发生反射。反射后的应力波称为拉伸波,它以与压缩波相反的方向在钢板内传播,当与压缩波相遇时则发生干扰。

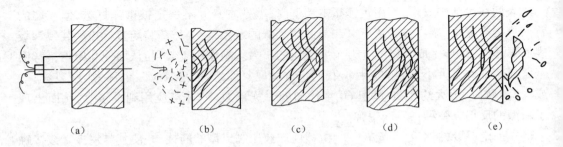

(a)　　　　　　(b)　　　　　　(c)　　　　　　(d)　　　　　　(e)

图 4-17　蝶形破片的形成过程

(a)初始状态;(b)压缩波在钢板内传播;(c)压缩波在钢板背面反射面产生拉伸波;
(d)拉伸波与压缩波干扰面出现破裂;(e)在钢板背面崩落出碟形破片和许多小破片。

反射波波头所到之处钢板材料均由原来的受压状态转变为受拉状态,并随着拉伸波到自由面距离的增大,拉应力逐渐增大。在距自由面不远的某一断面上,由于拉应力超过钢板的临界拉伸强度而开始破裂。

破裂一旦开始,即迅速沿着与拉伸波传播方向垂直的方向(即后来形成的碟形破片的径向)扩展开来,最后形成层裂。与此同时,已经进入破片(实际上是将要形成破片的那部分钢板材料)内的应力波部分冲量转变为破片的动能,而迫使破片剪断,并以一定速度从钢板上飞离出去。由于破片的中心部分最先破裂,因而在破裂向四周扩大时,中心部分发生弯曲。之后,在破片沿侧向剪断的过程中,弯曲程度又进一步增大,从而使破片的形状最后呈碟形。

对于脆性材料(如铸铁)而言,由于裂缝传播的速度较快,材料的抗弯能力又小,所以崩落下来的破片并不是碟形,而是一些表面较平的碎块。

当碟形破片崩落之后,剩余的压缩波又在新的自由面反射,从而形成新的拉伸波。与前面的过程相类似,拉伸波与压缩波从新自由面开始连续地干扰。当拉应力大于钢板的临界抗拉强度时,将发生第二次层裂。此后还可能发生第三次层裂、第四次层裂……,一直持续到反射的应力波-拉伸波所产生的拉应力低于钢板的临界抗拉强度时,层裂才停止。

通常,在炸药紧贴钢板表面的一次爆炸中,可以发生 2~3 次以上的层裂,有时甚超过10 次。第一次层裂时产生的碟形破片直径和厚度最大;第二次和第三次层裂所得碟形破片的尺寸减小,而且形状也极不规则。

由于炸药装药爆炸时对钢板作用的时间极短,所以钢板在冲击载荷的作用下,尚来不及向四周发生塑性变形,而只能在钢板内部产生小裂纹,从而造成了"崩落效应"。

4.3.3.3　碎甲作用过程

碎甲弹对装甲的破坏过程大致如图 4-18 所示。

在碎甲弹碰击目标的瞬间,由于惯性冲击作用,而使弹头部受压变形,随之塑性炸药堆积于装甲表面(图 4-18(b))。同时,引信内部的击发机构也已开始动作,经过一定的延期时间后,引信起爆,从而引爆塑性炸药。

当碎甲弹在膛内发射时,弹体内的塑性炸药在直线惯性力的作用下,由于弹体壁较薄,而使圆柱部受力变形(膨胀),直径加大,从而使弹体圆柱部分的表面紧贴炮膛壁运动。这样不但限制了弹体的进一步变形,避免了变形的加剧,而且客观上也提高了碎甲弹的射击精度。

碎甲弹能装填较多的炸药,威力较大,所以也可作为爆破弹使用。由于它在爆炸时破片本身所具有的动能较大(虽破片质量较小,但其飞行速度很高,一般可达1500~2000m/s),所以对敌有生力量,仍具有较强的杀伤能力,故也可作为杀伤弹使用。

4.3.4　燃烧弹作用原理

燃烧效应是利用纵火剂火种自燃或引燃作用,使目标毁伤以及由燃烧引起的后效,如油箱、弹药爆炸等。燃烧弹以及穿爆燃弹药或具有随进燃烧效果的破甲弹,其纵火作用都是通过弹体内的纵火体(火种)抛落在目标上引起燃烧来实现的。因此要求纵火体有足够高的温度,一般不应低于 800~1000℃,且燃烧时间长,火焰大,容易点燃,不易熄火,火

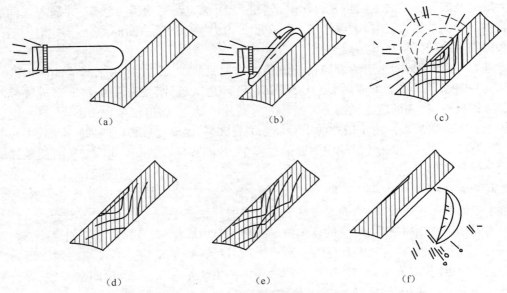

图 4-18　碎甲弹对装甲的破坏过程

(a)碎甲弹飞向装甲目标；(b)在碰击目标瞬间，弹体变形；(c)碎甲弹爆炸，压缩波在装甲内部传播；
(d)应力波从装甲背面反射，而产生拉伸波；(e)压缩波和拉伸波相遇而在装甲内部产生裂纹；
(f)在装甲背面崩落出碟形破片及其他小破片。

种有一定的黏附力、有一定的灼热熔渣。

目前采用的燃烧剂基本有三种：

（1）金属燃烧剂。能作为纵火剂的有镁、铝、钛、锆、铀和稀土合金等易燃金属，多用于贯穿装甲后，在其内部起纵火作用。

（2）油基纵火剂。主要是凝固汽油一类。其主要成分是汽油、苯和聚苯乙烯。这类纵火剂温度最低，只有790℃，但它的火焰大（焰长达1m以上），燃烧时间长，因此纵火效果好。

（3）烟火纵火剂。主要是用招热剂，其特点是温度高（2400℃以上），有灼热熔渣，但火焰区小（不足0.3m）。

以上纵火剂也可以混合使用。燃烧效应的大小由纵火剂的性能和被燃烧目标的性质、状态两方面来决定。除此之外，在被燃烧目标性质、状态方面，包括目标的可燃性（油料种类、草木的温度、湿度等）、几何形状（结构和堆放情况等）以及目标的数量都会影响燃烧效果。

燃烧过程一般分为点燃、传火、燃烧和大火蔓延四个阶段。点燃过程以常见目标木材来看，也要经过烘干、变黄、挥发成分分解、炭化（230～300℃），最终开始燃烧（大于300℃）。由此可见，燃烧除了需要一定的温度之外，还需要有一定的加热过程，而火势的传播与蔓延就要求已点燃的部分在一定热散失的条件下仍能继续对周围的被燃目标完成上述的点燃过程。由于弹药中携带火种有限，要利用它来达到纵火的目的，在使用中就必须合理地选择纵火目标，有足够好的投放精度，最好集中使用，并考虑气象条件。

为了增强纵火效应，在爆破弹药中加入适量的海绵锆，爆炸抛射这些火种，嵌在附近的目标上,甚至可将油箱(桶)烧穿,引起爆炸。

4.3.5 云爆弹作用原理

云爆弹又称燃料空气弹、油气炸弹等,其内装填燃料空气炸药。

4.3.5.1 燃料空气炸药的组成及爆炸特性

燃料空气炸药或云爆剂主要由环氧烷烃类有机物(如环氧乙烷、环氧丙烷)构成。环氧烷烃类有机物化学性质非常活跃,在较低温度下呈液态,但温度稍高就极易挥发成气态。这些气体一旦与空气混合,即形成气溶胶混合物,极具爆炸性,且爆燃时将消耗大量氧气,产生有窒息作用的二氧化碳,同时产生强大的冲击波和巨大压力。

图 4-19 给出了不同装药类型形成的冲击波超压分布比较。云爆弹形成的高温、高压持续时间更长,爆炸时产生的闪光强度更大。试验表明,对超压而言,1kg 的环氧乙烷相当于 3kg 的 TNT 爆炸威力。其爆炸威力与固体炸药相比,可用图 4-20 中的曲线定性表示。由图 4-20 可知,虽然其峰值超压不如固体炸药爆炸所形成的峰值超压高,但对应某一超压值(如 A 点对应值),其作用区半径远比固体炸药大(环氧乙烷在 L 点,固体炸药在 C 点)。

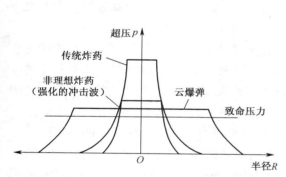

图 4-19 不同装药类型形成的冲击波超压分布图

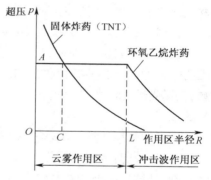

图 4-20 超压-作用区半径关系图

4.3.5.2 杀伤机理

云爆弹主要有爆轰波和冲击波的杀伤破坏作用。另外,热作用和窒息作用对目标也有一定的杀伤效果。

1)爆轰波与冲击波的作用

燃料抛散与空气混合形成云雾产生爆轰,爆轰波在云雾之中传播,爆轰波阵面的超压峰值一般可达 2MPa 左右。在云雾与空气界面上,爆轰产物形成的高温、高压,使空气质点堆积,形成压力突然升高的空气冲击波。如果云雾沿着地面扩散,爆轰波阵面垂直地面,冲击波的动压可以看成水平方向上的动压。因此,放在地面的物体容易被冲击波动压所抛掷。当多发弹同时爆轰时,爆轰波或冲击波相遇,有的就叠加成合成波,其波阵面的超压峰值可达 5~6MPa。

(1)对目标体的破坏。

当冲击波还没有把目标体包围之前,目标表面的前后压力差使目标在冲击波前进的方向上倾倒或者移动而遭到破坏。当冲击波把物体包围住时,物体各个方面承受大致相同的压力。压力随时间逐渐下降，但仍比周围大气压力高，持续到正压作用时间结束为止。在这段时间里，物体受到超压四面八方的"压迫"作用而塌陷变形，遭到破坏。这种"压迫"作用是超压破坏作用的主要特点。

在正压作用时间里，动压一直向着冲击波前进的方向。动压使物体变形或发生位移、抛掷而遭到破坏。物体同时受到超压和动压的作用，其破坏程度主要取决于超压和动压的大小以及正压作用时间长短。

云爆弹对目标的破坏是将目标笼罩在云雾之中或者使它处在多发弹的合成波作用区域内，充分利用爆轰波与冲击波的作用以达到破坏的目的。当前的水平还不能有效地破坏比较坚固的目标，如对坦克等，而对装甲战车有一定的破坏效果，对汽车的破坏效果尤其显著。云爆弹爆炸时汽车即可着火，车的发动机、车架受到严重破坏，其他部分也可被炸毁。对轻型野战工事、木质结构的掩体、城市建筑物也有一定的破坏效果。城市建筑物的振动周期通常为 0.01~0.1s（平均为 0.05s），云爆弹爆炸产生的冲击波正压作用时间和它接近。

（2）对有生力量的杀伤。

云雾区内有较大的超压作用，因而使开阔地上的生物立即死亡，看不出有被动压抛掷发生位移的迹象。堑壕内的生物也基本上现场死亡，雾区内的堑壕对爆轰波基本上没有防护作用，只有坚固而密封性良好的掩盖工事才能起到防护作用。

云雾区外的生物因受冲击波超压和动压的作用而致伤或死亡。开阔地上的生物随着距离的远近，受到不同程度的冲击伤和间接伤害。例如，在云雾边缘外附近开阔地上的生物，在爆轰后立即死亡，并被冲击波动压所抛掷，而堑壕内的生物，从致伤情况看有比较明显的减轻。

较强的超压压坏工事，动压抛起砂石、瓦片等物，都有可能造成对人员的间接杀伤。

多发弹同时或连续爆炸时，处于开阔地上的云雾区相交处的生物一般会立即死亡。经解剖，其结果是严重的心肺损伤。常规弹药产生冲击波造成的损伤，很难达到这样的损伤程度。

2）热作用

云雾爆轰后，爆轰波阵面温度较高，膨胀后，温度才有所下降。其作用时间虽然不是太长，但云雾边缘之外仍受到热辐射的作用。

云雾爆燃后，爆燃云雾区的温度稍有降低，其作用时间比爆轰长，所以，受到热辐射的作用时间有明显的增加。

在云雾形成的过程中出现使环境温度下降的现象，有可能影响热作用的效果，因为它可以使物体表层温度下降。

热作用的特点是，有明显的方向性，一般仅见于朝向爆心的暴露部分，衣帽掩盖的部分也有一定的防护作用，所以不易发生烧伤。另外，烧伤多为冲击伤合并存在，创面上也有泥沙污染。

爆燃的热作用比爆轰的热作用大，爆燃时可使在开阔地面上的草烧焦。在有树木的地方，朝向爆破点方向一侧的树木表皮被烧焦，而背向炸点的另一侧树皮，有些被剥落吹走，而木质部分大都完好。

3）窒息作用

环氧乙烷或其他燃料与空气混合成云雾,爆轰时空气中大量的氧参与反应。云爆弹多发使用时,可以造成严重的局部缺氧情况。此外,化学反应后生成的一氧化碳和二氧化碳也有严重的窒息作用。缺氧的程度、有害气体的含量以及它们所能持续的时间,这三个量是窒息作用能否达到杀伤作用的关键。一般情况,燃料空气炸药爆轰时,窒息的作用因素持续时间很短。由于空气的对流,氧气很快得到补充,因此有害气体被稀释,以致达到无害的程度。爆燃的情况,云雾边缘成分接近正常的空气成分,爆心附近的一氧化碳含量几乎是爆轰时相同距离上的两倍。

窒息作用在小型单发云爆弹的杀伤中,不占什么重要的地位,但是它造成的缺氧量、一氧化碳等有害气体的含量值得研究。数据表明,在一定时间内,空气中含氧量在 10% 时人员出现晕眩、气短、呼吸急促、脉搏加快等征候,含氧量在 7% 时人体木僵,5% 时是维持生命的最低限度,当降到 2%~3% 时,人员即刻死亡。当空气中一氧化碳浓度在 0.5% 以上时,人员数分钟就会死亡。如果大量多发连续地使用云爆弹,造成缺氧程度和一氧化碳等有害气体在大面积上能持续较长时间,那么因窒息作用而遭到杀伤的人员就会增加。

云爆弹既可由飞机投放,也可用火箭或火炮发射,不少采用子母式结构,子弹即盛装液体燃料的容器,并配备有使之缓慢下落的减速伞和可保证容器在一定高度爆炸的探杆。与装填普通炸药的武器弹药相比,云爆弹具有爆炸场半径大、冲量高、杀伤威力大等特点,是一种有效的面毁伤武器,对于大面积软目标特别有效。云爆弹比等质量的固体炸药的破坏力强数倍,一般为 3~5 倍,高威力的云爆弹可达 5~8 倍。

4.3.6　综合毁伤效应

随伴火炮弹药对目标的毁伤效果大多是由几个基本毁伤原理共同作用的结果,对目标造成的毁伤往往比这些基本毁伤原理各自对目标的毁伤之和还要严重,这就是对目标的综合毁伤效应。例如,弹丸在森林中爆炸时,炸倒的树木比相当药量的炸药在森林里炸倒的树木多,炸毁房屋和工事更厉害。利用这一客观现象,人们开发了多用途弹,以期增大对目标的毁伤能力。

4.3.6.1　杀爆燃综合效应

大、中口径炮弹非直接命中而毁伤远场目标,主要靠其爆炸产生的破片。破片除了可以对人员杀伤外,还可以对目标造成机械击穿、引燃或引爆综合效应,使目标毁伤。破片击穿油箱、油路等目标后,因破片温度较高（300℃左右）,运动速度又快,使油温增高至燃点以上,当油从击穿孔流出遇到火花和空气时,引起燃烧或爆炸,对目标造成更严重的毁伤。钢破片对铝合金件的撞击可产生足以引燃外溢燃料的火花。引燃作用取决于破片的比冲量、弹丸爆炸点的海拔高度和油箱的结构。破片冲击车（机）载弹药,如炸弹、炮弹、导弹等,使其起爆,造成目标立即毁伤。引爆的原理是因破片冲击,在战斗部装药内产生"热点"而引爆。大、中口径炮弹装填一定量的燃烧物,在近场除了破片和冲击波的综合作用外,还有一定的纵火燃烧作用。

4.3.6.2　破片-冲击波耦合效应

当弹丸在距目标不远处（近场）爆炸时,破片与冲击波共同作用于目标。破片主要通过高速撞击、侵彻、引燃、引爆作用破坏目标的结构、削弱其强度,或者使目标燃烧或爆炸,进而使其部分或全部功能丧失;而冲击波主要通过使目标移动、弯曲、变形、断裂等形式,使其丧失既定的功能。这两种毁伤元作用在目标上的时间次序不同,当目标距炸点较近时,冲击波首先作用于目标,然后破片作用;当目标距炸点较远时,破片首先作用于目标,而冲击波由于衰减急剧而后对目标作用;在某一个临界距离处才发生破片和冲击波同时作用于目标。不论是破片还是冲击波先作用,另一种毁伤元的作用都会加剧目标毁伤程度,即产生破片和冲击波耦合效应。

冲击波对目标毁伤相应的毁伤准则有超压准则、冲量准则以及超压-冲量准则,破片对目标毁伤相应的毁伤准则为比动能毁伤准则。破片对目标毁伤主要是通过撞击将能量传递给目标,造成侵彻毁伤或应力波引起二次毁伤,即使破片没有侵入目标,也仍有动量传递给目标,因此可以转换为相应的冲量准则。

4.3.6.3 随进效应

首先利用破甲弹药击穿目标,然后其他毁伤元沿穿孔随进到目标内部造成杀伤、引燃或引爆等毁伤效应。随进毁伤元可以是专门设计的串联或多级战斗部中的次级主体毁伤元,也可以是前级穿甲、破甲过程中产生的装甲破坏碎片和侵彻体(穿甲弹芯或射流)的破碎颗粒及残体。

随进效应的主要有以下几种类型:

(1)穿透随进爆炸元。破甲弹的尾管内携带含炸药的子弹,随破孔进入装甲内再爆炸。

(2)穿透随进燃烧元。例如,破甲弹在药型罩口部放置锆环,破甲后,由锆环形成的火种随金属射流尾部进入装甲内部,造成燃烧的二次效应。

(3)穿透随进杀伤元。破甲弹金属射流穿透装甲后,可以随进少量钢球等杀伤元,以增大对二级目标的毁伤作用。

4.3.6.4 爆炸-燃烧综合效应

由爆炸产生的热效应会造成目标裸露出的一些易燃材料发生大火,使目标彻底摧毁,并殃及附近的人员、设施,扩大了毁伤效果。

4.3.7 随伴火炮常用的引信结构原理

引信是武器弹药的一个重要组成部分。对于同一种类型的弹药而言,引信本身的结构及性能对弹药的破坏效果有很大影响。例如,早期的破甲弹配用机械引信,由于瞬发度不高,作用时间较长,直接影响了破甲威力的发挥。20世纪50年代初期,压电引信的研制成功和应用为发挥聚能破甲弹的威力创造了有利的条件,不但大大提高了破甲厚度,同时也促进了聚能破甲弹的发展。

4.3.7.1 对引信的基本要求

对引信的基本要求如下:

(1)作用适时性。对于不同性质的目标而言,引信要使弹丸(或战斗部)在最有利的时机起作用,以发挥最大的破坏效果。这是对引信作用的适时性要求。

(2)勤务处理安全性。引信在从出厂到发射前的全部操作过程中,受力后要确保安全状态。引信内部的零件不得产生位移、松脱、变形或错乱等,以防止提前动作。

(3)膛内安全性。弹丸(或战斗部)在膛内运动时,要确保安全,引信内部零件不能因为受到巨大惯性力、离心力和切线惯性力的作用而提前引爆弹药。

（4）炮口安全性。引信解脱保险要远离炮口，以防止弹丸在出炮口时碰到伪装物或其他障碍物时提前引爆，从而保证操作人员的安全。

（5）弹道安全性。在雨雪、冰雹等恶劣天气情况下射击时，不能因为受到环境影响而提前引爆。

（6）解脱保险的可靠性。引信不能可靠地解脱保险，就不能在弹丸碰击目标时准确地发生作用。

除此之外，引信还应满足防潮、耐高温低温、长期稳定储存、防霉、经济性等多种要求。

需要指出的是，不同种类弹药因为作用机理不同，对引信的要求也不同。如聚能破甲弹要求引信具有高的瞬发度和较低的灵敏度，同时为保证弹药作用效果，大着角发火性能、擦地炸性能也不可或缺。而碎甲弹则要求引信在碰击目标后，在装药具有最有利的堆积时起爆。所以碎甲弹应配用弹底引信，并有适宜的作用时间，同时在大着角和小着角都能有效地碎甲。

4.3.7.2 引信的种类

1）机械引信

下面以某型碎甲弹用非保险型弹底起爆引信为例（图4-21），简要介绍机械引信的结构与作用过程。

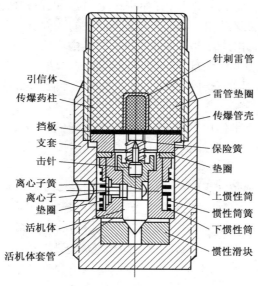

图4-21 碎甲弹引信的结构

一般情况下，活机体被三个离心子卡住，不能向前戳击雷管，从而保证勤务处理时安全。

发射时，如果引信配用于碎甲炮弹上，则因受到直线惯性力的作用，上惯性筒下沉，从而堵住了离心子外撤的道路。待出炮口后，惯性力减小。上惯性筒在惯性筒簧的抗力作用下，上升到原来的位置。此时，离心子才在离心力的作用下，压缩离心子簧，释放活机体，从而使引信处于待发状态。假如由于某种因素使弹丸在膛内突然受阻，则此时惯性筒克服惯性筒簧的抗力前冲,继续挡住离心子,使其不能外撤,从而保证了膛内安全。

如果碎甲弹引信配用于火箭弹上,则上惯性筒在发射时所受的惯性力小于惯性筒簧的抗力,因而并不下沉。火箭飞离轨道后,在主动段的某一位置上,其转速约为6000~7500r/min。此时,离心子在离心力的作用下,压缩离心子簧释放活机体,使引信处于待发状态。

在飞行中,活机体的向前惯性力小于中间保险簧的抗力,而不能前冲戳击雷管。此时,惯性滑块在离心力的作用下紧靠引信体内壁,没有力量作用在活机体上,因而保证了弹丸在弹道上的飞行安全,也即构成了飞行时的保险。

当弹丸碰击目标时,由于骤然减速,使活机体在向前的直线惯性力作用下,克服中间保险簧的抗力而戳击雷管,引爆传爆药柱,进而使整个弹丸爆炸。

当弹丸以大着角碰击目标时,前冲惯性力不足以引起活机体刺发针刺雷管的动作。此时,惯性滑块的侧击作用将促使活机体戳击针刺雷管,引爆弹丸。

2) 压电引信

与机械引信相比,当弹头碰击目标尚来不及有较大变形时,压电引信的高瞬发性能即可使弹丸引爆,限制了炸高的跳动范围,从而有利于保证在最佳炸高条件下起爆。同时还可使在大着角射击条件下,发生滑移或跳弹之前起爆,因而对充分发挥聚能破平弹的威力创造了一定的条件,被广泛应用于聚能破甲弹上。

按压电引信在弹丸中的位置来分,有弹头压电引信和弹底压电引信两种。弹头压电引信的压电机构位于弹丸的头部,起爆机构位于弹丸的底部,两者之间以导体(如导线或金属零件)相连。弹底压电引信的压电机构和起爆机构均位于弹丸的底部。

将压电晶体安置于弹丸的头部是一种比较简便的方法。当弹丸碰击装甲目标时,晶体因碰击而受压,这时产生的脉冲电压直接经导线或金属零件传给弹丸底部的电雷管,以使弹丸起爆。

弹头压电引信的优点是作用可靠,时间作用迅速(一般在8~25μs之间),缺点是结构较复杂。例如,在压电机构和起爆机构之间需要导线连接。因此,就需要在药型罩和弹体装药上开槽,从而增加了结构的复杂性。

弹底压电引信是一种较理想的结构,但由于压电晶体受压是依靠压力波的传递,因而存在作用时间较长的缺点。同时要使晶体受到足够的压力,就必须保证碰击力由弹头经弹壳传给弹底时弹壳不应破裂。当然,也可不利用碰击时产生的压力,而采用其他方法对压电晶体加压,以产生一定数值的电压,确保电雷管起爆装药。

虽然压电引信的结构形式很多,但其基本结构均由如下三个主要部分组成。

(1) 压电机构。

压电机构是引信的起爆能源,用来提供电雷管起爆所需要的电能。压电机构通常由压电晶体(或称压电陶瓷)、压电块(或引信头)、接电座和塑料垫等零件组成。压电晶体实际上是一个电压发生器。压电晶体受到压缩或拉伸等机械能的作用产生变形时,在界面上出现相反的电荷,在两极间造成一定的电位差,并在电路内有电流流动。通常将这种现象称为"压电效应"。在碰撞目标时,压电晶体所产生的电压可高达10000V,它可击穿平时保险的绝缘部分,从而使点火电路接通。压电晶体的作用情况如图4-22所示。

(2) 接电、保险机构。

接电、保险机构是压电引信的另一重要组成部分,又称电路开闭机构。压电引信的电路开闭机构控制电源和电雷管接通或断开,原理如图 4-23 所示。

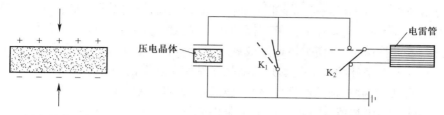

图 4-22 压电晶体的作用示意图   图 4-23 压电引信的电路开闭结构

图 4-23 中的实线表示保险位置。当处在保险位置时,压电晶体短路,电雷管自身短路。这样,不但可保证平时或发射时因晶体受压所产生的电压不会作用到电雷管上,而且还可防止在勤务处理时,由于各种因素(如引信周围各种电气设备工作、遇到闪电打雷以及在高压线下通过等)所产生的电感应而引起的电雷管引爆现象。

图 4-23 中的虚线表示解除保险后的待发状态。此时,压电晶体的两极与电雷管构成通路。当弹丸碰击目标时,因晶体受压而在两极上产生电荷,从而使电流通过导电部分(如导线或金属零件)作用于电雷管而起爆。

综上可知:压电引信一般具有双重保险作用,因此在勤务处理和发射时都是安全的。压电引信的电路开闭机构类似于一般机械引信的保险机构和隔离装置。

(3)起爆机构。

起爆机构是压电引信的重要组成部分,包括电雷管、传爆药和导引传爆药。压电引信的起爆机构与一般机械引信的起爆机构基本相同,主要区别在于压电引信所采用的是电雷管。

4.4 射表与修正

4.4.1 射表用途

射表是表征某种炮、弹、药系统的弹道特性的一种表册,是炮手决定射击诸元、实施准确射击的基本依据,是与火炮配套的软技术装备,是武器装备的重要组成部分。在火炮生产定型之前,射表主要供靶场试验、部队试验、部队试用以及设计瞄准具、瞄准镜、火控系统软件使用。装备部队后,主要供部队作战、训练使用,同时,射表是更新瞄准具、瞄准镜、火控系统软件,设计指挥作业器材、射击诸元计算器、射击指挥系统等技术装备的基本依据,是教学、武器装备论证、作战模拟、弹道仿真和科研工作的重要技术资料。

每种确定的火炮、弹药都对应于唯一确定的射表。同口径、同类型、不同弹种的射表不能相互使用,并且同口径、同类型、同弹种、不同装药号数的射表也同样不能相互使用。因此,只有在火炮、口径、弹药和射表规定完全相同时,才能使用该射表进行射击。

4.4.2 标准射击条件

射击条件包括气象条件、弹道条件、地形和其他条件三个部分,每一部分又由多种因素(如速度、气温、气压等)组成。各种因素可以组合成多种多样的情况,对于每种情况都有相应的弹道。弹道不同,表示弹道特性的各项数据也就不同。用于编制射表的条件称为标准射击条件。射表记载了标准射击条件下的弹道特性的数据。如果当时的射击条件与标准射击条件不同,实际弹道便偏离标准弹道,这时就要测定当时射击条件对标准射击条件的偏差量进行修正,以使弹道通过或靠近目标。

规定标准射击条件的一个基本原则就是尽量使实际射击条件与标准射击条件的差别小一些。因此,标准射击条件通常应该是实际射击条件中常见的情况,或是可能产生的实际射击条件的一个平均值。各项标准射击条件如下。

4.4.2.1 标准气象条件

影响炮兵射击的主要气象条件是风、气温和气压。

在炮兵射击中,气温常用摄氏温度(℃)表示。某时某地的气温是指地面1.5m高处而且不在阳光直晒下所测得的空气温度。炮兵把它称为地面气温,以便与探测的高空气温相区别。在海拔约1000m以下,气温一般随高度的上升而下降,但有时在某些高度上也可能出现相反现象。

气压的大小通常用毫米汞柱(mmHg)表示,$1\text{mmHg} \approx 133.3\text{Pa}$。例如,气压为750mmHg,即表示单位面积($\text{cm}^2$)上垂直大气柱的质量与750mm高水银柱的质量(1.036kg)相等。

为了方便使用,各高度的标准气象条件,取射表直接给出的各高度的数值。标准气象条件如下:

(1)无风(在弹道任意点高度上风速均为零);

(2)标准气温、气压(在炮口水平面上),各高度上的标准气温和标准气压如表4-5所列。

表4-5 标准气温和标准气压

海拔 /m	标准气温/℃		标准气压 /mmHg
	虚温	实温	
0	+15.9	+15	750
500	+12.7	+11.9	707
1000	+9.6	+8.9	666
1500	+6.4	+5.8	626
2000	+3.2	+2.7	589
2500	0	-0.4	554
3000	-3.1	-3.5	520
3500	-6.3	-6.6	488
4000	-9.4	-9.7	457
4500	-12.6	-12.8	428
5000	-15.7	-15.9	401
5500	-18.9	-19.0	375
注:为了便于使用,在表中列出了标准气压和标准实温的归整值			

从表 4-5 中可以看到,各海拔上标准气温有两个数值:一个是实温数值,一个是虚温数值。它们的含义和关系是怎样的？在一定气压下,空气密度随气温、湿度而变化。例如,气压为 750mmHg,气温为+15℃时,相对湿度为 0 的空气(干空气)的密度是 1.210kg/m³,而相对湿度为 50% 的空气(湿空气)的密度是 1.206kg/m³,相对湿度相差 50%,空气密度相差 0.004kg/m³;当气压为 750mmHg,但气温为+15.9℃时,相对湿度为 0 的空气(干空气)的密度也是 1.206kg/m³,气温相差 0.9℃,空气密度也相差 0.004kg/m³。可见,相对湿度增加 50% 与气温增加 0.9℃对空气密度的影响是一样的,而且湿度对空气密度的影响是比较小的。根据这些特性,炮兵为了减少修正项目,以简化作业,便将湿度的影响与气温的影响合并,用"虚温"来表示。在同一压力下,干空气的密度等于湿空气的密度时,干空气所具有的温度叫虚温。

编制射表,当高度为海拔 0m 时,标准气压为 750mmHg,标准虚温定为+15.9℃,标准相对湿度为 0;或标准气温定为+15℃,标准相对湿度为 50%。此时它们相应的空气密度都是 1.206kg/m³,即标准空气密度。

当能测定相对湿度时,将其换算成温度,并与实际气温合并成虚温,这样实际虚温对标准虚温的偏差量中,既包含了气温偏差量,也包含了相对湿度的偏差量。显然根据实际虚温对标准虚温的偏差量来进行修正是比较精确的。

当用简易法决定诸元时,则不测定相对湿度,而只测定气温(估测或用温度计测定)。该气温是含有一定湿度的空气的气温。从我国气象资料分析,各地的年平均相对湿度接近 50%。所以,应用+15℃作为地面气温标准值。

4.4.2.2　标准弹道条件

标准弹道条件主要有以下几点:

(1)标准初速度:根据火炮、弹药设计时各号装药应具有的初速度确定。

(2)标准药温:由于装药温度通常与气温比较接近,一般应根据一个国家的平均气温确定。我国规定的标准药温为+15℃,它与海拔 0m 时的平均气温比较接近。

(3)标准弹重:根据火炮弹药设计时依据的弹重确定。

(4)标准弹形:根据火炮弹药设计时的弹丸形状确定,带引信的弹丸形状应与设计图纸相符合。

(5)标准引信:不带冲帽。

(6)标准弹体粗糙度:弹体涂漆。

4.4.2.3　地形和其他条件

地形和其他条件主要有以下几点:

(1)弹着点在炮口水平面上。

(2)炮身耳轴水平,保证炮身能在同一垂直面内上下转动。

(3)地球表面是一个不动的水平面,即不考虑地球自转球表面曲率对射弹飞行的影响。

射表就是根据以上标准条件编拟弹道基本诸元的,当实际射击条件与标准射击条件不相符时,射表另行编拟了相应的修正诸元。

4.4.3　射表的主要内容

各种火炮的射表一般由配用炮弹的射表(基本射表)、附表、射表说明和弹药标志图四部分组成。以某型 60mm 迫击炮采用 0 号装药发射杀伤爆破弹的简明射表为例,介绍射表主要内容,如表 4-6 所列。

4.4.3.1　基本射表

基本射表包括弹道基本诸元、散布诸元和修正诸元。

基本诸元是在标准条件下的射距离(射程)所对应的分划(高角)、全飞行时间、最大弹道高、落角、落速,对高速旋转的弹丸来说还有偏流。其中射距离和分划的关系是射表中最基本的关系。当测得炮目距离且经过修正后,就可以从射表的基本诸元射距离中查出有效射击时应赋予火炮的射角。其他基本诸元的主要作用是:全飞行时间主要用于计算对运动目标射击的提前量及确定空炸时间引信分划等;最大弹道高可用来计算弹道分层时的层权,从气象通报中提取所需气象要素等;落角可作为判断弹丸能否产生跳弹和实施跳弹射击时的参考,它也会影响命中角从而影响对目标的侵彻爆破和破片效力;落速用于估算落点动能及穿透目标的能力。

散布诸元是指由随机因素引起的距离中间误差、高低中间误差和方向中间误差,主要用来计算对目标的命中概率、弹药消耗量以及确定射击安全界和试射修正量等。

修正诸元是为了修正射击条件非标准引起的系统误差。主要包括弹道条件(初速度、弹重)、气象条件(气温、气压、纵风、横风)和地形条件(炮目高差修正量、距离修正量)非标准引起的表尺修正量。

4.4.3.2　附表

一般火炮包含高差函数表、弹道风速分化表、弹道风速分化图解表等,但不同火炮射表的附表包含的内容不同,如某型 60mm 迫击炮射表的附表仅包含弹道风速分化图解表。

1)高差函数表

高差函数表见表 4-7。其用途是换算气压和求高差。

(1)根据高差换算气压。

根据气象站的气压和气温,在高差函数表中查出高差函数,以此高差函数去除气象站与阵地的高差,得出它们之间的气压差,再与气象站的气压相加减(气象站高于阵地则加,反之则减),即得到阵地的气压。

例如:阵地海拔为 200m,气象站海拔为 500m,气压为 760mmHg,气温为 +10℃,求阵地气压值。

根据气压 760mmHg 和气温 +10℃ 查得高差函数为 10.9m/mmHg,则气压差 = (500 - 200) ÷ 10.9 ≈ 28(mmHg),因为阵地低于气象站,所以阵地气压为 760+28 = 788(mmHg)。

(2)根据两地气压和气温求高差。

当利用气压计求观炮高差时,应分别测出观察所和炮阵地的气压与气温,以平均的气压和气温查出高差函数,按下式计算观炮高差(带符号):

$$观炮高差 = (观察所气压 - 炮阵地气压) × 高差函数$$

表 4-6　某型 60mm 迫击炮采用 0 号装药发射杀伤爆破弹的简明射表

（杀伤榴弹弹丸代号：××××-60 杀，迫-7 引信 0 号装药初速度为 86m/s）

海拔/m	0	500	1000	1500	2000	2500	3000	3500	4000	4500	5000	5500	6000
气温/℃	+15	+12	+9	+6	+3	0	-4	-7	-10	-13	-16	-19	-22
气压/mmHg	750	707	666	626	589	554	520	488	457	428	401	375	351
射距离 150 表尺/分划	358	357	357	356	356	355	355	354	354	353	353	353	352
射距离 150 高角/度分	83 32	83 34	83 36	83 38	83 40	83 42	83 43	83 45	83 47	83 48	83 50	83 51	83 53
射距离 200 表尺/分划	395	394	393	392	392	391	390	390	389	389	388	388	387
射距离 200 高角/度分	81 19	81 22	81 24	81 27	81 30	81 32	81 34	81 37	81 39	81 41	81 43	81 45	81 47
射距离/m	669	672	676	679	683	686	689	692	695	698	700	703	706

修正量

射距离/m	公算偏差 方向/m	公算偏差 距离/m	落速/(m/s)	落角	高角	最大弹道高/m	飞行时间/s	弹重每增一个符号/m	气温每变化10℃/m	初速每变化1%/m	风速10m/s 海拔4500 纵风/密位	横风/m	海拔1500 纵风/密位	横风/m	海拔0 纵风/密位	横风/m
117	1.3	0.6	80	85°	85°0′	346	17	1	0	2	8	68.9	11	93.1	13	107.2
150	1.3	0.7	80	84°	83°32″	344	17	1	1	3	9	56.0	11	93.7	13	83.6
200	1.3	0.7	79	82°	81°19″	341	17	2	1	4	9	42.2	12	55.6	13	63.1
…																
650	1.3	4.8	77	54°	51°13″	214	13	6	3	12	13	12.1	17	15.3	19	16.8
669	1.3	6.3	77	48°	45°0′	177	12	6	3	12	13	11.3	17	14	18	14.4

修正量（续）

射距离/m	距离改变10m 表尺改变量/分划	炮目高差修正量 目标高于阵地(+) 50m	100m	150m	200m	目标低于阵地(-) 50m	100m	150m	200m
150	7.4	3	7	12	17	71	110	138	161
200	7.5	4	9	15	23	138	186	219	243
…		6	13	21	32				
650	36.5								

表 4-7 高差函数表

气温/℃ 气压/mmHg	0	2	4	6	8	10	…	44	气温/℃ 气压/mmHg
450	17.7	17.9	18.0	18.1	18.3	18.4	…	20.6	450
460	17.4	17.5	17.6	17.7	17.9	18.0	…	20.2	460
470	17.0	17.1	17.2	17.4	17.5	17.6	…	19.7	470
480	16.6	16.8	16.9	17.0	17.1	17.2	…	19.3	480
490	16.3	16.4	16.5	16.7	16.8	16.9	…	18.9	490
⋮	⋮	⋮	⋮	⋮	⋮	⋮		⋮	⋮
750	10.6	10.7	10.8	10.9	11.0	11.0	…	12.4	750
760	10.5	10.6	10.7	10.7	10.8	10.9	…	12.2	760
770	10.4	10.4	10.5	10.6	10.7	10.8	…	12.0	770
780	10.2	10.3	10.4	10.5	10.5	10.6	…	11.9	780
790	10.1	10.2	10.3	10.3	10.4	10.5	…	11.7	790

注:表中所列为气温为零和在零度以上时的数据。

2) 弹道风速分化表

弹道风速分化表见表 4-8,是将对射击方向而言的斜风分化为射击方向上的纵风和横风,并给出射击修正的符号。

表 4-8 弹道风速分化表

风角=炮目坐标方位角-风向坐标方位角（单位为百密位）				风速/(m/s)						
修正符号				1	2	3	4	5	…	20
+ −	− −	− +	+ +	分子——纵风速度,分母——横风速度						
0	30	30	60	$\frac{1}{0}$	$\frac{2}{0}$	$\frac{3}{0}$	$\frac{4}{0}$	$\frac{5}{0}$	…	$\frac{20}{0}$
1	29	31	59	$\frac{1}{0}$	$\frac{2}{0}$	$\frac{3}{0}$	$\frac{4}{0}$	$\frac{5}{1}$	…	$\frac{20}{2}$
2	28	32	58	$\frac{1}{0}$	$\frac{2}{0}$	$\frac{3}{1}$	$\frac{4}{1}$	$\frac{5}{1}$	…	$\frac{19.5}{4}$
3	27	33	57	$\frac{1}{0}$	$\frac{2}{1}$	$\frac{3}{1}$	$\frac{4}{1}$	$\frac{5}{1}$	…	$\frac{19}{6}$
4	26	34	56	$\frac{1}{0}$	$\frac{2.5}{1}$	$\frac{3.5}{1}$	$\frac{4.5}{2}$	$\frac{5.5}{2}$	…	$\frac{18.5}{8}$

（续）

风角=炮目坐标方位角-风向坐标方位角（单位为百密位）				风速/(m/s)						
				1	2	3	4	5	…	20
5	25	35	55	1/0	1.5/1	2.5/2	3.5/2	4.5/2	…	17.5/10
6	24	36	54	1/1	1.5/1	2.5/2	3/2	4/3	…	16/12
7	23	37	53	0.5/1	1.5/1	2/2	3.5/3	4.5/4	…	15/13
8	22	38	52	0.5/1	1.5/1	2/2	3.5/4	4/4	…	13.5/15
9	21	39	51	0.5/1	1/2	2/2	2.5/3	3/4	…	12/16
10	20	40	50	0.5/1	1/3	1.5/3	2/3	2.5/4	…	10/17
11	19	41	49	0.5/1	1/2	1/3	1.5/4	2/5	…	7.5/18
12	18	42	48	0.5/1	0.5/2	1/3	1/4	1.5/5	…	6/19
13	17	43	47	0/1	0.5/2	0.5/3	1/4	1/5	…	4/20
14	16	44	46	0/1	0/2	0.5/3	0.5/4	0.5/5	…	2/20
15	15	45	45	0/1	0/2	0/3	0/4	0/5	…	0/20

3）弹道风速分化图解表

弹道风速分化图解表是以图的形式，将风分化为射击方向上的纵风和横风，见图4-24。

4.4.3.3　射表说明

射表说明一般说明了本射表的编制方法、射表基础技术数据（初速度、弹质、定起角和相关数据的概率误差）、射表标准条件、射击条件修正量的求取方法、不同海拔阵地选用射表的原则、高差函数表的使用方法、最低表尺的确定和其他需要说明的问题。射表说明是每一个指挥员在使用射表前必须首先阅读的内容，不能充分地理解射表说明，就不可能正确地使用射表，更不用说完成一定的射击任务。

4.4.3.4　弹药标志图

弹药标志图是指射表所配用的弹药图形。弹丸上显示有火炮口径，弹种，装药批号、年号、厂号，弹重符号。药筒上显示有火炮口径，年式，发射药品号、批号、年号、厂号以及装配批号、年号、厂号。

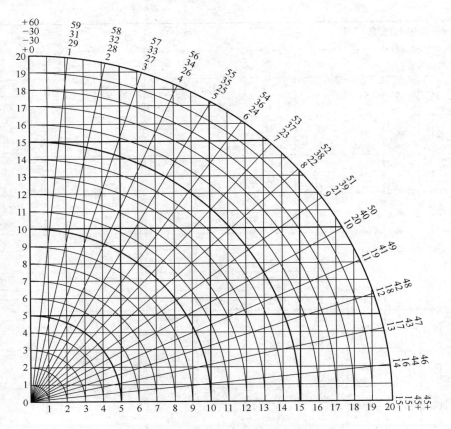

图 4-24　弹道风速分化图解表

第5章 迫击炮结构原理

5.1 炮 身

迫击炮炮身一般分为炮口装填式炮身(简称前装式炮身)和炮尾部装填式炮身(简称后装式炮身)。前装式炮身普遍用于中、小口径迫击炮,而后装式炮身主要用于大口径迫击炮(如 160mm 迫击炮和 240mm 迫击炮)或速射迫击炮(如 82mm 迫击炮)。

前装式炮身不仅构造简单,而且操作方便,发射速度快,如 82mm 迫击炮,每分钟最高发射速度达 20 发左右。但是,对于要求射程远、初速度大的迫击炮,通常要相应地增加弹丸在炮膛内的行程,即要增加炮身的长度。在此情况下,由炮口装填就比较困难。对于大口径迫击炮,前装就更困难了。如某 160mm 迫击炮,身管长达 3.9m,在最小射角(50°)时,炮口距地面高度超过 3m,而炮弹重达 41kg。在这种情况下,就不得不采用炮尾装填式炮身。但是,采用后装式炮身,需要有起落炮身的机构以及防止发射时火药气体从炮尾部漏出的紧塞装置等。这些都会使迫击炮的结构复杂化,并使发射速度明显降低。而且,当一发炮弹重量超过 40kg 时,还应考虑采用多人搬运的或机械化的炮弹托弹器,以减轻炮手的体力消耗,保证持久战斗。所以为步兵分队提供火力支援的随伴迫击炮一般采用前装式炮身。

前装式炮身一般由身管、炮尾和击发装置组成。

5.1.1 身管

身管是迫击炮的重要零件,发射时在膛内火药气体的作用下,身管可使炮弹获得一定的初速度。

迫击炮身管按内膛有无膛线,可分为线膛身管和滑膛身管两种。线膛身管的内膛加工有膛线,如美军的 M30 式 106.7mm 迫击炮身管,内膛有 24 条右旋渐速膛线。发射时炮弹依靠膛线导转,使炮弹产生旋转运动,以保持其飞行的稳定。线膛身管的缺点是在火炮做大射角(大于 70°)、低初速度发射时,炮弹的飞行稳定性差。线膛身管和炮弹的加工复杂,所以在迫击炮中使用并不普遍。

5.1.1.1 对身管的要求

对身管的要求如下:

(1)身管应满足内外弹道的要求。为此,应合理确定身管内膛直径公差和身管的长度尺寸。

（2）身管应具有足够的强度，以保证火炮在各种环境条件下进行射击时，内膛不产生残余变形。例如，连续射击后，身管外表温度达到300℃时，能继续射击而不变形。

（3）身管应具有足够的刚度，以保证身管在加工和使用过程中不产生过大的弹性变形。

（4）身管应具有较轻的重量，以利于提高火炮的机动性。为此，身管应采用强度较高的材料制造。

（5）身管应具有良好的散热条件，以保证迫击炮具有一定的连续射击能力。

（6）身管应具有良好的加工工艺性，在外形上应避免有高台或深沟，同时在沟台的连接处应有圆角过渡，防止因尖角而产生应力集中。

（7）身管应具有好的勤务使用性，需要肩扛的身管外表面应尽量光整。例如，某100mm迫击炮身管中部加工有安放象限仪的检查平台，使用中发现战士在肩扛时，常将象限仪平台上的防护油蹭掉，为此将平台取消，用炮口端面来代替。

5.1.1.2　身管的结构

1）内膛构造

滑膛身管内膛为一光滑的圆筒。经过镗孔、磨孔、抛光后的内膛精度较高和粗糙度较低。内膛的精度与内径有关，当口径在60~120mm，内径公差一般为0.1mm；当口径超过120mm后，内径公差为0.15mm。抛光后的内膛可有效地减缓火药气体对膛壁的侵蚀，有利于延长身管的使用寿命。

在身管内膛口部有一个弧形或锥形的倒角，如图5-1所示。其作用是装填时引导炮弹入膛。弧形倒角因加工复杂，目前已不采用。现有的中小口径迫击炮身管口部都为圆锥形，其锥形部的长度约为0.1倍口径，锥角为40°~60°。

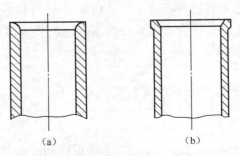

图5-1　身管内膛口部的形状
（a）圆弧形倒角；（b）圆锥形倒角。

此外，要求内膛轴心线与身管口部端面垂直，其目的是当以炮口端面作为基面，用象限仪来校正火炮的射角时，可以保证有较高的射击精度。同时端面垂直度高，还可以减少炮弹出炮口时的扰动，有利于射击精度的提高。一般要求炮口端面对轴心线的不垂直度≤3′。

内膛轴心线应与身管尾部端面垂直或与尾部锥面同轴。其目的是为了保证身管与炮尾连接时有良好的闭气作用。

2）身管的外部结构

身管的外部结构除了应满足强度的要求外，还要根据身管与炮尾、炮架的连接方式，以及不同的运载方式(人背、马驮、车载或牵引)来确定。图 5-2、图 5-3 是两种不同口径的身管外部结构,它们的结构大致由以下几部分组成。

(1) 炮口部分:由于发射时炮口部的受力条件较身管其他部位差,又由于在生产和使用中炮口部容易被碰撞,以及由于加工时的装夹和炮口牵引的需要,故需将炮口部适当加厚,以保证有足够的强度和刚度。

(2) 中间部分:在 60mm 迫击炮身管的中部有固定炮箍环的螺纹。在旧式 82mm 迫击炮身管的中部外表为一光滑的圆柱面,炮箍夹紧在上面,没有炮箍台,射击时炮箍与身管有相对滑动。特别是当炮重减轻以后,相对滑动情况更明显。在现有 82mm、100mm 和 120mm 迫击炮的身管中部都增加了炮箍定位台,以限制射击时炮箍的滑动。在炮箍定位台的下方一般还有供骡马驮载的鞍具紧定箍台。

(3) 尾部:身管的尾部有与炮尾相连接的螺纹、定位圆台和闭气端面(或锥面)。

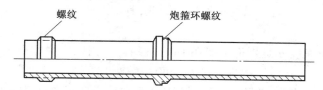

图 5-2　某型 60mm 迫击炮身管外部结构

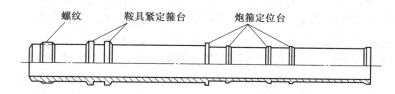

图 5-3　某型 100mm 迫击炮身管外部结构

5.1.1.3　身管特点

1) 身管壁薄

迫击炮在发射时膛内火药气体的压力比一般火炮的要低得多,在战场使用时又通常紧随步兵作为步兵的直接支援火炮,这就要求迫击炮轻便可靠、机动性高。因此,在制造迫击炮时都采用优质的炮钢作为迫击炮的身管材料。这样就可以使迫击炮的身管壁厚较薄,重量较轻。

迫击炮身管壁厚一般取值如下:

最大膛压部:0.07~0.15 倍口径;

近炮口部:0.04~0.06 倍口径;

炮口加强部:0.07~0.09 倍口径。

2) 炮膛与弹丸定心部之间有一定的间隙量

由于迫击炮的身管大都是滑膛结构,为了保证炮弹能装填到位,使炮弹具有一定的下滑速度,要求身管内径与炮弹定心部直径之间有一定的间隙(弹炮间隙量)。弹炮间隙量 $2e$ 用炮膛直径 d 与炮弹定心部的直径 d^* 的差值表示,即 $2e = d - d^*$。

弹炮间隙量的大小与火炮的发射速度、击发底火的可靠性、射击精度和弹道特性都有关。一般来说,间隙量越小,火药气体的流失量也越小,可以获得良好的弹道特性,同时还可以减小炮弹在膛的摆动,对于提高炮弹的散布精度有利。但是间隙量过小,会降低炮弹的下滑速度,影响底火的击发,特别是在小射角的情况下容易瞎火。为此,可在炮弹定心部增加塑料闭气环。装填时闭气环不超出弹带,因此不会影响炮弹的下滑速度。发射时,在膛内压力的作用下,闭气环向外胀大,消除炮弹间隙,从而可以减少火药气体的流失以及炮弹在膛内的摆动。某60mm迫击炮在炮弹上增加了塑料闭气环后,使射弹的距离相对中间误差由不带闭气环时的1/51提高到1/91。

同时,间隙过小,会使炮弹在膛内下滑的时间增长,降低发射速度。发射每发迫击炮弹的循环时间 t 主要包括瞄准和装填时间 t_1、炮弹下滑时间 t_2、发射时炮弹在膛内的运动时间 t_3,即

$$t = t_1 + t_2 + t_3$$

其中,t_3 通常不超过 0.01s,可以忽略不计。因此,有

$$t = t_1 + t_2$$

迫击炮的发射速度 n 是指迫击炮在 1min 内所能发射的炮弹数。

$$n = 60/t = 60/(t_1 + t_2)$$

其中,t_1 的大小与迫击炮的口径、弹重以及瞄准手和装填手的技术熟练程度有关。82mm迫击炮在一般情况下为 1.5~2.0s,下滑时间约 1s,120mm迫击炮,在一般情况下 t_1 比 t_2 约长 8~10 倍。可见,中、小口径迫击炮的下滑时间 t_2 对发射速度的影响很大。显然,t_2 的大小与迫击炮弹的下滑速度有关。而弹丸定心部与膛壁之间的间隙量的大小对于炮弹下滑速度有很大的影响。间隙量越大,下滑速度越大。反之,如果间隙量很小,不仅使装填困难,而且炮弹下滑速度小,在到膛底时就可能达不到必需的击发能量。

由上可知,对于前装式迫击炮,为了满足击发可靠性和发射速度等方面的要求,应对炮弹和弹丸定心部之间的间隙规定必须保证的最小间隙量。该间隙量的确定原则:一是迫击炮在最小射角状态装填时,应保证炮弹滑到膛底的速度能满足击针触发底火时的能量要求;二是保证炮弹沿炮膛的下滑时间能满足迫击炮发射速度的要求。

以上两点对于身管短、射速高的小口径迫击炮更为重要。迫击炮炮膛与弹丸定心部之间的间隙量一般为 0.4~0.8mm。对于后装式迫击炮,其炮弹与弹丸定心部之间最小间隙量的确定原则主要是保证装填方便。对于前装式迫击炮炮身取较大值,对于后装式迫击炮炮身取较小值。部分迫击炮弹炮间隙量如表 5-1 所列。

表 5-1　迫击炮炮膛与弹丸定心部之间的间隙量

口径/mm	60	82	100	120	160
间隙量/mm	0.75~0.95	0.60~0.825	0.50~0.75	0.60~0.85	0.30~0.65

5.1.1.4　温升现象及其影响

在发射过程中,由于燃烧的高温火药气体与身管内表面进行强烈的热交换,使管壁的温度升高。身管温度的升高与管壁厚度、射弹数、发射速率、装药量和射击时的环境温度等有关。一般说来,身管壁厚越薄,连续发射的弹数越多,装药量越大,速率越高,身管温度的升高也就越高。试验表明,身管温度的升高,在沿炮膛轴线的不同位置是不同的。靠近炮弹定心部(炮弹启动前,炮弹定心部所对应的部分)的一段温度较高,其他部位温度

较低。例如,某 100mm 迫击炮经 23 发强装药快速射击后,测得炮弹定心部对应的那一段身管温度为 315℃,靠近炮尾螺纹处为 210℃,炮口处为 135℃。在身管靠近炮弹定心部的一段温度较高的原因是,这一区域正是火药燃烧的压力和温度最高处,同时又因为炮弹在这区段的运动速度最慢,因此增强了火药气体与腔壁的热交换。快速射击时,可看到这一区段的身管外表金属首先变为蓝色。

实战要求迫击炮的威力和机动性能不断地提高。而要提高火炮威力,就要加大火炮的作功能力,这会使炮身在发射时承受的热作用更加强烈;而要提高火炮的机动性,就要减轻火炮的重量。采用高强度材料制造壁厚更薄的身管又是减轻火炮重量的途径之一。由此可知,提高威力可能使炮身所受的热作用更加强烈,提高机动性可能使炮身管壁更薄。这些因素都会使连续击中的炮身灼热问题更加严重。因此,在设计新迫击炮时,必须重视身管的灼热问题。

身管温度的升高将会带来以下的问题:

1) 身管材料的强度下降

身管材料随温度的升高,其强度下降,塑性增加。根据试验,一般身管材料在 300 ~ 350℃下,比例极限较常温下降 15% ~ 20%。因此,身管设计时材料的比例极限按常温值的 0.8 ~ 0.85 倍计算,并规定射击时身管的温度不能超过 300 ~ 350℃。

在迫击炮的射击试验中,曾出现身管的胀膛现象,胀膛的位置有不少出现在温度上升最高的部位。这说明产生迫击炮身管胀膛的强度问题往往与材料受高温造成的力学性能下降有关。

2) 发射药在膛内可能自燃

炮弹装入高温的炮膛后,发射药可能自燃。当药包捆扎不好,使药包直接与膛壁接触,或药包破裂后药粒进入炮膛更容易引起发射药在膛内自燃。根据试验,一般裸露火药的自燃温度为 165 ~ 180℃。发射药的自燃将引起炮弹的提前发射,对于前装式的中小口径迫击炮,因炮弹飞行距离缩短很可能危及我方部队。对于后装式的大口径迫击炮,炮弹的提前发射危害更大,会危及火炮和发射阵地人员的安全。

3) 发射速度受到限制

发射时,身管温度的升高引起身管材料强度的下降,使发射药可能产生自燃,影响使用安全。为此,对迫击炮实际的发射速度必须加以限制,以保证射击时身管的温度不超过允许的极限温度。

4) 升温使身管的结构尺寸发生变化

其变化主要是直径增大、长度增长,这对在炮箍连接部分的炮身强度和某些机构动作的灵活性带来一定的影响。

身管直径增加使得弹炮间隙量增大,进而引起弹丸初速度和最大腔压的减小。然而,对于连续射击中的灼热炮身则没有明显的影响。因为炮身发热,发射药的热损失减少,补偿了由于间隙量的增大而损失的初速度。因此,迫击炮炮身发热对于迫击炮的射击密集度一般不会有明显的影响。

5) 给勤务使用带来不便

身管温度升高后会影响炮手操作,特别是在身管灼热的情况下需要快速转移阵地时,容易灼伤炮手。为此需佩戴石棉手套和石棉肩垫等,这会给使用带来不便。

随着火炮威力的提高,以及采用高强度钢制作炮身后,管壁变薄,使发射时身管的温升将更加剧烈。为了改善身管的散热条件,保证火炮具有一定的连续射击能力,在近代外军的中口径迫击炮上出现了螺纹身管,即将身管后半段的外表加工出螺纹状的沟槽(图5-4),以增加其散热作用。

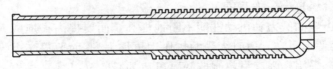

图5-4　带环形散热片的身管

5.1.1.5　身管强度

1) 身管的计算膛压曲线

计算膛压曲线是确定身管壁厚的依据。计算膛压曲线通常是在考虑全装药药温(+50℃或-40℃)变化的基础上,将全装药膛压提高10%~15%后做出的膛压曲线。迫击炮身管的计算膛压曲线如图5-5所示。

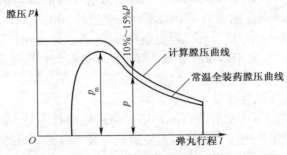

图5-5　身管的计算膛压曲线

2) 身管材料的比例极限

为了考虑高温对材料强度下降的影响,通常采用材料的高温比例极限σ_{pt}进行强度计算。材料的高温比例极限σ_{pt}相对于常温比例极限σ_p的下降率随材料的不同而不同。即使是同一材料,当热处理工艺改变时,其高温比例极限也存在变化。因此在进行强度计算时,应根据材料实际的高温比例极限进行设计。现有的几种炮钢材料的高温(300℃下)比例极限值约为常温比例极限的0.8~0.85倍。

3) 身管的弹性强度极限

保证迫击炮身管在射击时不产生塑性变形所能承受的最大膛压值,称为身管的弹性强度极限。

由于迫击炮的膛压低、身管壁薄,因此迫击炮身管的强度设计一般采用薄壁单筒非紧固身管的计算方法。当单筒非紧固身管在采用不同的强度理论进行计算时,计算身管弹性强度极限的公式是不同的。计算身管弹性强度极限通常可以采用第二强度理论(最大变形理论)、第三强度理论(最大剪应力理论)和第四强度理论(变形能理论)。为了对不同强度理论的计算结果进行比较,将按不同强度理论计算的弹性强度极限与材料高温比例极限的比值(p_1/σ_{pt})随壁厚的变化关系用图5-6表示。从图5-6中可以看出,当r_2/r_1

较小(小于 1.2)时,按不同强度理论计算的弹性强度极限值相差较小;当 r_2/r_1 较大(大于 1.2)时,按不同强度理论计算的弹性强度极限值相差较大。

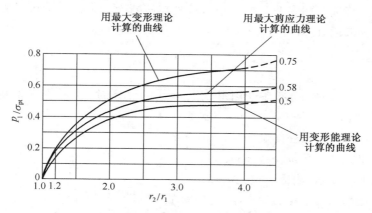

图 5-6　弹性强度极限与材料高温比例极限随壁厚的变化关系曲线

由于迫击炮身管壁厚较薄,r_2/r_1 的值大都小于 1.2,故用三种强度理论中的任意一种进行计算,对身管强度的影响都不会太大。我国迫击炮身管设计过程中一般采用第二强度理论(最大变形理论)。

4) 身管壁厚与内、外表面应力分布的关系

根据最大变形理论,单筒非紧固迫击炮身管在内压 p 的作用下,在管壁内产生的力以切向相当应力 $E\varepsilon_t$ 为最大,其计算式为

$$E\varepsilon_t = \frac{2}{3} p \frac{r_1^2(2r_2^2 + r^2)}{r^2(r_2^2 - r_1^2)}$$

式中:r 为管壁内计算处的半径;p 为膛压;r_1、r_2 为身管内外径。

由上式可知,当 $r=r_1$ 时,管壁内表面上的切向相当应力值为最大,即

$$E\varepsilon_{t1} = \frac{2}{3} p \frac{2r_2^2 + r^2}{r_2^2 - r_1^2}$$

当 $r=r_2$ 时,管壁外表面上的切向相当应力值为最小,即

$$E\varepsilon_{t2} = p \frac{3r_1^2}{r_2^2 - r_1^2}$$

因此,迫击炮身管内、外表面切向相当应力的比值为

$$\frac{E\varepsilon_{t1}}{E\varepsilon_{t2}} = \frac{2r_2^2 + r_1^2}{3r_1^2} = \frac{2a^2 + 1}{3}$$

式中:$a=r_2/r_1$。

上式结果表明:身管内、外表面切向相当应力的比值同身管外半径与内半径比值的平方成正比。由此可知,当身管壁厚较薄时,其内、外表面切向相当应力的分布比较均匀;当身管壁厚较厚时,其内、外表面切向相当应力相差较大。

5) 身管的安全系数

考虑到身管计算所采用的强度理论与实际情况有差异,身管材料的力学性能的不均

匀性,以及计算时所用的压力与实际压力之间有误差,因此设计身管时,必须规定一定的安全系数,以保证使用的安全。

身管在某一横断面的安全系数 n 是指身管在该断面的弹性强度极限 p_1 与发射过程中火药气体在该断面处作用的计算膛压 p 之比。即

$$n = \frac{p_1}{p}$$

根据迫击炮的设计经验,在采用最大变形理论计算时,身管各主要断面的安全系数为:

(1) 身管尾部定位圆柱部位: $n \geqslant 1.25$;

(2) 身管最大膛压部位: $n \geqslant 1.35$;

(3) 身管前段(炮口附近部位): $n \geqslant 2$。

其中身管尾部因有炮尾的加强作用,故安全系数较小。炮口部位由于在发射时的受力条件较其他部位差,同时在生产和使用时容易被碰撞,故安全系数较大。

6) 迫击炮身管用钢

由于发射时,身管内膛受到高温、高压及具有腐蚀性的火药气体的作用,同时又要求火炮有较轻的重量,所以对身管材料的要求较高。对迫击炮身管材料的一般要求如下:

(1) 在常温和高温(300℃)下,应具有较高的强度值,以便在满足要求的条件下,使身管具有较轻的重量。

(2) 在常温和低温(-40℃)下,应具有较高的冲击韧性。一般要求在-40℃时的夏氏冲击值应大于 $2\text{kg} \cdot \text{m/cm}^2$。

(3) 应具有良好的化学稳定性,以便能抵抗空气和火药气体的腐烛。

(4) 应具有良好的制造工艺性,以便能适应大量生产的需要。

5.1.2　炮尾

5.1.2.1　结构特点

炮尾是炮身部件中的一个主要部件。根据外形,炮尾可分为前部、中部和尾部三部分。

炮尾的前部有与身管相连接的螺纹,定位面和闭气端面(或锥面)。中央有安装击针或击针机盖的螺孔。

炮尾的中部主要是根据安装击发装置的需要进行设计。

炮尾的尾部为球形(即尾球),用于与座钣的驻臼相连。为了装配方便,一般在尾球上加工有两个平面和一个铁链孔。

炮尾的形状和尺寸主要取决于身管、炮尾和座钣的连接方式,炮尾内击发装置的结构形状以及发射时炮尾的受力情况。

图 5-7 所示为某 60mm 迫击炮炮尾。因只要求迫发,故在炮尾中央只有一个供安装击针用的螺纹孔。其形状简单。

图 5-8 所示为某 100mm 迫击炮炮尾。因要求拉、迫发两用,故炮尾上需要有安装击发装置的结构。此炮尾的形状比较复杂。

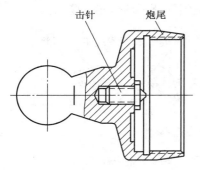

击针　　炮尾

图 5-7　某 60mm 迫击炮炮尾

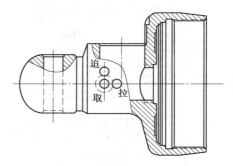

迫取　拉

图 5-8　某 100mm 迫击炮炮尾

5.1.2.2　设计要求

炮尾设计要求如下：

（1）有足够的强度，以保证射击时不产生塑性变形。为此对炮尾主要断面应进行强度校核计算。

（2）炮尾与身管结合后，应保证能密闭火药气体。为此，要求炮尾螺纹、定位圆台和闭气面与炮膛轴心垂直。炮尾锥面的形状应有利于使紫铜闭气环附着在炮尾锥面上不脱落。

（3）便于分解结合，使用中一旦击发装置出现故障，应能迅速从炮尾上取出击发机或击针机，以便检查或更换。

（4）炮尾在驻臼内要有足够大的转动范围，以满足火炮高低和方向射界的需要。

5.1.2.3　炮尾闭气结构

在迫击炮中，为了防止发射时火药气体从身管尾部泄出烧蚀螺纹部分，在身管与炮尾连接处都有专门的闭气结构。现代随伴迫击炮一般采用前装式炮身，采用的炮尾闭气结构有以下两种：

1）端面闭气结构（图 5-9）

这种闭气结构是通过拧紧炮尾时，使身管后端面与炮尾端面贴紧来闭气。它的优点是，在拧紧炮尾时不需要很大的拧紧力矩，结构简单，使用方便，闭气比较可靠。但为了保证闭气可靠，要求身管和炮尾端面对炮膛轴心线有较高的垂直度，并且在装配时要进行配研，有时需要修挫身管尾端面，以保证两端面贴紧时有一整圈的接触带。

2）紫铜闭气环结构（图 5-10）

这是迫击炮上常采用的一种闭气结构。这种闭气结构由紫铜闭气环和身管、炮尾圆锥面上的直角环形槽组成。当拧紧炮尾时，紫铜闭气环受到身管和炮尾锥面的挤压产生塑性变形，使炮尾和身管锥面均匀贴合。此外，紫铜闭气环在变形过程中有部分金属嵌入环形槽内，可防止火药气体泄出。它的优点是能承受较高的火药气体压力而不漏气；其缺点是装配时必须用较大的拧紧力矩才能使紫铜闭气环变形。此外，身管与炮尾分解后，紫铜闭气环容易从炮尾上脱落或位置发生变动，以致在装配时又需一道新压紧闭气环，给使用带来一定的困难。为了保证闭气环不从炮尾上脱落，在某 82mm 迫击炮规定炮尾锥面的锥角为 $45°^{\ 0}_{-15'}$，表面粗糙度要求 $Ra \leqslant 3.2\mu m$，身管锥面的锥角为 $45°^{+30'}_{+10'}$，表面粗糙度

要求 $Ra \leqslant 0.8\mu m$。在采取这些措施后,一般都能保证闭气环不从炮尾上脱离。

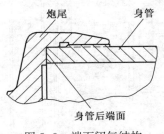

图 5-9　端面闭气结构

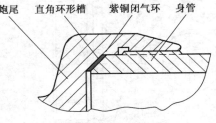

图 5-10　紫铜闭气环结构

5.1.3　击发装置

5.1.3.1　对击发装置的要求

击发装置是用来击发炮弹底火的机构。击发装置应满足以下要求:

1）应能可靠地击发底火

为了保证能可靠地击发底火,要求击发装置应存有足够的击发能量;针尖部应有合理的形状和存有一定的击针凸出量。

2）机构动作应可靠

击发装置在拉发射击后,或由迫发状态转为拉发射击时,击针应能顺利地恢复原位,不允许产生卡住现象。如果击针被卡住不能缩回到低于击针机盖平面,则装弹后会造成误发火,影响安全使用。此外机构中的其他零件如拉火手柄和转换手柄的动作也应灵活。

对于后装填或中间装填的大口径迫击炮,应有关闩不到位不得击发的保险机构,并且动作应可靠,以保证使用安全。

3）拉火力不能过大

拉火力过大会使炮身产生晃动,影响射弹的散布。为此,要求中小口径的迫击炮拉火力一般为 3~6kg,大口径的迫击炮拉火力一般为 6~10kg。

4）应有一定的使用寿命

击发装置中的主要零件受到冲击载荷作用,故零件材料应有较高的强度和冲击韧性。击针和回针簧在高温条件下工作,容易产生烧蚀和疲劳,故应选用耐高温的材料制造。

5）结构简单、分解、结合方便

一次射击后,都应对击发装置进行擦拭。在射击过程中一旦出现故障,需要迅速排除。因此,击发装置必须便于分解、结合。

5.1.3.2　分类和结构

迫击炮击发炮弹底火有两种方式:迫发和拉发。迫发是炮弹由炮口装填,在炮弹下降到膛底时,使底火撞击击针发火。拉发是由击发装置中的击锤撞击击针,由击针打击底火击发。

根据击发方式的不同,击发装置可分为击针固定式和击锤撞击式两类。

1）击针固定式击发装置

击针固定式击发装置,即炮尾内只有一个固定的击针,它只能做迫发射击,故结构简单,适合在中、小口径迫击炮上使用。

对于击针固定式击发装置,根据击针安装方式的不同,可以分为击针前装式(图 5-7)和击针后装式(图 5-11)两种。击针后装式击发装置的优点是更换击针时无须拆下炮尾,分解、结合比较方便,缺点是炮尾和击针的制造比前装式的复杂。

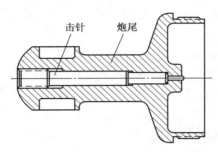

图 5-11　击针后装式击发装置

2) 击锤撞击式击发装置

当要求迫击炮能拉发和迫发两用时,一般应采用击锤撞击式击发装置。击锤撞击式击发装置主要应用于大、中口径迫击炮。

根据击锤运动方式的不同,击发装置可以分为击锤直击式和击锤回转式两种。

（1）击锤直击式击发装置。

击锤直击式击发装置的特点是击发时击锤做直线运动。图 5-12 所示为某 82mm 迫击炮击发装置。

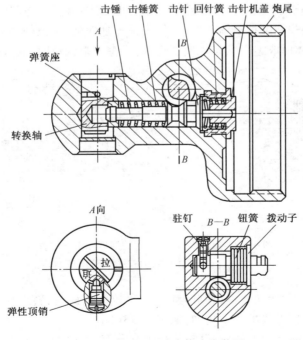

图 5-12　某 82mm 迫击炮击发装置

拉发射击时,转动转换轴,使转换轴上的"拉"字与炮尾上的刻线对正,将拉火手柄(图中未画出)上的扁方孔与拨动子轴连接。拉火时,转动拉火柄,通过拨动子的凸齿带动击锤向后运动,压缩击锤簧。当拨动子转动到凸齿与击锤脱离啮合时,在击锤簧力的作用下,推动击锤向前,由击锤撞击击针,使底火击发。击发后,击针由回针簧回位,拨动子由扭簧回位。

迫发射击时,需转动转换轴,使转换轴上的"迫"字与炮尾上的刻线对正。此时击锤被转换轴上的圆柱面顶起,推动击针向前,使击针尖凸出于击针机盖,构成迫发状态。

弹性顶销起拉、迫发转换的限位作用。驻钉起拉火限位作用。

击针的后端面是锥面,拉发射击时,其锥面与炮尾体上的锥面贴合,可密闭火药气体。

早期设计的击发装置是将击针和击锤合为一体。试验中发现,拉火射击时因击针的后缩行程较长,不能密闭火药气,击针容易烧蚀。火药气体对击针的作用力推击锤向后,使击锤的尾端面容易被撞击变形。此外,将击针和击锤合为一体也不便于更换击针。

(2)击锤回转式击发装置。

击锤回转式击发装置的特点是击发时击锤做回转运动。

击锤回转式击发装置一般由击针机、击发机和拉、迫发转换机构三部分组成。击针机经炮尾上的击发机孔装入击针机盖内。因此,射击时一旦击针机或击发机出现故障,可在射击状态下取出击针机或击发机排除故障。它无须分解身管和炮尾,这对于重量较大的大、中口径迫击炮是很适用的。

图 5-13 所示为某 100mm 迫击炮的炮尾和击发装置。其结构是击锤回转式,它可以进行拉发和迫发射击。

火炮做迫发动作时,顺时针转动转换栓柄,使驻栓帽对正"迫"字,如图 5-13(a)所示。此时,转换栓的圆柱部抵击锤钩部,迫使击锤下部向前,击锤的圆弧部抵击针向前,使击针尖突出击针机体而成迫发状态。装填炮弹,炮弹下滑到位时,底火撞击击针而发火。

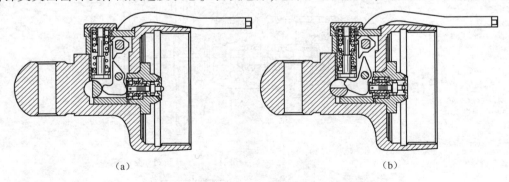

图 5-13　某 100mm 迫击炮的炮尾和击发装置
(a)迫发状态;(b)拉发状态。

拉发时顺时针转动转换栓柄,使驻栓帽对正"拉"字,此时,转换栓缺口让开了击锤与滑杆间的通路,击锤可以绕击锤轴转动,如图 5-13(b)所示。

拉动拉火柄,拨动子随即转动,其短齿压上套管突齿,使上套管向下压缩击锤簧,而长齿则拨动击锤上齿向前,使击锤绕轴转动,其钩部推滑杆、下套管向上,使击锤簧受到两个方向的压缩,储存了击锤撞击击针的能量。当长齿和击锤上齿即将脱离时,发火装置成待发状态;当继续拉火柄时,拨动子长齿与击锤上齿脱离,此时,击锤簧迅速伸张,通过下套管、滑杆使击锤下部猛烈向前转动,当下套管、滑杆相继被机体垂直孔底部的圆形、突台承托向下到位时,击锤借惯性继续向前转动撞击击针和击针座,压缩回针簧,使击针尖突出击针机体击发底火。

击发后,击针座和击针在回针簧作用下向后,并抵击锤下部向后使之恢复原位,松开拉火柄后,击锤簧向上伸张,推上套管向上带动拨动子向后转动,使拨动子和拉火柄恢复原位,拨动子的长齿与击锤上齿又重新扣合,恢复成平时状态。

5.1.3.3　击发装置外形尺寸的确定

击针(或击针机盖)在膛内的外形尺寸主要根据迫击炮弹的尾管外径 d_0 和尾管底面到尾翼后切面的距离 h_0(图 5-14)确定。此外,考虑到迫击炮在发射后会有少量药包残渣留在膛底,为了不影响击发,要求击针机盖的高度尺寸 h 应适当大于 h_0。

确定击针(或击针机盖)在膛内的外形尺寸应满足以下要求:击针机盖的外径 $d \leqslant d_0 - 2\text{mm}$,击针机盖的高度 $h \geqslant h_0 + (2 \sim 3)\text{mm}$。

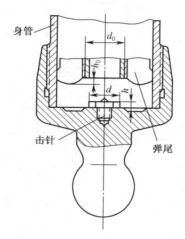

图 5-14　击针(或击针机盖)在膛内的外形尺寸

5.1.3.4　击针尖的形状与击针突出量

在击发能量一定的情况下,击针头部的形状和击针突出量是影响底火击发的重要因素。为了可靠地击发底火,迫击炮的击针突出量一般按以下范围选取:迫发 1.8~2.7mm,拉发 2.2~2.8mm。

击针头部通常为半球形,其球半径一般为 2.5mm。现将几种迫击炮的击针突出量和击针头部球半径 R 值列于表 5-2。

表 5-2　几种迫击炮的击针突出量和击针头部球半径 R 值

火炮		63式60mm迫击炮	53式82mm迫击炮	67式82mm迫击炮	71式100mm迫击炮	55式120mm迫击炮	64式120mm迫击炮	56式160mm迫击炮
击针头部球半径/mm		1	2.5	2.5	2.5	2.5	2.5	1.75
击针突出量/mm	迫发	1.95	2.5	1.9	1.9~2.5	1.77~2.7	1.77~2.7	—
	拉发	—	—	2.25~2.65	2.2~2.7	2.2~2.7	2.2~2.7	2.44~2.84

5.1.3.5 击针机的闭气问题

对拉发机构来说,由于发射时高温、高压火药气体可经击发装置的间隙进入击针机内部,从而会使击针机零件产生烧蚀。此外,还会有未燃尽的药渣和灰渣进入击针机内,这些残渣随着射弹数的增加会越积越多,最后可能导致击针机运动的失灵。因此,迫击炮击针机结构要采取一定的闭气措施。目前,对于中口径的低膛压迫击炮,主要是通过减小击针和击针机盖孔的配合间隙来减少进入击针机内的火药气体量。另一种闭气方式是在击针的后部增加锥面结构(图 5-12)。射击时,击针锥面在火药气体作用下与套筒锥面贴合,堵住火药气体流经击针与套筒之间的通道。对于大口径的高膛压迫击炮,上述两种闭气结构不能满足闭气要求,需采用薄壁胀胎闭气。图 5-15 所示为某 140mm 迫击炮的击针机结构。击针前端有一薄壁衬套,壁厚为 0.4mm。射击时,火药气体通过击针机盖上的几个斜孔进入衬套内。火药气体的压力使衬套胀大,与击针机盖紧密贴合,密闭火药气体。这种击针机能在高膛压(1000~1100MPa)下工作,无明显烧蚀。薄壁胀胎闭气的缺点是衬套壁太薄,制造和维护都不方便。

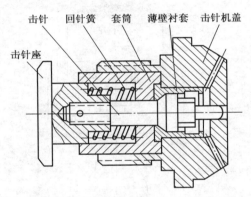

图 5-15　某 140mm 迫击炮的击针机结构

5.2　缓　冲　机

缓冲机是火炮的重要组成部分,其动作正常与否对火炮射击精度有着直接影响。

5.2.1　缓冲机的作用

迫击炮发射时,在后坐力的作用下,后坐体要沿炮膛轴线方向向后坐,而这个能量是很大的。当在松软土上做首次发射时,由于地面阻力小,迫击炮的后坐运动几乎接近于自由后坐状态,此时在力 p_{KH} 的作用下,后坐部分的加速度最大值可达重力加速度 g 的几百倍。因此,作用在各运动零件上的惯性力也就很大。这样大的负荷如果直接作用于结构单薄的迫击炮炮架和瞄准装置上是根本不允许的。如果后坐体与炮架的连接方式不同,则产生的结果不一样,如图 5-16 所示。

图 5-16(a):没有缓冲机,炮身与炮架为刚性连接。射击时,炮身后坐同时带动炮架后坐,后坐力对炮架的直接作用势必使炮架遭到破坏。同时,炮身后坐拉动炮架向后回

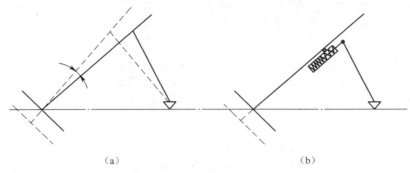

　　　　　　（a）　　　　　　　　　　　　（b）

图 5-16　缓冲机作用原理

转,使炮身射角在炮弹未出炮口前发生了改变,从而增大射弹散布。

　　图 5-16(b):炮身与炮架通过缓冲机成弹性连接。射击时,缓冲机管与机杆之间可发生相对运动,使炮身能沿着原炮膛轴线方向后坐而保持射角不变,从而减小了射弹散布。

　　所以,缓冲机的主要作用有三个:

　　(1) 由于炮身与炮架可发生相对运动,在炮弹飞出炮口以前,保证炮身能沿着炮膛轴线方向后坐而保持射角不变,以减小射角散布,提高射击精度。

　　(2) 作为后坐、复进的缓冲之用,使炮身、炮架不产生刚性冲击,减小发射时作用在炮架和瞄准具上的负荷。

　　(3) 发射后,保证炮身、炮架能静止在一个确定的相对位置上。复进到位,架腿经过几次振动静止下来后,缓冲机杆相对于缓冲机管有一个确定的平稳位置,以提高射击密集度和发射速度。

5.2.2　对缓冲机的要求

　　对缓冲机主要有以下几点要求:

　　(1) 良好的缓冲性能。

　　① 在后坐与复进时,缓冲簧的缓冲性能要好,不能使炮架受过大的冲击力。为此,缓冲簧的预压不宜过大。

　　② 射击时(尤其是后坐时),缓冲簧要有足够的可压缩长度(即足够的行程),以保证在后坐结束前炮身和炮架的弹性连接。

　　(2) 射击前后,不应随意改变炮身、炮架的相对位置,以免引起射角的改变,从而降低射击精度,甚至破坏第二发的缓冲动作。即缓冲机不应有"随遇平衡"现象。

　　(3) 结构简单、紧凑、隐蔽,制造工艺性好。

　　(4) 良好的勤务使用性能,如结构要能防尘和便于擦拭,分解、结合要方便。

5.2.3　单管和双管缓冲机的特点

　　单管和双管缓冲机,是以缓冲机中缓冲杆或缓冲筒的个数来区分的。只有一根缓冲杆的缓冲机称为单管缓冲机,有两根缓冲杆的缓冲机称为双管缓冲机。

较老式的各种迫击炮一般都采用双管缓冲机。我国新设计的各种中、小口径迫击炮一般都采用单管缓冲机。单管缓冲机与双管缓冲机比较有以下优点：

（1）方向精度较好。对于双管缓冲机，必须保证两个缓冲筒保持平行，左右缓冲簧的簧力和刚度一致，否则当火炮后坐时，由于两个缓冲筒内的簧力不一致，会影响炮弹的方向散布精度。单管缓冲机不存在这个问题。

（2）结构简单，重量较轻。

（3）制造工艺性较好。

单管缓冲机与双管缓冲机比较有以下缺点：

（1）由于单管缓冲机一般都布置在身管的下方或上方，双管缓冲机布置在身管的两侧，因此，采用单管缓冲机结构，其方向螺杆轴线到炮膛轴线的距离较大。

（2）对于单管缓冲机，为了限制方向架相对炮身转动，通常是在方向架上安装滚轮，对炮身起辅助支承作用。这增加了使用中调整滚轮的麻烦。

大口径迫击炮，因为一般有缓冲机框架，所以用双管缓冲机较合适。

5.2.4 缓冲行程的确定

确定缓冲行程的原则是，保证迫击炮在松软土上射击时，缓冲簧各圈之间不压死，对两脚架不产生刚性撞击。迫击炮射击时的实际缓冲行程接近于座钣的下沉量。下沉量较大的，缓冲行程也应较大。影响座钣下沉量的因素是多方面的，如座钣的支撑面积、座钣的结构形式、炮口动量、火炮的后坐部分重量等。确定缓冲行程时应综合考虑这些因素的影响。

根据经验，迫击炮的后坐缓冲行程 $\lambda = (1 \sim 2)d$，d 为口径；复进缓冲行程 $\lambda_m = (0.25 \sim 0.45)d$。

5.2.5 常见缓冲机的结构特点与工作原理

缓冲机的种类比较多。按照缓冲机在迫击炮上的布置可分为独立式和套筒式两种，独立式缓冲机又可分为筒后坐式、杆后坐式、长杆式、短杆式等。按照弹簧数量又可分为单簧式、双簧式甚至三簧式。下面将介绍实际装备中常用的几种缓冲机的结构特点和工作原理。

5.2.5.1 短杆双簧式缓冲机

1）结构特点

缓冲机的机管与炮箍相连，射击时与炮身一起运动。缓冲机杆的上端连接托架，杆的下端有一定心部，可沿筒的内壁运动。长缓冲簧在定心部的上方，套在缓冲杆上；短缓冲簧在定心部的下面。

这种缓冲机的机管与缓冲杆的轴向相对位置由前后两个弹簧的支撑力确定。

发射时，炮身带动机管后坐，在双脚架不动时，缓冲杆也不动，因而放松短缓冲簧，压缩长缓冲簧起缓冲作用。炮弹出炮口后，缓冲机杆与架腿也稍后坐。复进反跳时，长缓冲簧伸张，当炮身机管快恢复到位时，短缓冲簧受到压缩起复进缓冲作用。

它的优点是：结构简单、紧凑；复进时，短缓冲簧从自由长度开始压缩，弹力由零开始，因此复进缓冲动作较平稳。

缺点是:由于长、短缓冲簧处于自由压缩状态,发射前缓冲机杆相对于缓冲机管平衡位置受外加轴向力变化的影响,结构上不能消除随遇平衡;缓冲机杆支持部分短,而且随后坐缓冲行程的增加而减短,使支撑缓冲杆的反力增大,机杆与机管之间的摩擦力增大;机管内壁是缓冲杆定心部的导向面,加工要求高。

2)随遇平衡问题

如上所述,这种缓冲机的构造比较简单、紧凑,尤其后坐时完全放松了短缓冲簧,故复进缓冲性能较好。其主要特点是,射击时机管和机杆不能停留在一个确定的相对位置上,即存在着"随遇平衡"现象,这在一定程度上影响到射击的速度和精度,严重时会使弹簧的工作行程缩短,射击时使炮架受到刚性冲击。

(1)作用在缓冲机杆上的力及其图解。

射击前后,当外界振动消失以后,火炮本身有如下各力作用在缓冲机杆上,如图 5-17 所示。

为了研究上述各力对机杆的作用效果,取横坐标为机杆定心部的行程,纵坐标表示在某一位置上相应各作用力的值。

从零件位置关系看,机杆越往上方,短缓冲簧推力越小,长缓冲簧推力越大,而且两者作用方向相反。根据弹簧力随压缩距离的直线规律,可用两条交错的斜直线 $O_1\Pi_{长}$ 和 $O_2\Pi_{短}$ 表示它们的力随定心部运动到各位置上的变化情况。定心部运动到某点时,长、短缓冲簧的作用力为斜线 $O_1\Pi_{长}$、$O_2\Pi_{短}$ 在该点的纵坐标值。

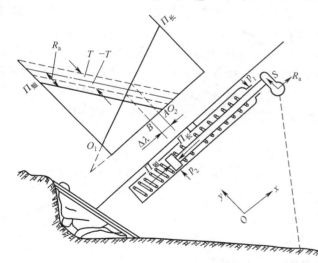

$\Pi_{长}$:长缓冲簧对机杆的下推力;

$\Pi_{短}$:短缓冲簧对机杆的上推力;

R_a:架腿给机杆的轴向支撑力;

S:架腿给机杆的垂直支撑力;

$T=fp_1+fp_2$:机管与机杆定心部间的动摩擦阻力。

图 5-17　射击前作用在缓冲机杆上的力及其图解

只要高低螺杆与炮身轴线的夹角小于 90°,根据力的分解法则,不论定心部在哪个位置,架腿给机杆的轴向分力 R_a 始终向上拉机杆。在一定的射角上,R_a 是一个常数,由于它的作用方向与短缓冲簧一致,将它与短缓冲簧作用力线 $O_2\Pi_{短}$ 叠加,从 $O_2\Pi_{短}$ 到 R_a 斜线的纵坐标表示 R_a 的值。

动摩擦力 T 只有当机杆企图运动时,才表现出它的阻碍作用,当机杆向下运动时,T 向上,与 R_a 一致,故在 R_a 斜线上方用一条"$+T$"线表示,由 T 线到 R_a 线的纵坐标表示 T 的值。反之,机杆向上运动时,T 向下,与 R_a 方向相反,用 R_a 下方的"$-T$"线表示。在一定的射角上,不论机杆在哪个位置,T 也几乎是一个常数。

(2)缓冲机运动平衡的条件及随遇平衡间隔($\Delta\lambda$)的产生。

为了试验机杆在运动前后(射击前后)与机管的相对位置是否改变,先向上拉机杆,然后慢慢放手,使其由上而下逐渐趋于静止,此时,机杆运动平衡的条件为

$$\Pi_{\text{长}} = \Pi_{\text{短}} + R_a + T$$

其中,$\Pi_{\text{长}}$ 为运动的驱动力;$\Pi_{\text{短}}$、R_a、T 为运动阻力。

从图 5-17 可知,定心部在 A 点符合以上平衡条件,因而当机杆定心部运动到 A 点时即停止下来。

反之,下压机杆放手后,由下而上趋于平衡的条件为

$$\Pi_{\text{顿}} + R_a = \Pi_{\text{长}} + T \text{ 或 } \Pi_{\text{长}} = \Pi_{\text{短}} + R_a - T$$

图 5-17 上的 B 点符合此条件,故在 B 点处定心部停止了。

在实际射击时,机杆还有运动的惯性,当定心部运动到 AB 两点间的任意一点 G 时,如果惯性消失,那么就会在 G 点停止下来,这是因为在 G 点,定心部既不具备继续向上运动的条件,即

$$\Pi_{\text{短}} + R_a \leq \Pi_{\text{长}} + T$$

也不具备向下运动的条件,即

$$\Pi_{\text{长}} \leq \Pi_{\text{短}} + R_a + T$$

也就是说,在 AB 间隔内任何一点的运动合力都小于摩擦阻力 T,机杆处于"随遇平衡"状态。所以我们将 AB 称为随遇平衡间隔 $\Delta\lambda$。

从射击时的情况来看,由于火炮的振动和炮身、炮架的运动惯性作用,实际上在复进的最后阶段,机杆与机管是在一定范围内发生往复的相对运动,直至动能被摩擦功完全消耗为止。所以,机杆最后一个动作的方向和运动速度的大小不是完全确定的。有了随遇平衡间隔后,每一发弹射击时,机杆停止的位置就不能确定,可能在 $\Delta\lambda$ 内任意一点上,这样就出现了随遇平衡现象。

(3)随遇平衡间隔 $\Delta\lambda$ 对射角的影响。

产生随遇平衡后,后坐部分与架腿的相对位置就可在一不定期范围内变化,从而引起炮身射角在一定范围 $\Delta\varphi$ 内随机改变。

$\Delta\varphi$ 可由图 5-18 的几何关系求得。

由图 5-18 中曲线三角形 ABA' 可得

$$\tan\alpha \approx \frac{AB}{A'B}$$

而 $AB = \Delta\lambda$,$A'B = NN' = L_a \cdot \Delta\varphi$,则

故

$$\tan\alpha \approx \frac{\Delta\lambda}{L_a \cdot \Delta\varphi}$$

$$\Delta\varphi = \frac{\Delta\lambda}{L_a \cdot \tan\alpha}$$

由上式可以看出:$\Delta\varphi$ 与 $\Delta\lambda$ 成正比,与 $L_a \cdot \tan\alpha$ 成反比。

例如,某 82mm 迫击炮,当射角为最小射角 45° 时,$\Delta\lambda = 12\text{mm}$,$\alpha = 67°$,$L_a = 955\text{mm}$,则

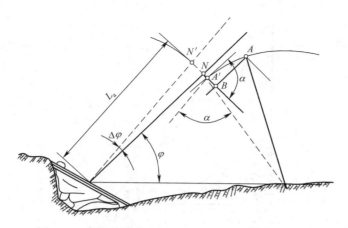

图 5-18　随遇平衡间隔 $\Delta\lambda$ 与射角改变量 $\Delta\varphi$ 的关系

$AB=\Delta\lambda$—随遇平衡间隔；L_a—方向螺杆轴线与炮杆之间的距离；

α—炮膛轴线与高低螺杆之间的夹角；φ—火炮射角；$\Delta\varphi$—射角改变量；

A—方向螺杆轴线在托架处随遇平衡的上限位置；A'—方向螺杆轴线在托架处随遇平衡的下限位置；

N—当方向螺杆轴线在 A 点时的炮膛轴线位置；N'—当方向螺杆轴线在 A' 点时的炮膛轴线位置。

随遇平衡引起的射角变化范围为

$$\Delta\varphi = \frac{12}{955 \cdot \tan 67°} = 0.0052\text{rad} = 0 - 05$$

故在射击时必然引起较大的射弹散布。

3）缓冲机动作不良的故障分析

以上我们分析了缓冲机产生随遇平衡的原因，明确了随遇平衡对火炮射击密集度的影响。因此在检查修理中，常常以随遇平衡间隔的大小作为衡量缓冲机动作是否良好的依据。那么，随遇平衡间隔与什么因素有关呢？我们在维修中应该如何减小随遇平衡间隔，以保证缓冲机动作正常呢？下面将结合具体火炮进一步讨论。

从图 5-19 可知：

$$a = \Delta\lambda \cdot \tan\alpha_{长}$$
$$b = \Delta\lambda \cdot \tan\alpha_{短}$$
$$a + b = 2T = \Delta\lambda \cdot \tan\alpha_{长} + \Delta\lambda \cdot \tan\alpha_{短} = \Delta\lambda(\tan\alpha_{长} + \tan\alpha_{短})$$

故

$$\Delta\lambda = \frac{2T}{\tan\alpha_{长} + \tan\alpha_{短}}$$

上式表明，随遇平衡间隔 $\Delta\lambda$ 的大小取决于摩擦阻力 T 和长、短缓冲簧的刚度系数，如摩擦阻力 T 增大或缓冲簧的刚度减弱，则 $\Delta\lambda$ 就会增大。

$\tan\alpha_{长}$ 和 $\tan\alpha_{短}$ 分别表示长、短缓冲簧的刚度系数（即压缩单位长度的弹力），由弹簧直径、钢丝直径和有效圈数等结构所决定，可以认为是个常量。因此，$\Delta\lambda$ 的大小主要取决于摩擦阻力 T。

在修理技术规程上，82mm 迫击炮 $\Delta\lambda$ 的极限值规定为 12mm，超过此值则认为缓冲机动作不正常，应排除故障。

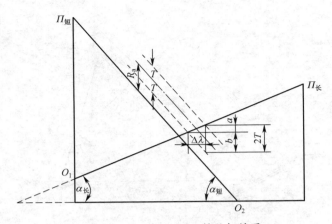

图 5-19　$\Delta\lambda$ 与 T、$\tan\alpha$ 的几何关系

根据上面的分析,排除故障时,主要应从降低摩擦阻力 T 着手,如改善润滑条件,矫正机杆的弯曲变形,清除毛刺划痕和机管的压坑等。

检查时,$\Delta\lambda$ 的数值虽未超过 12mm,但在分解状态下检查时,长、短缓冲簧的自由高度已小于允许尺寸,都应更换或修理弹簧。因为自由高度下降,会使机杆的平衡位置上移或下移,这就缩短了机杆的工作行程,引起缓冲机动作不可靠。

4）新型短杆双簧式缓冲机

如图 5-20 所示,它的缓冲杆与炮箍连接,射击时随炮身运动(简称杆后坐)。复进缓冲簧被固定压缩在缓冲筒内,可以消除随遇平衡。由于后坐时只有后坐缓冲簧起作用,复进时只有复进缓冲簧起作用,所以,为满足缓冲行程要求,其结构较长。有时为了减小结构长度,只好压缩复进缓冲行程,增大复进簧的初压力和刚度,使复进缓冲不够平稳。

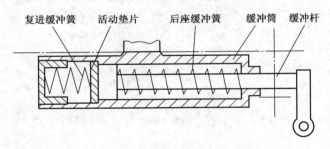

图 5-20　带有固定压缩的短杆双簧式缓冲机

某 60mm 迫击炮的缓冲机(图 5-21)采用了不同的结构。它是杆后坐的,后坐缓冲簧和复进缓冲簧均为固定压缩,可以消除随遇平衡。后坐时只有后坐缓冲簧受压缩,复进缓冲簧不变。结构能保证当活塞筒的端面与橡皮垫接触时后坐缓冲簧还有压缩余量,通过橡皮缓冲可以避免刚性撞击。复进时,后坐和复进缓冲簧并联工作。活塞筒的内腔是一个密闭的气缸,复进时由于筒内的空气被压缩起缓冲作用,可以避免复进时的刚性撞击。该结构比较紧凑(后坐和复进缓冲簧并联布置),在满足缓冲行程的条件下,缓冲机的长度较短;缺点是结构比较复杂。

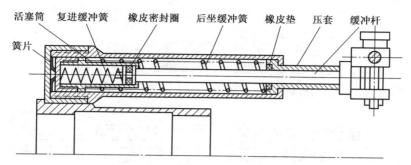

活塞筒　复进缓冲簧　橡皮密封圈　后坐缓冲簧　橡皮垫　压套　缓冲杆

簧片

图 5-21　某 60mm 迫击炮新型短杆双簧式缓冲机

5.2.5.2　长杆短簧固定压缩式缓冲机

长杆短簧固定压缩式缓冲机可以分为双簧串联型和三簧串联型两种形式。

1) 结构特点

(1) 双簧串联型(图 5-22)。

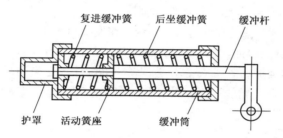

复进缓冲簧　后坐缓冲簧　缓冲杆

护罩　活动簧座　缓冲筒

图 5-22　双簧串联型长杆短簧固定压缩式缓冲机

其结构特点是缓冲机的短缓冲簧有较大的刚度,并被前、后压环所限制,不能自由伸张。后坐时炮身带动机管后坐先压缩长缓冲簧,当长缓冲簧簧力超过短缓冲簧预压力后,同时压缩长、短缓冲簧起后坐缓冲作用。当炮弹出炮口后,机杆和架腿便开始后坐。复进时,长、短缓冲簧同时伸张,待长缓冲簧恢复原来状态后,机管带动后压环压缩短缓冲簧起缓冲作用,直到最后把机杆、架腿推到原位。

这种缓冲机的优点是:当短缓冲簧有足够预压时,可以消除随遇平衡;缓冲机杆支持部分长,机杆与机管之间的摩擦力小;复进缓冲行程较短,有利于提高射速。

缺点是:短缓冲簧预压力大,复进缓冲动作不够平稳。

(2) 三簧串联型。

它结构原理和优缺点与"双簧串联型"的相似。不同点是,在缓冲机管的前端装有碟形弹簧。迫击炮上采用过的三簧串联型缓冲机有两种结构形式:图 5-23(a)所示为某 120mm 迫击炮缓冲机(它用 28 片碟形弹簧装在缓冲杆的前端);图 5-23(b)所示为某 100mm 迫击炮缓冲机(它用 37 片碟形弹簧装在缓冲杆的后端)。

后坐时缓冲机管随炮身一起后坐,先压缩长缓冲簧,当长、短缓冲簧簧力相等后,压缩串联的长、短缓冲簧,起后坐缓冲作用。当缓冲行程很大,超过 190mm 时,长、短缓冲簧各圈钢丝彼此贴合,则进一步压缩碟形弹簧,避免后坐部分对炮架的刚性撞击,以减小对炮架的作用力。

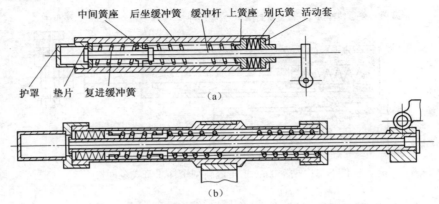

中间簧座　后坐缓冲簧　缓冲杆　上簧座　别氏簧　活动套

护罩　垫片　复进缓冲簧

(a)

(b)

图 5-23　三簧串联型长杆短簧固定压缩式缓冲机

复进时,缓冲簧和碟形弹簧伸张,当短缓冲簧、碟形弹簧被压缩在前压环与簧座圈之间,长缓冲簧继续伸张,缓和对炮架的冲击。但当复进反跳过于猛烈,复进量超过 45mm时,压缩碟形弹簧,避免后坐部分对炮架的撞击。

这种缓冲机的主要特点是增加了碟形弹簧,在发射过程中,当发生过大的后坐或复进运动时,由于碟形弹簧的缓冲作用,可以减轻对炮架的作用力。但由于碟形弹簧的片数比较多,给生产、装配和维护保养带来了不便。缓冲机设计首先应满足火炮对缓冲行程的要求,要保证在最不利的条件下射击时对炮架不产生刚性撞击。增加碟形弹簧只是一种辅助措施,尽量不采用。

2) 随遇平衡问题

(1) 随遇平衡的消除。

长杆短簧固定压缩式缓冲机的结构特点是将短缓冲簧固定压缩于前、后压环之间,不能自由伸张,并且预压力远超过长缓冲簧的预压力。与此同时,且使长缓冲簧的预压力 $\Pi_{0长}$ 大于 R_a 与 T 之和,即 $\Pi_{0长} > R_a + T$,以保证在结构上能清除 $\Delta\lambda$。

如图 5-24 所示,稍上拉机杆慢慢放手后,在长缓冲簧 $\Pi_长$ 的作用下,克服了阻力 T 和 R_a,使机杆回到 O 点。

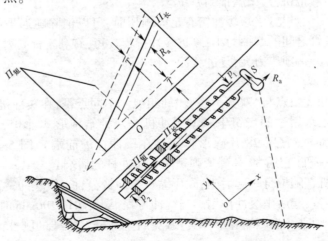

图 5-24　长杆短簧固定压缩式缓冲机随遇平衡的消除

当下压机杆放手后,此时由于短缓冲簧的进一步压缩,加上与 R_a 的作用方向一致(即保证了 $\Pi_{O短}+R_a>\Pi_{O长}+T$),在其共同作用下,克服了大弹簧簧力 $\Pi_{O长}$ 和 T ,仍将机杆推到 O 点,这样就使机杆与机管的相对位置保持不变,从而消除了随遇平衡间隔。

(2) $\Delta\lambda$ 产生的原因及动作不良的故障分析。

现代迫击炮缓冲机虽然从结构上分析能消除随遇平衡现象,但在实际火炮上还常常会出现 $\Delta\lambda$,甚至有时还相当大,如某 100mm 迫击炮。主要原因如下:

① 条件 $\Pi_{O长}>R_a+T$ 被破坏。

从以上分析我们知道,缓冲机杆由上而下趋于平衡时,是在长缓冲簧簧力作用下克服阻力 R_a 和 T ,把机杆推向 O 点的。也可以说是,在合力 $\Pi_{O长}-R_a$ 的作用下克服了摩擦阻力 T ,而使机杆停于 O 点的。如果以上条件遭到破坏,就会造成不能把机杆推到 O 点,而在 O 点上方某点停下,出现随遇平衡间隙。这可能是由于:

a. 长缓冲簧弹性减弱,使 $\Pi_{O长}$ 减小。

b. 摩擦阻力 T 增大。

c. R_a 值增大。R_a 的大小是随着火炮射角的不同而变化的。射角越大,架腿作用在机杆上的轴向分力 R_a 就越大。对于某 100mm 迫击炮来说,由于后坐部分重量较大,故射角改变时对 R_a 值的影响较大,尤其是在高射角时,对 $\Delta\lambda$ 有明显的影响。但这不能作为故障,不过在技术检查时必须在射角 $\varphi=45°$ 的情况下检查缓冲机动作,否则会得出 $\Delta\lambda$ 过大的错误结论。

② 条件 $\Pi_{O短}+R_a>\Pi_{O长}+T$ 被破坏。

同理,缓冲机杆由下而上趋于平衡时,是在合力 $\Pi_{O短}+R_a$ 的作用下克服阻力 $\Pi_{O长}+T$,把机杆推向 O 点的。如果以上条件遭到破坏,也就不能把机杆推到 O 点,而是在 O 点下方某点停下,出现随遇平衡间隔。这可能是由于:

a. 短缓冲簧簧力减弱,使 $\Pi_{O短}$ 减小;

b. 摩擦阻力 T 增大。

通过以上对长杆短簧固定压缩式缓冲机动作不良的故障分析,可以归纳出以下几点:

(1) 此种类型缓冲机虽然从结构上看能保证消除 $\Delta\lambda$,但随着射角 φ 的增大,引起 R 值的增大,以及当润滑情况和缓冲簧自由高度发生变化时,在实际火炮上仍会出现 $\Delta\lambda$ 。因此,在检查修理中仍规定了 $\Delta\lambda$ 有一定的允许范围。

(2) 摩擦阻力 T 的增大,仍然是影响 $\Delta\lambda$ 的主要因素,因而在排除故障时,还应首先从减小 T 着手。

(3) 缓冲簧的自由高度下降,不仅会缩短后坐、复进的有效工作行程,而且还会增大 $\Delta\lambda$,因此,仍然要注意两缓冲簧的自由高度不应小于其极限尺寸。

5.2.5.3　单簧式缓冲机

图 5-25 所示为美制 T62 式 81mm 迫击炮缓冲机结构。它是杆后坐的,只有一根缓冲簧,起后坐缓冲作用。后坐时,缓冲杆拉活塞皮碗向后运动,缓冲筒内压力降低,外部的空气经过橡胶缓冲垫上的小孔进入缓冲筒内;复进时活塞皮碗向前运动压缩筒内的空气,随着筒内空气压力的增加,橡胶缓冲垫被挤压变形,使得小孔的孔径变小。复进速度增加,压缩空气的阻力也增加,压缩空气和橡胶缓冲垫共同起复进缓冲作用。

某 140mm 迫击炮采用的是长杆单簧式缓冲机,如图 5-26 所示。它是筒后坐的,只有

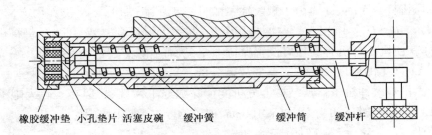

橡胶缓冲垫　小孔垫片　活塞皮碗　缓冲簧　　　　　缓冲筒　　缓冲杆

图 5-25　美制 T62 某 81mm 迫击炮缓冲机结构

一根长簧被固定压缩在缓冲筒内,后坐和复进都起作用,可以消除随遇平衡。该结构简单,有良好的防尘性能。缓冲机设计一般是希望复进缓冲簧的刚度适当大于后坐缓冲簧的刚度。后坐缓冲簧刚度较小,是为了使后坐缓冲平稳,以利于提高射弹散布精度;复进缓冲簧刚度较大,是为了减小复进时对炮架的撞击和减小缓冲机的长度尺寸。用一根簧兼作后坐和复进缓冲作用,上述矛盾不好统一。

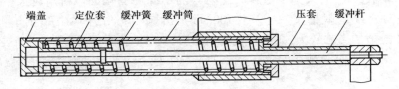

端盖　定位套　缓冲簧　缓冲筒　　　　　压套　　缓冲杆

图 5-26　某 140mm 迫击炮长杆单簧式缓冲机结构

5.2.5.4　套筒式缓冲机

如图 5-27 所示,其结构特点是缓冲机安装在身管上,缓冲簧通过上、下滑套,被预压

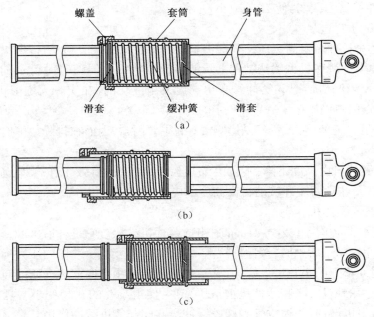

螺盖　　套筒　　身管

滑套　　缓冲簧　滑套

(a)

(b)

(c)

图 5-27　套筒式缓冲机

(a)缓冲机平衡状态;(b)后坐时缓冲机动作;(c)复进时缓冲机动作。

在身管的中、下环形凸台和螺盖凸台、套筒内下部环形凸台之间。后坐时,炮身通过其中部的环形凸台压缩缓冲机的上滑套,压缩缓冲簧于身管的中环形凸台(上滑套)与套筒内下部环形凸台之间,从而缓和炮身对炮架的冲击和振动。复进时,缓冲簧先伸张,当身管下环形凸台和下滑套相抵后,通过身管的下环形凸台压下滑套,压缩缓冲簧于上滑套与身管下环形凸台(下滑套)之间,从而缓和对炮架的冲击。

这种缓冲机的优点是:结构简单、动作可靠、操作方便;缓冲簧的作用力及后坐部分的重心均在身管中心线上,有利于提高火炮的射击稳定性和射击精度;不存在随遇平衡问题。

缺点是:后坐时,希望缓冲行程长一些,则要求弹簧刚度小;复进时希望缓冲行程短一些,则要求弹簧刚度大,而用一根弹簧是很难统一此矛盾的。

5.3　炮　　架

炮架用于支撑迫击炮炮身,并与瞄准装置配合,赋予火炮所需的射角和射向。炮架的结构和尺寸对于迫击炮的稳定射击意义重大。现役迫击炮炮架一般采用两脚架形式,由带炮箍的方向机、高低机、架腿及水平调整机等组成。

5.3.1　架腿

5.3.1.1　结构

架腿(图 5-28)为迫击炮的前支点,其上安装有水平调整机。左右架腿均由架腿管、转动叉、脚盘及脚爪等焊接而成。转动叉通过叉轴和高低机连接,能绕叉轴转动一定角度,可在一定范围内打开或收拢架腿。架腿管中部与高低机外筒间安装有水平调整机,架腿杆下部脚盘可防止炮架下陷,脚爪在架炮时插进土内,防止炮架移动。

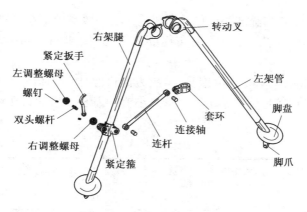

图 5-28　架腿及水平调整机

5.3.1.2　架腿主要尺寸结构的确定

图 5-29 中 A 点为驻臼中心,A、B、C 三个点构成三角形,三角形中 BC 边长即架腿的高度。

B 点位置是炮架与缓冲机连接的位置,也是方向螺杆轴线位置。显然,B 点离炮口越近,火炮的支承越稳定,由炮架各部分的间隙引起的炮身摆动越小,这对提高炮弹的散布精度有利,但是炮架外形尺寸和炮架重量都将增加。相反,B 点离炮口越远,火炮支承稳定性越差,由炮架各部分的间隙引起的炮身摆动越大,对提高射击精度不利。

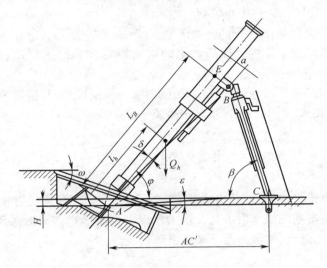

图 5-29　双脚架式迫击炮的总体布置图

B 点的上限位置应满足 B 点至炮口端面的距离大于火炮的后坐行程长,以保证火炮后坐时方向架不超出炮口端面,防止炮弹出炮口时,火药气体直接喷向瞄准装置和方向架。B 点的下限位置应保证火炮具有良好的支承稳定性。根据经验,要求 $L_B > 1.5l_h$。其中 L_B 是 B 点至驻臼中心 A 的距离在炮膛轴线方向的投影长度,l_h 是起落部分的重心到驻臼中心 A 的距离。

此外,B 点的位置应与瞄准手操作习惯相适应。一般瞄准手在立姿瞄准时,要求目镜离地高在 900~1300mm 范围;瞄准手在跪姿瞄准时,要求目镜离地高在 550~650mm 范围。

B 点至炮膛轴线的距离 a 是由炮身外径,方向机缓冲机等结构尺寸确定的。为了使炮架的结构紧凑,应在满足装配要求下尽量减小值。表 5-3 所列为几种迫击炮的 a、L_B 和 l_h 值。

表 5-3　几种迫击炮的 a、L_B 和 l_h 值

火炮	某 60mm 迫击炮	某 82mm 迫击炮	某 100mm 迫击炮	某 120mm 迫击炮
a/mm	54	97	118	125
L_B/mm	470	928	1263	1395
l_h/mm	312	620	743	810

两脚架跨距 AC' 是脚架支承点 C 到驻臼中心 A 的距离在水平面上的投影。显然 C 点离驻臼中心越远,火炮稳定性越好,反之则越差。AC' 主要是根据 β 角的大小来确定。β

是指火炮在支承状态时,架脚 BC 与水平面的夹角。

根据经验,迫击炮在 β 角小于 $50°$ 的情况下射击,后坐时炮架容易离地;迫击炮在 β 角大于 $80°$ 的情况下射击,复进时炮架容易向前倾倒。

在考虑了上述因素的影响后,可选取: $AC' = (0.9 \sim 1.3)L_B$, $\beta = 50° \sim 70°$。

5.3.2　方向机

迫击炮的方向机是通过缓冲机与炮身连接的。摇动方向机时,通过方向架带动炮身左右运动。

5.3.2.1　典型结构

1)简单螺杆式方向机(图 5-30)

它采用简单的螺杆与螺母啮合,方向接头与方向螺母是铸为一体的。操作时螺母不动,螺杆转动使方向架带动炮身左右移动。调整螺母用于调整螺杆与螺母之间的轴向间隙,减小机构的轴向窜动和手柄空回量。这种结构的优点是结构简单。缺点是:螺杆的螺纹外漏,防尘性不好,不便于擦拭;方向螺杆与螺母相配合的螺纹副直接承受起落部分对炮架作用的力,螺纹部分的受力较大,磨损较快,且磨损不均匀(中间一段磨损严重),以致靠调整螺母无法调整;在使用中发现,当摇到左右极端位置时,会出现螺杆与螺母啮死现象。

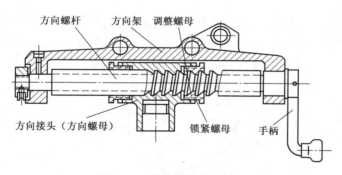

图 5-30　简单螺杆式方向机

2)深孔螺筒式方向机(图 5-31)

它的结构特点是方向螺筒内孔全部加工出内螺纹,方向螺杆上只加工有一段外螺纹。这可使方向螺杆的外露部分全是光杆,解决了防尘问题。方向螺筒与方向接头用螺纹固定连接,摇动方向机时是静止不动的。手柄直接与方向螺杆连接,操作时方向机螺杆转动并带动方向架左右移动。调整螺母与方向螺杆有端面齿啮合,使调整螺母与方向螺杆一起转动。调整螺母的端面有四对齿,方向螺杆的端面只有一对齿。因此,在装配时,通过改变、调整螺母的端面齿与螺杆端面齿啮合的相对位置,可以调整方向螺杆在方向螺筒内的轴向窜动间隙。调整螺母与方向螺杆之间装有弹簧,可以减小在操作过程中方向螺杆的轴向窜动。这种结构的优点是:方向螺杆的螺纹不外露,便于防尘和擦拭,结构比较简单。缺点是:当方向机摇到左极端位置时,由于方向螺杆在螺筒中的定位长度较短,使传动不够灵活,从而使手轮力增加,炮身晃动;弹簧力要大到要足以克服摩擦力(推动炮身和方向架向一侧运动),否则起不到排除空回作用。显然,这会使手轮力增加,磨损加剧。

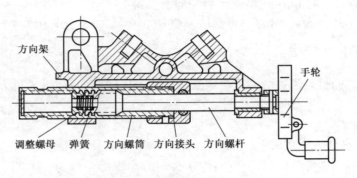

图 5-31 深孔螺筒式方向机

3) 三层套结构方向机(图 5-32)

三层套结构方向机的特点是方向螺杆全行程上都制成外螺纹,螺筒内孔只制有一段内螺纹,通过外筒(第三层套)保护方向螺杆螺纹不外露。这样既解决了防尘和擦拭问题,也使螺筒的加工工艺性有所改善。缺点是增加了一层套,使结构尺寸和重量都有所增加。

它的外筒与方向接头固定,方向螺筒与方向架固定,方向螺杆与手轮固定。摇动方向机时外筒不动,方向螺杆和手轮只做转动,没有移动。这种结构的方向机手轮力较小,操作灵活,运动平稳。其结构被现役大部分迫击炮所采用。

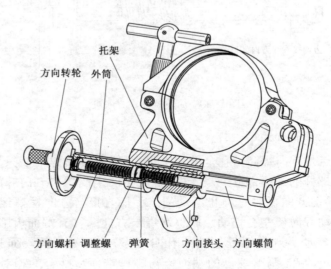

图 5-32 三层套结构方向机

美制 T62 式 81mm 迫击炮方向机采用了三层套结构,其结构较复杂。而且在方向螺筒与外筒之间增加有衬套和紧缩环,以减小接触面之间的磨损,便于调整间隙和更换磨损件。

128

对于大口径迫击炮来说,由于方向机需要承受较大的力量,其方向机多采用蜗轮或齿轮传动方式。

5.3.2.2　迫击炮的方向射界

迫击炮改变射向通常有两种方法,即摇动方向机和移动炮架。对于两脚架式的中、小口径迫击炮,因为炮重较轻,移动脚架容易,为了使炮架有较小的体积和较轻的重量,要求方向射界较小,一般为±(3°~4°)。对于大口径迫击炮,因为火炮较重,使用中炮架不能移动,因此要求方向射界较大,一般为±(12°~15°)。

迫击炮的方向射界是随射角变化的。如图5-33(a)所示,当方向螺杆 l_n 一定时,射角越大,则方向射界越大。因此,通常认为迫击炮的方向射界是指火炮在45°射角(或最小射角)情况下,摇动方向机所允许的方向角改变量。

当方向机行程一定时,B 点越靠近炮尾,方向射界越大,如图5-33(b)所示。因此,B 点靠近炮尾可以减小炮架的结构尺寸,但对火炮的稳定性不利。

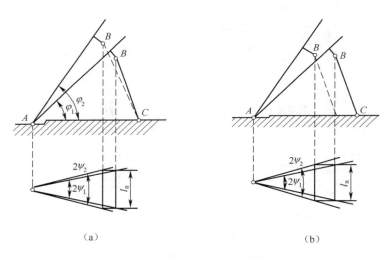

图5-33　射角和 B 点位置的改变对方向射界的影响

(a)$\varphi_2>\varphi_1$,$\Psi_2>\Psi_1$;(b)$AB>AB'$,$\Psi_2>\Psi_1$。

5.3.3　高低机

5.3.3.1　典型结构

图5-34所示为法国布朗德式60mm迫击炮的高低机结构。它的手柄直接与高低螺杆连接,高低机体与左、右脚管连接。摇动手柄时,高低螺杆只做转动,没有轴向移动,由螺筒升降改变高低射角。螺筒在高低机体内由衬套和紧缩环定位。紧缩环与高低机体之间的间隙可以通过旋松或旋紧螺母进行调整。弹簧的作用是防止螺筒下落到底时产生楔死。这种结构的优点是结构简单、低螺杆的螺纹不外露、防尘较好。缺点是手柄布置在高低机的正下方,操作位置较低且容易碰地,使用不方便。

图5-35所示为某60mm迫击炮的高低机结构。它增加了一对锥形齿轮,大齿轮与手

柄通过销连接,通过小锥齿轮带动高低螺母转动。手柄布置在迫击炮的正前方,便于操作。

图5-36所示为某82mm迫击炮的高低机结构。它的结构特点是大锥齿轮同时起到高低螺母的作用。操作时由大锥齿轮转动使高低螺杆升降。调整螺母用于调整螺杆与螺母之间的轴向间隙(调整以后,由锁紧螺母锁紧)。这种结构的优点是结构简单,手柄位于前上方,操作方便。缺点是高低螺杆的螺纹是外露的,不便于防尘和擦拭。

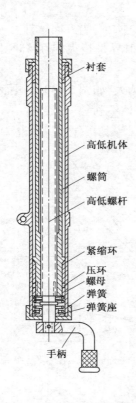

图5-34 法国布朗德式60mm
迫击炮的高低机结构

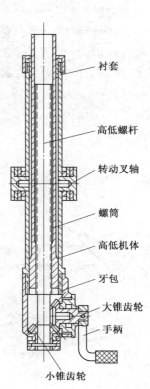

图5-35 某60mm迫击炮
的高低机结构

图5-37所示为某100mm迫击炮的高低机结构。其大锥齿轮的下端面有两个凸齿,凸齿插入螺筒端面的凹槽内,通过凸齿拨动螺筒转动。

5.3.3.2 改变射角的方法

对于两脚架式迫击炮,其高低射界一般为45°~80°。为了满足上述射界变化的要求,在迫击炮上常采用以下三种改变射角的方法(图5-38)。

(1)改变高低机螺杆伸出部分的长度,如图5-38(a)所示;

(2)改变炮箍在炮身上的箍紧位置,如图5-38(b)所示;

(3)改变炮架前后的位置,如图5-38(c)所示。

显然,高低机工作行程的确定应结合架腿长度和脚架支点位置综合考虑。考虑时除应满足高低射界的要求外,还应考虑迫击炮的稳定性。

由于迫击炮的高低射界较大(一般为 30°~40°),单独使用螺杆式高低机来满足高低射界的要求是困难的。这将要求螺杆较长,而为了保证螺杆有一定的强度和刚度,又要求螺杆较粗。这样,螺杆式高低机的结构就变得粗大笨重。同时,只用改变高低机螺杆伸出长度的方法来改变射角,势必要求高低螺杆的长度较长,这受到高低机下端离地高的限制(高低机下端离地太低,架炮时容易碰地)。一般要求小口径迫击炮高低机下端离地高应大于 50mm,大、中口径迫击炮应大于 100mm。可见,需有其他方法来辅助。

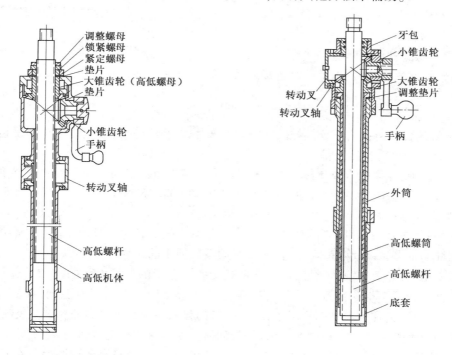

图 5-36　某 82mm 迫击炮的高低机结构　　　图 5-37　某 100mm 迫击炮的高低机结构

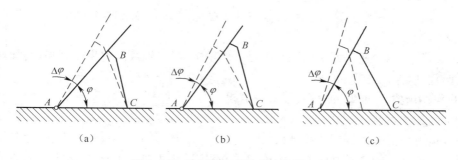

图 5-38　迫击炮改变射角的几种方法

由于上述原因,在进行总体布置时,通常是将上述三种方法组合使用。如在旧式的中口径迫击炮上,一般采用(a)、(b)的组合方式,炮箍在炮身上的位置可以任意改变。某 60mm 迫击炮为(a)、(c)组合方式;某 100mm 迫击炮为(a)、(b)、(c)的组合方式,炮箍可以在炮身上的两个固定的炮箍槽内变化。

在以上这些组合方式中,部队反映(a)、(c)组合方式较好。因为这种组合方式在使用中不需要改变炮箍位置,使用方便。使用中,部队习惯于通过改变脚架位置来满足射角变化的要求,而不习惯改变炮箍位置。

当用(a)、(c)组合方式时,通常炮架有两个或三个跨距位置。当采用两个跨距位置时,一般要求第一跨距的射角范围为 45°~65°,第二跨距的射角范围为 55°~80°;当采用三个跨距位置时,一般要求第一跨距的射角范围为 45°~62°,第二跨距的射角范围为 50°~75°,第三跨距的射角范围为 62°~80°,这样可保证各跨距之间有一定的射角重叠量。

5.3.3.3 高低机自锁问题

对于螺杆式高低机,满足螺纹自锁的条件为

$$\alpha \le \arctan\left(\frac{f}{\cos\gamma}\right)$$

式中:α 为螺纹升角;f 为螺纹接触面的滑动摩擦系数,当螺杆和螺母的材料都是钢时,$f=0.1~0.15$;γ 为螺纹齿面倾斜角,对于普通梯形螺纹,$\gamma=15°$。

在上式中,如果取 $f=0.1$,$\gamma=15°$,满足自锁要求应使 $\alpha<5.7°$。我国生产的各种中、小口径迫击炮高低螺杆的螺纹升角一般为 4°~7°,基本能满足要求。

但是,根据以往使用部队反映,现在几种中、小口径迫击炮使用一段时间(3~5 年)后,较普遍存在有高低机不自锁现象。这主要是由于螺纹表面及其他摩擦部位磨损后,使高低螺杆的轴向摩动间隙增大,摩擦面间摩擦系数减小的缘故。

需要指出,一般来说,机械的自锁都是对受静力作用的物体而言的,在有振动的情况下性质就改变了。有人曾做过试验,将螺纹的升角 α 减小到 3°,在有振动情况下还会出现不自锁。可见,在有振动的情况下,应用一般的自锁原理是不可靠的。部队反映高低机不自锁一般都是在某种振动情况下出现的,如射击时炮身的振动,摇动高低机后手柄突然停止,用手推动炮身等。对于采用螺杆式的高低机结构,要满足在各种振动条件下都能自锁是比较困难的。

改善高低机螺纹自锁性能通常有以下措施:

(1)适当减小螺纹升角 α。确定螺纹升角必须兼顾对瞄准速比的要求,因此 α 角不宜小于 4°。

(2)间隙应能调整。如采用调整螺母或调整垫片,当螺纹或锥齿轮磨损后,配合间隙要及时调整,以保证正常的啮合。

(3)采用耐磨性能好的材料,以减少磨损。

(4)增加锁紧装置,如增加自锁器。

现有迫击炮多采用螺杆式高低机,为了受到振动时仍能满足自锁要求,一般采用自锁器。用于迫击炮上的自锁器应力求结构简单,不应因为增加了自锁器而使火炮的结构变得很复杂。

某 82mm 迫击炮为了保证高低机自锁可靠,设计了单向滚柱自锁器。它在高低螺筒和大锥齿轮间增加了自锁器(图 5-39、图 5-40),自锁器由自锁器块、滚柱和弹簧组成。其结构简单,自锁可靠。

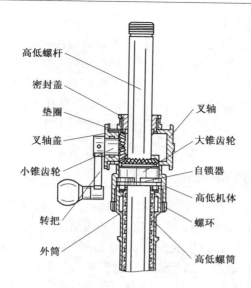

图 5-39　某 82mm 迫击炮高低机自锁器

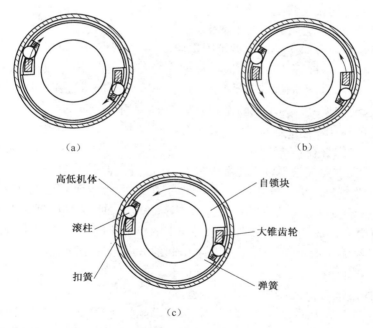

图 5-40　自锁器工作原理

(a)顺时针转高低机转把时;(b)逆时针转高低机转把时;(c)自锁动作。

在自锁块上铣有两个缺口。在缺口与外筒之间装入滚柱和弹簧。大锥齿轮上的两个拨爪伸入自锁块的缺口内。自锁块下端同样有两个拨爪,伸入高低螺筒的两个缺口内。

摇动高低机时,大锥齿轮通过自锁块带动螺筒转动。当大锥齿轮顺时针方向转动时,大锥齿轮的拨爪直接压迫滚柱,使滚柱与外筒脱离。因此,由大锥齿轮拨动自锁块沿顺时针方向转动是自由的。当大锥齿轮逆时针方向转动时,大锥齿轮的拨爪直接拨动自锁块,此时,自锁块和外筒对滚柱作用的摩擦力沿顺时针方向,摩擦力使滚柱与外筒脱离。因此,由大锥齿轮拨动自锁块沿顺时针方向转动也是自由的。

当高低机的螺杆与螺筒不自锁时,即在高低机轴向力的作用下,高低螺杆能自动向下滑动时,由于高低螺杆与方向接头固定连接是不能转动的,高低螺杆要能向下滑动必须是螺筒带自锁块沿逆时针方向转动。自锁块和外筒对滚柱作用的摩擦力沿顺时针方向,摩擦力将使滚柱在外筒与自锁块的间隙之间楔死,从而限制螺筒不能继续转动,起到自锁作用。

5.3.4 迫击炮瞄准时的瞄准错乱问题

在进行迫击炮的瞄准操作时发现:当打方向机时,会引起射角的变化,托架会发生倾斜,高低螺杆会转动;当打高低机时,会引起方向角的改变。也就是说,迫击炮的方向瞄准和高低瞄准是相互影响、不独立的,也就是通常所说的迫击炮瞄准错乱的问题。

为什么迫击炮在方向瞄准和高低瞄准时会引起相互影响呢?这是因为在赋予迫击炮射角时,无论是打高低机还是打方向机,炮身均绕共同的圆心—炮杆—做圆弧运动,同时高低机与方向机又都是通过方向接头固定连接在一起的。这种结构特点造成了迫击炮在高低和方向瞄准时的相互错乱现象。

5.3.4.1 高低瞄准时,会引起射向上的偏差

由于高低螺杆与方向接头通过插销固定连接,不能做相对运动。在高低瞄准时,高低螺杆通过方向接头、螺杆推动托架和炮身以炮杆为圆心,上下俯仰做圆弧运动。因此,托架会带动方向螺杆相对方向螺筒转动一个角度,使方向螺杆通过托架带动炮身偏转一个方向角,而引起射向偏差。为了消除这种影响,迫击炮都使方向螺杆与螺筒之间的摩擦力大于螺杆与托架耳孔之间的摩擦力,使其相对转动发生在螺杆与耳孔之间。为此,在检查修理时,既要保证螺杆在耳孔内转动灵活,又要使螺杆在耳孔内不要有过大的轴向松动。

另一方面,当方向接头不位于托架中央时,在进行高低瞄准时,托架和方向螺杆在水平面投影的位置也会改变。当射角 φ 增大时,托架往后倾倒而靠近炮杆,炮身在水平面上的方向角也应随之增大。如图 5-41 所示,当射角为 φ_1 时,方向螺杆在水平面上的投影为 ψ_1;当射角增大到 φ_2 时,方向螺杆在水平面下的投影角也随之增大到 ψ_2,这样,便出现了一个方向误差角 $\Delta\psi$。这种由于几何关系引起的方向错乱在结构上是无法克服的,只有在操作时加以修正。

5.3.4.2 方向瞄准时,会引起射角上的偏差

当转动方向机转轮时,方向螺杆通过托架带动炮身一起以炮杆为圆心做圆弧运动,因此方向螺杆的运动为一弧线,而非直线。这样,便带动方向接头相应地转动一个角度,而方向接头与高低螺杆是固定连接的,故高低螺杆也会随之转动一个角度,从而使炮身俯仰一个角度,引起高低偏差。为了消除这种影响,在 71 式 100mm 迫击炮上,通常是使高低螺杆与螺筒之间的摩擦力大于高低螺筒与调整垫圈之间的摩擦力,使其相对发生在高低螺筒与外筒之间,而不会引起螺杆伸出量的变化和射角的改变。

此外,由于在结构上方向螺杆与高低螺杆是永远保持垂直的,因此,在打方向机时,方向螺杆只能在垂直于高低螺杆轴线的平面内回转。但由于在实际架炮时,高低螺杆轴线不是垂直于水平面的,所以垂直于高低螺杆轴线的平面也就不是水平面。因此,即使方向

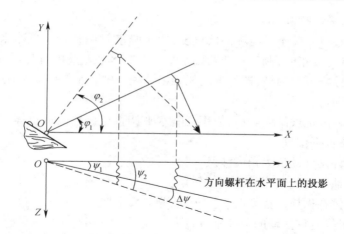

图 5-41　高低瞄准时引起的射向变化

螺杆和托架在运动前是处于水平的,但由于托架是在一个倾斜面内运动,所以还会引起托架倾斜,使瞄准镜倾斜气泡不居中,造成射角、射向的偏差。

打方向机时,造成高低瞄准错乱,引起射角改变的第三个原因是:当方向接头由托架中央移至一端时,由于炮杆中心到方向接头的距离增长了,相当于炮箍在炮身上的前移,这造成了架腿的前倾和射角的减小。

迫击炮瞄准错乱问题对于迫击炮的操作必然会带来一定的困难。它要求瞄准手要进行多次的瞄准与修正动作,才能使迫击炮炮身达到比较准确的射击位置。为了保证瞄准时正确地赋予炮身射击诸元,一般在迫击炮上装设有摆动式调平装置,以使瞄准装置基轴线处于铅直位置。在结构上具体是采用瞄准装置的横向摆动机构来恢复瞄准装置的横向水平。如果瞄准装置与托架之间没有调整机构,则在两脚架上必须有水平调整机构来恢复托架的横向水平。

5.3.5　水平调整机

在两脚架式迫击炮上,将倾斜的托架规正到水平位置需要有调整机构,即水平调整机(图 5-42)。这种调整机构由概略水平调整机和精确水平调整机组成。

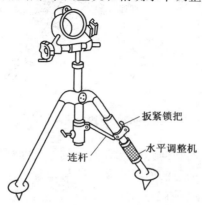

图 5-42　水平调整机

5.3.5.1 概略水平调整机

概略水平调整机安装于架腿和高低机上,用于瞄准时调整托架概略水平。在瞄准装置零位、零线检查与规正时,调整托架精确水平。概略水平调整机由套环、连杆、扳紧锁把等组成。使用时放松扳紧锁把,即可推动托架以叉轴为中心左右摆动至托架概略水平,再次锁紧扳紧锁把即可。

当迫击炮进入阵地被架设好后,使用概略水平调整机调整高低机体和架腿之间的夹角,使托架成概略水平位置。

高低机体允许摆动的最大角度涉及:

(1)炮位阵地上可能出现的地面倾斜角;

(2)高低机体在做横向摆动时,迫击炮的侧向稳定性。

因此,高低机体允许摆动的角度不宜过大,一般约为±14°。

架腿开度(两脚盘间的距离)通常不小于座钣的横向尺寸,因此其两架腿的张开角各约为30°。为了能使两条架腿并拢时便于转入行军状态,因此在结构上,高低机体实际可能的摆动角与架腿的张开角是相同的。这在操作时应特别注意。

为了使调整轻便及减小炮口的横向松动量,通常将连杆安置在高低机体的下端。同时要求连杆与架腿之间保持合适的夹角,并采用扳紧锁把,使调整动作简便。

5.3.5.2 精确水平调整机

为了精确调整使瞄准镜的横向水泡居中,迫击炮上都有精确水平调整机。精确水平调整机是通过调整螺杆长度使高低机体或瞄准镜摆动角度,以保证概略调平时托架剩余的倾斜角、方向瞄准时引起的托架倾斜角和射击过程中引起的瞄准镜横向水泡倾斜被精确地规正到水平位置。由于瞄准镜座与方向架结合的方式不同,精确水平调整机分为非独立式和独立式两种。

1)非独立式调整机(图5-43)和固定式瞄准镜座

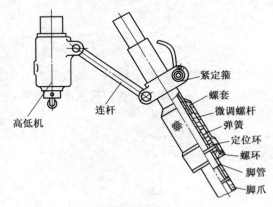

图5-43 非独立式调整机

采用非独立式调整机,其瞄准镜座与方向架的结合是固定连接的。精确水平调整机采用概略水平调整机的调整原理,通过改变连杆与脚管相连接的位置或改变连杆长度,拨动高低机围绕转动叉轴转动,使瞄准镜和方向架都精确规正到水平位置,但调整精度更高。因此,采用非独立式调整机,当精确瞄准以后,方向架是水平的。这种调整机都是布

136

置在脚架的下方,操作位置比较低,调整时,要拨动炮身和方向架一起摆动,需要的调整力较大。因此,一般只适用于小口径迫击炮。

调整机布置在左脚管上,连杆由紧定箍紧定在微调螺杆上。螺套受螺环和定位环的限制,只能在脚管上转动不能移动。调整时,转动螺套,由微调螺杆带着紧定箍移动,改变连杆与脚管之间的夹角,拨动高低机围绕转动叉轴转动。这种结构的缺点是操作时手离地太近,使用不方便。

图 5-44 所示为某 60mm 迫击炮的调整机,它同时也是连接高低机与脚管的连杆。螺套的一端是左旋螺纹,另一端是右旋螺纹。当转动螺套时,两端的螺杆同时伸缩,改变连杆的长度,推动高低机围绕转动叉轴转动。这种调整机结构简单,使用方便。

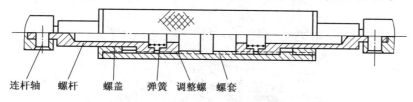

连杆轴　螺杆　螺盖　弹簧　调整螺　螺套

图 5-44　改进型非独立式调整机

精确水平调整机采用非独立式时,瞄准镜座与方向架一般采用插轴方式进行固定连接。

图 5-45 所示为插轴式锁紧机构。它是在炮箍上设有一个瞄准镜插孔,沿逆时针方向转动扳把时,锁闩向后,锁闩上的扁方对准炮箍上的插孔,瞄准镜即可插入。在瞄准镜的插轴上铣有一个圆弧面,当瞄准镜的插轴摘入插孔后,沿顺时针方向转动扳把,在弹簧力的作用下,使锁闩的锥面卡住瞄准镜插轴上的圆弧面将瞄准镜锁紧。插轴式结构使用安全可靠,操作比较方便。

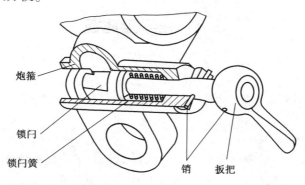

炮箍

锁闩

锁闩簧

销　扳把

图 5-45　插轴式锁紧机构

2）独立式调整机和可动式瞄准镜座

采用独立式调整机,其瞄准镜座与方向架的结合是可动连接。精确水平调整使瞄准镜围绕与炮身轴线平行的一根轴转动,使瞄准镜的横向水泡居中。因此,采用独立式调整机,当火炮瞄准以后,方向架不一定水平。这种调整机是布置在方向架上,操作位置靠近瞄准镜,操作比较方便,适用于大中口径迫击炮。

我国生产的 82mm 迫击炮、100mm 迫击炮和 120mm 迫击炮的瞄准镜座都是插座身结构,可以进行独立调平。

图 5-46 所示为某 100mm 迫击炮的瞄准镜座。插座身安装在方向架的横孔内,其轴线与炮身轴线平行。通过螺销使插座身与调整块固定在一起,瞄准镜的插轴装入插座身的横孔内。瞄准镜的安装和分解与图 5-45 所示的插轴式锁紧机构相同。平时,由于扭簧的作用,螺杆的下端总是顶住方向架的。水平调整时,转动螺杆,螺杆的上下运动使调整块、插座身和瞄准镜一起围绕插座身的轴线转动,使瞄准镜的横向水泡居中。这种结构简单。缺点是调整块往一个方向转动被螺杆顶住是刚性约束,而往另一方向的转动只受扭簧力作用,当射击时的惯性力克服了扭簧力时,插座身就可能转动,增加对瞄准镜的撞击。

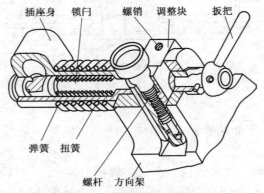

图 5-46 某 100mm 迫击炮的瞄准镜座

5.4 光学瞄准镜

5.4.1 瞄准镜的光学系统

瞄准镜是火炮用来瞄准的一种仪器。迫击炮通常采用光学瞄准镜。瞄准镜的光学系统可以分为准直式光学系统和望远式光学系统两种。

5.4.1.1 准直式光学系统

图 5-47 所示为准直式光学系统图。它由目镜和十字分划板组成。目镜为一块凸透镜,十字分划板位于目镜的焦平面上。光线从十字分划线射进后,经目镜平行射出。因此,当射手通过镜头内的十字分划线向目标瞄准时,就好像分划板的十字线与目标重合在一起。它不像普通的机械瞄准具那样需要通过三点去构成瞄准线,故瞄准时较方便。

准直式光学系统的优点是:①瞄准时由于十字分划线与目标重合在一起,因此射手只需注视目标,这样眼睛不易疲劳,有利于提高瞄准精度;②视场范围大,适合于对活动目标和火力点进行瞄准;③光学系统结构简单,镜头的重量和体积都较小。

准直式光学系统的缺点是对目标无放大作用,故只适用于对近距离目标的瞄准。

5.4.1.2　望远式光学系统

图 5-48 所示为望远式光学系统图。它由物镜、转像棱镜、分划板、照明窗玻璃、目镜组成。

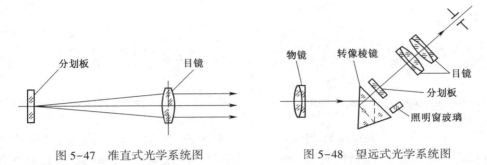

图 5-47　准直式光学系统图　　　　图 5-48　望远式光学系统图

望远式光学系统是一个带有转像棱镜的单筒望远镜。瞄准时,物镜将远方物体成倒像,再经转像棱镜,将倒像变成正像,并折转 45°,然后由目镜对物像进行放大,以便于对目标进行观察。十字分划板供瞄准时对准目标用;照明窗是在夜间进行瞄准时,照亮镜内十字分划的进光窗口。

望远式光学系统的优点是对目标有放大作用,可使射手清楚观察远距离的目标,有利于提高瞄准精度。因此,望远式光学系统在迫击炮上的应用较广泛。

望远式光学系统的特性参量主要有放大率、视场、出射光瞳直径、出射光瞳距离、分辨率等。现将这些参量一一进行介绍。

1) 放大率

放大率 γ 等于望远式光学系统的物镜焦距 f'_w 与目镜焦距 f'_m 之比,它还等于仪器的入瞳 D 与出瞳 D' 之比,即

$$\gamma = \frac{f'_w}{f'_m} = \frac{D}{D'}$$

γ 越大,能看到的距离就越远,或在距离一定的情况下,看到的物体越清楚。但是,γ 增大,会使视场范围缩小。为了得到较大的视场范围,就会使光学系统的体积增加。

γ 值的选择,应结合战术技术要求来确定。一般来说,火炮射程越远,γ 值就越大。火炮射程越近,γ 值就越小。由于迫击炮的射程一般在 1000~10000m,因此瞄准镜的放大倍率宜选择在 2~4 之间。

2) 视场

视场是指观察者通过瞄准镜所能看到的空间范围。视场的范围用物镜视场角 $2W$ 表示,如图 5-49 所示。

物镜视场角 $2W$ 与放大率 γ 有如下的关系:

$$2W \cdot \gamma = 2W'$$

式中:$2W'$ 为目镜的视场角,即光线通过目镜后所成的圆锥角,它与选用的目镜类型有关,一般采用简单目镜时,$2W'$ 不超过 40°。

视场角 $2W$ 越大,观察的范围越大,有利于对分散的活动目标进行观察。由于迫击炮主要是对近距离目标射击,因此要求瞄准镜要有较大的视场角,一般选择 $2W$ 为 10° 左右。

3）出射光瞳直径

出射光瞳直径是指光线从物镜进入镜管后，再由目镜射出时形成的一束光线的直径，如图 5-50 所示。

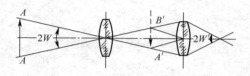
图 5-49　光学系统的视场

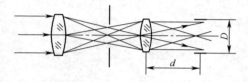
图 5-50　光学系统的出射光瞳直径和距离

图 5-50 中直径 D 表示出射光瞳的直径。一般来说，D 越大，进入瞄准镜的光量也越大，在照明不好的条件下，尚能看到目标。出射光瞳直径的大小应与眼睛的瞳孔大小相适应。如出射光瞳直径大于瞳孔，进入瞳孔的光量将仅由瞳孔的直径决定。瞳孔直径随外界光线的强弱发生改变，一般在弱光下，瞳孔直径约 7mm，在强光下约 2mm。因此，为了使出射光瞳直径与瞳孔直径相适应，在迫击炮瞄准镜上，通常出射光瞳直径为 4mm 左右。

4）出射光瞳距离

出射光瞳距离 d 是指出射光瞳到目镜的距离，如图 5-50 所示。为了便于观察，出射光瞳距离一般不应小于 20m。如果太小，会使观察者眼睛的瞳孔不能和出射光瞳相重合，影响观察的范围。同时观察者的睫毛将触到目镜表面，妨碍观察。

5）分辨率

望远式光学系统能分辨出物体存在的最小视角，用 θ 表示。它描述了系统分辨物体细节的能力，数值越小，表示分辨能力越强。分辨率与视放大率有关，一般为

$$\theta \leqslant \frac{60''}{\gamma}$$

在迫击炮瞄准镜中，分辨率一般不低于 25″。

5.4.2　对瞄准镜的基本要求

1）瞄准镜应具有较高的精度

为了保证瞄准镜有较高的精度，瞄准镜的机构设计应简单，零件的制造公差要小，各传动件之间要有消除空回的装置。

通常迫击炮瞄准镜的精度可分为方向和高低测角精度，其要求如下：

（1）对方向测角精度的要求：当方向机构在左右各 50 密位（1 密位 = 0.06°）范围工作时为 ±（2~3）密位；其他范围工作时为 ±（4~5）密位；方向测角空回量不大于 1~3 密位。

（2）对高低测角精度的要求：当高低机构在整个测角范围内工作时为 ±（3~5）密位，高低测角空回量不大于 1~3 密位。

2）瞄准镜应具有足够的强度

射击时，瞄准镜要承受惯性力作用，要求瞄准镜应有足够的强度，保证射击时不被破坏或生产变形。

3）光学系统的特性参量选择应合理

因为瞄准镜光学系统的基本特性参量是互相有联系的。例如，在目镜一定的情况下，

放大率与视场成反比;在物镜一定的情况下,出射光瞳与放大率成反比。因此在选择瞄准镜的光学特性参量时,应结合火炮的使用要求统一考虑。

4)瞄准镜应能在各种环境温度下工作

当瞄准镜在高温(+50℃)或低温(-40℃)条件下工作时,各机构的动作应灵活,无卡滞现象,镜管的密封油灰不应脱落,管内光学零件不应脱胶,零件表面不应有油痕、水珠和霜迹。

5)瞄准镜应便于检查和调正

瞄准镜在随火炮出厂前(或射击前),均应检查和调整瞄准镜的零位瞄准线。瞄准镜在检查和调整时应简单、方便,调正后各分划的固定应可靠。

6)操作方便,固定可靠

为了便于瞄准镜的操作和观察,要求瞄准镜光轴与炮膛轴线之间要有一定的距离:小口径迫击炮一般为100mm,中口径迫击炮为125~150mm,大口径迫击炮为300mm左右。为了便于装定高低和方向分划,手轮直径不应太小;高低和方向手轮的位置应与炮架上的高低机和方向机手柄位置相协调,以保证当瞄准手的眼睛从镜内观察时,能自如地操作各个手轮。瞄准镜与炮架结合应可靠,射击时不应从炮架上脱落。

7)应能进行夜间瞄准

为了使瞄准镜能在夜间瞄准,应配备有瞄准镜照明具,以便能照亮各分划、水准器和镜内十字分划板。

8)勤务使用方便

为符合勤务要求,瞄准镜应体积小,重量轻,维修方便。

5.4.3　瞄准镜的结构特点

迫击炮用光学瞄准镜主要是用来对目标进行直接或间接瞄准。瞄准镜的结构包括瞄准目标用的镜头部分以及装定高低和方向分划的镜身部分。图5-51所示为某100mm迫击炮配用瞄准镜。

5.4.3.1　镜头

镜头部分为一弯管单筒望远镜,用于瞄准目标或瞄准点。管内由物镜、转像棱镜、十字分划板、目镜等光学零件组成。这些零件通过镜框固定在镜管内。

某100mm迫击炮瞄准镜的放大倍率为2.55倍,视场为9°。镜内分划板(图5-52)上刻有十字线,供瞄准和标定目标用。目镜后方的胶皮护圈,用来遮挡外来光线的干扰,便于镜内观察。镜头左侧有准星和照门,用来概略瞄准目标;镜头右侧的解脱子,可松开或固定镜头,便于高低上快速寻找目标或瞄准点,顺时针旋松解脱子,镜头可绕水平轴转动到所需位置上,然后逆时针旋紧解脱子。镜头外上方有插座和带燕尾的照明窗,在夜间射击时,连接内照明具,用以照亮镜内分划板。

5.4.3.2　镜身

瞄准镜的镜身部分通常包括方向和表尺(高低)装置,指示镜身高低和方向水平的水准器,供镜身与炮架连接用的插轴(或燕尾),以及供照明用的照明具灯座。

方向装置用以装定方向分划,由方向本分划环、方向补助分划环、方向转螺和方向解脱子等组成。方向本分划环用以装定1-00以上的方向分划值,圆周刻有60条刻线,刻度

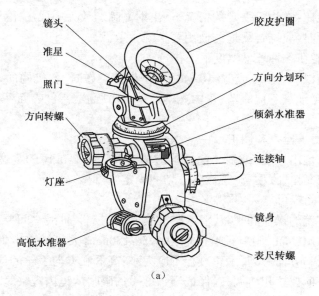

镜头　　　　　　　　　　　　　胶皮护圈

准星

照门　　　　　　　　　　　　　方向分划环

方向转螺　　　　　　　　　　　倾斜水准器

　　　　　　　　　　　　　　　连接轴

灯座

　　　　　　　　　　　　　　　镜身

高低水准器

　　　　　　　　　　　　　　　表尺转螺

(a)

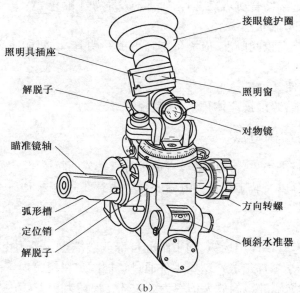

接眼镜护圈

照明具插座

解脱子　　　　　　　　　　　　照明窗

　　　　　　　　　　　　　　　对物镜

瞄准镜轴

弧形槽

定位销　　　　　　　　　　　　方向转螺

解脱子　　　　　　　　　　　　倾斜水准器

(b)

图 5-51　某 100mm 迫击炮配用瞄准镜

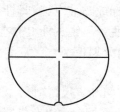

图 5-52　镜内分划板

值为 1-00,其指标刻在与镜身成固定连接的指标环上。方向补助分划环用以装定 1-00 以下的方向分划值,圆周刻有 100 条刻线,刻度值为 0-01,其指标刻在镜身上。方向解脱子用于使镜头做大角度变换,以便迅速装定方向分划。当方向分划归 30-00 时,瞄准镜光轴与炮膛轴线在方向上平行,此时,迫击炮方向角为零。

表尺装置用于装定表尺分划,由表尺本分划、表尺补助分划环和表尺转螺等组成。表尺本分划用以装定 1-00 以上的表尺分划值,共刻有 10 条刻线,刻度值为 1-00,其指标用螺钉固定在镜身的连接轴上。表尺补助分划环用以装定 1-00 以下的表尺分划值,其刻度值和结构方式与方向补助分划环相同。当表尺分划归 10-00,高低水准器居中时,炮身射角为 45°,以此为基础,分划每减小 1-00,射角的实际角度相应增大 6°,射程则相应减小。

镜身右侧的连接轴,用于连接瞄准镜固定器。轴上有定位销和弧形槽,连接时定位销卡入固定器插座的梯形槽内,而弧形槽被固定器的固定轴抵紧,使瞄准镜确实固定在固定器上。左侧下方有高低水准器,用以指示所装定的射角分划是否已赋予炮身。前后倾斜水准器用以指示瞄准镜是否横向水平,平时应盖好护盖以保护水准器。

灯座在夜间射击时,连接外照明具,用以照亮分划指标和水准器。

5.4.4　迫击炮的瞄准特点及对瞄准装置精度的要求

5.4.4.1　迫击炮的瞄准特点

迫击炮瞄准可分为直接瞄准和间接瞄准。瞄准过程中,转动高低机与方向机直接对向目标,以便赋予炮膛轴线一定位置的,称为直接瞄准。从暴露阵地向可见目标射击时采用直接瞄准,如一般的枪、反坦克火炮都采用直接瞄准。若瞄准过程中,瞄准手看不见目标,炮膛轴线的方向是以地面上的辅助点(如瞄准点、标杆、标灯等)为依据,在装定方向分划后使瞄准线对向这个辅助点;而高低瞄准是以炮口水平面为基准,装定射角分划后,利用高低机居中水准气泡来完成瞄准的,称为间接瞄准。从隐蔽阵地射击或目标在隐蔽物后时采用间接瞄准。迫击炮、榴弹炮常常采用间接瞄准射击。间接瞄准时,由于测地、射击诸元准备等方面的误差,其精确性要比直接瞄准差。

瞄准过程中,通常要赋予炮膛轴线一些角度。在竖直方向上,需要装定和赋予炮身射角(φ)。射角为射线与炮口水平面之间的夹角,其大小等于高角(α)与炮目高低角(ε)的代数和,即 $\varphi=\alpha+\varepsilon$。如果目标是固定的,且炮弹没有方向偏差,则应使射面通过目标。但通常情况下,炮弹会受横风等影响,特别是对活动目标射击时,需要进行方向修正,这样就使得射面在方向上偏离目标,此角称为方向修正角。间接瞄准时,火炮射向是依据辅助点来赋予的,此时,在瞄准镜方向分划上应装定方向分划。所以,火炮在瞄准射击时,通常应装定和赋予火炮射角和方向角(或方向修正角)。

从图 5-53 中可以看出:迫击炮射击时,射角如为 φ,水平射程则为 OC,炮弹则命中目标 C。此时,目标若在 A 点或 B 点上都不会被杀伤。

为了杀伤 A 点上的目标(高低角为正),水平射程应增至 OC_1,则射角应减小到 φ_1。

为了杀伤 B 点上的目标(高低角为负),水平射程应减到 OC_2,则射角应减小到 φ_2。

迫击炮在最小射角 45° 时,相应的表尺分划为最大(即 10-00),射程亦为最远。其瞄准具表尺(高低)分划刻制的特点是:减分划、增射角、减射程。

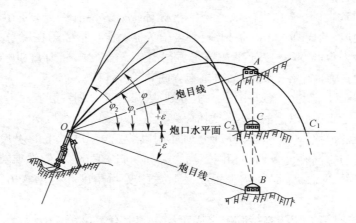

图 5-53　高低角 ε 与射角 φ 的关系

　　由以上分析可知,迫击炮在瞄准射击时,在目标水平距离相同,高低角不同的情况下,如目标高于炮口水平面(即$+\varepsilon$)时,要使炮弹命中该目标,就必须使炮身射角减小,而增大射程。体现在表尺分划上,则应将相应的距离分划(即高角 α)加上高低角 ε(即 $\varphi=\alpha+\varepsilon$)。反之,如果目标低于炮口水平面(即$-\varepsilon$)时,要命中该目标,就必须使炮身射角增大,而减小射程。体现在表尺分划上,则应将相应的距离分划(即高角 α)减去高低角 ε(即 $\varphi=\alpha-\varepsilon$)。

5.4.4.2　对瞄准装置精度的要求

　　火炮的瞄准是依靠炮手借助于瞄准机和瞄准装置来完成的。要能精确、迅速地瞄准,以便最大限度地发挥火炮的威力,瞄准装置要有良好的性能。精度是对瞄准装置的首要要求,是评定瞄准装置战斗质量的主要标志之一。特别是随着战术、技术的发展,火炮的射击精度要求进一步提高,对瞄准装置的精度要求也随之提高。因此,如何长期保持或恢复瞄准装置的精度,使火炮经常处于良好的战备状态,是火炮的使用和维修中的重要问题。

　　1)能准确地装定射击诸元

　　装定的分划值应准确,射角应该通过射面,方向角应该通过水平面,为此要求:

　　(1)分划装定器的动作应灵活轻便,固定应可靠。分划空回量不得过大(一般均应小于 0-02),并在操作中要注意消除空回量的影响。

　　(2)水准气泡的精度应符合使用要求(气泡移动 2mm,气泡管应倾斜约 0-01)。高低气泡和倾斜气泡轴线应分别平行于炮膛轴线和托架(或炮耳轴)。否则,所装定的射角就不在射面内,方向角就不在水平面内。

　　(3)镜头的光学性能要好,镜外、镜内分划应清晰,两刻线间所代表的数值应尽量小一些,必要时可设置辅助分划。

　　2)能准确地将装定的射击诸元传递给炮身

　　把装定的射击诸元传递并赋予炮身,是通过操作瞄准机与瞄准具共同配合完成的。为达到此目的,首先必须要求在瞄准前瞄准具的瞄准线与炮膛轴线有一个正确的相对位置。同时,在瞄准结束后,瞄准线应该始终保持与炮膛轴线在瞄准开始时的相对位置,否则,在瞄准具上所装定的角度与实际赋予炮身的角度就会不一致。因此,必须认真、准确地进行瞄准装置的零位、零线检查规正,同时要求瞄准具固定器不松动、变形和变位。

5.5　座　钣

5.5.1　对座钣设计的要求

座钣是迫击炮特有的重要部件,其主要作用是将火炮发射时的后坐力传递给土壤,借助于土壤抗力实现对火炮的反后坐。经验表明,就火炮本身而论,迫击炮的射击稳定性主要取决于座钣的结构形式和尺寸。此外,座钣设计的好坏与火炮的射击精度、勤务性以及射击时炮架的受力都有密切的关联。对座钣设计的一般要求如下:

（1）要有足够的强度,保证射击时不被破坏或产生永久变形。

（2）保证火炮具有良好的射击稳定性,后坐时座钣的侧滑和转动要小,火炮复进时的跳动要小,以利于提高火炮的射击精度,保证火炮能连续射击。

（3）具有合适的下沉量。射击时的后坐力使座钣下沉。对下沉量的要求与对座钣的结构尺寸要求往往是相互矛盾的:为了减轻火炮重量,希望尽可能减小座钣的结构尺寸,但是尺寸减小下沉量必然增加。从满足连续发射的观点出发,希望射击时火炮下沉量不要太大。这是因为当下沉量超过一定范围后,火炮使用的射角范围要受到限制,有些射角就达不到,而且拉火比较困难,甚至不能拉火。这时必须铲修工事,移动炮架,或取出座钣重新构筑炮位才能继续射击。下沉量越大,取出座钣越困难。不同的迫击炮射击时座钣允许的最大下沉量不同,它与火炮的总体尺寸有关:某 120mm 迫击炮允许的最大下沉量为 600mm 左右,某 100mm 迫击炮最大下沉量为 500mm 左右,某 82mm 迫击炮最大下沉量为 400mm 左右。根据一般经验,座钣设计应保证,在松软土炮位上用全装药射击 20 发左右,才达到允许的最大下沉量。这样,在一般中硬土上或用较小号的装药射击时,在同一炮位可以保证连续发射 30~40 发弹以上。

（4）在满足使用要求的前提下,要尽可能缩小外形轮廓尺寸,减轻重量。

（5）方便勤务操作。即要求炮位的构筑要简单,转移阵地时取出座钣要容易,清除附着在座钣背面的土要方便。对于中、小口径迫击炮用小号装药射击时,在紧急情况下应允许不构筑炮位,座钣放下就能射击。

（6）制造工艺性要好。

5.5.2　座钣的形状及其特点

迫击炮座钣有各种不同的结构形状,它是在实践中不断发展的。研究座钣结构的主要着眼点在于改善迫击炮的射击稳定性和有利于提高射击精度。下面介绍几种典型形状的座钣。

5.5.2.1　膜状座钣

膜状座钣(图5-54)的外形一般都是长方形。它的主钣基本上是平的,上面冲有一些深度不大的凹凸加强筋和翻边。座钣的背面用若干钢板条与主钣焊接在一起,即构成单片立筋。驻臼焊在主钣的中央。这种座钣的优点是结构简单,容易制造。因此,较早期的迫击炮座钣多采用这种结构。缺点是单片立筋把座钣下面的土壤分割成小块,导致座钣的抓土能力很差;主钣与土壤相贴合的平面部分较多,驻臼中心位置较高,这些都是射击时使座钣不稳定的因素;当座钣的尺寸比较大时,其强度不易保证;单片立筋相互交叉,成蜂窝状,在转移阵地时,筋钣空腔内黏附的土不易清除。因此,这种结构现在一般不采用。

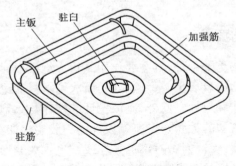

图 5-54　膜状座钣

5.5.2.2　拱形座钣

拱形座钣(图 5-55)的外形一般是圆形的。它的主钣是由一块平板向下冲有几个较深的凹坑构成的。在凹坑的正面焊接有盖钣,以增加主钣的强度和刚度。凹坑的背面成尖劈状(即构成包筋),下端焊有驻筋。驻臼焊接在主钣中间比较深的凹坑内。因为拱形座钣的背面有几个较深的凹坑和尖劈状的包筋,所以射击时能较好地与土壤贴合;驻臼中心的位置比较低,有利于射击稳定;拱形结构对强度也是有利的。由膜状座钣发展到拱形座钣,在改善迫击炮的射击稳定性和结构强度的合理性方面是前进了一步,但由于包筋的头部是圆弧形,比较钝,因此座钣入土和抓土的能力都比较差。后坐时,挤入座钣下面凹坑内的土壤沿着侧面向上滑动比较困难,土壤中的空气不容易排出去,使火炮复进时的跳动较大,特别是在干燥的土壤上射击时,座钣不容易稳定。另外,拱形座钣的主钣形状比较复杂,当座钣的尺寸较大时,模具的制造比较困难,有时还要受到冲压设备能力的限制。

5.5.2.3　梯形座钣

梯形座钣(图 5-56)在我国迫击炮上被广泛采用。它的主要特点是射击稳定性较好,结合全炮的改进使迫击炮重量显著减轻。梯形座钣的主钣为一中间冲压成凹圆锥形的梯形钣。主钣周围是凸起的圆弧形翻边,以增加刚度和强度。主钣下面焊有支撑筋、三对 V 形的包筋筋钣和加强筋以及驻筋。驻筋可以改善推土、贴土条件,并起到加强和驻锄的作用。在主钣的圆锥形底部中心焊有驻臼,因此驻臼位置较低。

梯形座钣的主要优点是:

(1) 射击稳定性较好。梯形座钣在后坐时推土区域大,复进时跳动小。这是因为在座钣支撑面积相同的条件下,梯形座钣的驻筋相对于驻臼的位置较远,射击时座钣对土壤的作用区域大,向后推土的支撑面积也大;在挤压土壤时排气性好,而且不易使土壤破碎。由于座钣接触土壤的平面部分面积比较小,这样土壤消耗的后坐能量多,而储存能量少,复进时土壤对座钣的反弹力就较小。由于座钣下土壤不易破碎,因此土壤对座钣驻筋的贴合性能好,即座钣的抓土力强。因此,梯形座钣的跳动小,复进稳定性较好。

此外,梯形座钣的包筋顶部采用了圆钝形结构,避免了尖劈状 V 形包筋容易切入土壤的缺点,因此特别有利于增大前几发炮弹射击时的土壤抗力,有利于后坐运动的一致性。

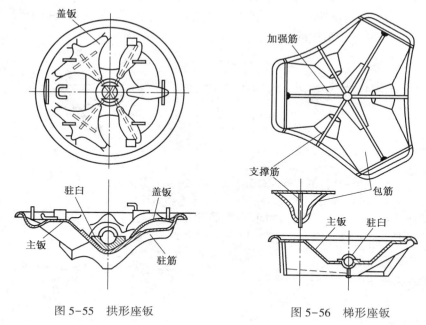

图 5-55　拱形座钣

图 5-56　梯形座钣

（2）梯形座钣在结构上近似为一等强度梁,包筋采用曲线形筋钣,因此在保证强度和刚度条件下,材料利用比较合理。

（3）梯形座钣贴土表面的构形简单,使构筑工事容易,清土方便。

（4）梯形座钣的结构简单,制造容易。

梯形座钣由于宽长比大,在座钣支撑面积相同时,它的横向宽度尺寸较大。这使得小口径迫击炮的携带较为不便。

5.5.3　座钣结构对射击稳定性的影响

早期的迫击炮由于受材料强度和技术水平的限制,一般都比较重,迫击炮射击时稳定性较好。为了适应现代战争的需要,要求迫击炮要在原有水平的基础上增加射程,增大威力和减轻重量。因此,解决威力与机动性的矛盾成为迫击炮研究的重要课题。实践证明,影响迫击炮射击稳定性的主要因素在于座钣的结构形式是否合理。就座钣的结构而论,对射击稳定性起主要作用的因素包括筋钣形状、主钣形状、驻臼中心位置和座钣正投影面积等。下面就这几个方面分别进行介绍。

5.5.3.1　筋钣形状对射击稳定性的影响

座钣与土壤接触的主要部分是筋钣。筋钣形状对射击稳定性有着重要的作用。确定筋钣形状总的原则是有利于减少后坐时土壤产生的弹性变形,增加土壤对筋钣产生的附着力。

首先观察图 5-57 所示的筋钣对土壤挤压的几种简单受力情况:①一块平板平放在地面垂直受压,显然是不容易把它压入土中,而且也不容易与土壤附着牢固;②在平板的下面焊有一块立板,立板插入土中,可以增加土壤的附着力,但仍然是平板垂直向下压,受力情况没有改变;③由两块倾斜的板构成一个尖劈形的楔,楔块被向下压时,将土壤向侧面挤压,容易被压入土中,也容易与土壤附着牢固。锥角 2α 越小,楔的尖端越尖锐,压入时受到的土壤抗力越小,土壤对块产生的附着力越大。迫击炮座钣的各种筋钣结构就是根据上述简单的原理逐渐形成的。

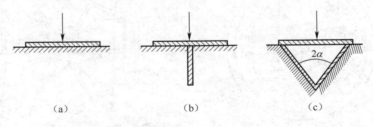

(a)   (b)   (c)

图 5-57　筋钣对土壤挤压的几种简单受力情况

迫击炮座钣的筋钣一般可以分为单片立筋和包筋两类。包筋又可分为钝头形、直线形和曲线形三种(图 5-58)。

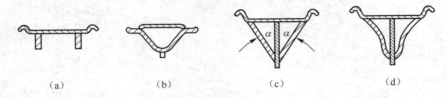

(a)   (b)   (c)   (d)

图 5-58　筋钣结构
(a)单片立筋;(b)钝头形包筋;(c)直线形包筋;(d)曲线形包筋。

单片立筋是由条状钢板与主钣焊接而成的。膜状座钣一般采用单片立筋。优点是这种筋钣的结构简单,制造容易。缺点是这种筋钣对主钣背面的覆盖很差,因此主钣与土壤贴合的平面部分较多。后坐时,座钣对土壤主要是垂直挤压,对侧面土壤的挤压作用很小,因此吸收火炮后坐能量的土壤区域较小。与其他结构相比,在支撑面积和后坐力相同的情况下,这种结构对座钣下面土壤的垂直压力较大;后坐时,座钣下面的土壤不容易向侧面滑移,土壤内的空气难以排出;单片立筋相互交叉成蜂窝状,后坐时土壤容易把这些空穴填满,将筋钣封住,并把周围的土层剪断,形成一个土疙瘩,使筋钣丧失抓土能力。因此,单片立筋不利于射击稳定,现在一般不采用。

钝头形包筋一般用于拱形座钣。它是由主钣向下冲出的凹坑的背面形成的,下端焊驻筋。钝头形包筋的头部是圆弧形,比较钝,后坐时,土壤对包筋作用的抗力较大,附着力较小。

直线形和曲线形包筋一般用于梯形座钣。它的中间一般有立筋,断面呈"V"形。后坐时,筋钣将土壤向侧面挤压,增大了吸收后坐能量的土壤区域;这种筋钣能将主钣背面的大部分面积覆盖,使主钣与土壤贴合的平面部分很少;后坐时,座钣下面的土壤容易沿着"V"形筋钣的侧面流动,使土壤与筋钣形成紧密的贴合。这些都是有利于射击稳定的因素。直线形包筋的锥角 2α 一般为 $70° \sim 100°$。曲线形包筋的锥角沿断面的高度方向是变化的,头部的锥角较小,后坐时有利于筋钣入土,并有利于增大土壤的附着力;上面部分的锥角较大,有利于增大土壤抗力,减小座钣下沉量。我国研制的几种梯形座钣,除 67 式82mm 迫击炮座钣是采用直线形包筋外,其余都是采用曲线形包筋。

5.5.3.2　主钣形状对射击稳定性的影响

座钣的主钣有圆形、长方形、三角形和梯形等形状。选形时,应将主钣和筋钣的形状综合起来考虑。一般来说,长方形主钣的优点是体积比较小,容易携带;圆形主钣的优点是容易实现各向同性,便于周向射击。但是,当主钣的形状是长方形或圆形时,其筋钣不容易将主钣背面的平面部分覆盖,使主钣与土壤有比较多的平面接触,对射击稳定性不利。梯形(或三角形)主钣的优点是筋钣能较好地将主钣背面的平面部分覆盖,后坐时,座钣剪切土壤的周界较长,土壤抗力对座钣的支撑面分布距离驻臼中心较远,这些都有利于射击时座钣的稳定;缺点是座钣宽度尺寸较大。梯形座钣的主钣形状如图 5-59 所示,将三个边做成圆弧形,其目的是为了挖去筋钣不能覆盖的平面部分。

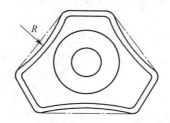

图 5-59　梯形座钣的主钣形状

主钣四周的翻边形式对射击稳定性有一定的影响。主钣四周的翻边,如图 5-60(a)所示。射击中发现座钣的四周会把土层剪断,后坐时座钣下面土壤中的空气难以排出去,使座钣复进时的跳动比较严重。在翻边上开排气孔,会使上述情况有所改善。梯形座钣的主钣四周采用向上弯曲延伸后再翻边的形式,如图 5-60(b)所示。这样座钣后坐时,有利于土壤沿侧面向上滑动,使上述情况得到明显改善。

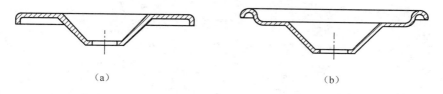

(a)　　　　　　　　　　　　　　　(b)

图 5-60　主钣四周的翻边形式

5.5.3.3　驻臼位置对射击稳定性的影响

在射击过程中,希望座钣平稳地下沉,不要有转动,即保持座钣支承平面对水平面的倾角不要改变。因为当座钣的倾角变化超过一定的范围时,炮身会与座钣相干涉,并使拉火困难。射击过程中座钣是否转动,主要取决于驻臼的位置和炮位的构筑情况。

在黏性土壤上进行连续射击后,可以明显地观察到主钣的边缘把土壤切割出一层一层的阶梯,每一层的深度表示一发射击后座钣的下沉量。座钣坑的断面形状如图 5-61所示。从断面形状可以看出:开始射击时,座钣的前面部分下沉较慢,后面部分下沉较快;下沉到一定深度后再继续射击时,座钣的前面部分下沉较快,后面部分下沉较慢。这说明在连续射击过程中,座钣一般都有转动,其转动规律是:在新炮位上开始射击时,座钣倾角 ω 一般是减小的;当座钣下沉到一定深度再继续射击时,ω 逐渐增大。对于上述现象,可以根据土壤对座钣作用的抗力分布情况做如下解释。

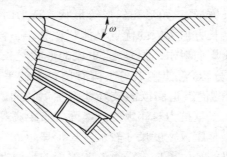

图 5-61　座钣坑的断面形状示意图

　　座钣一般是倾斜地置于炮位内。火炮后坐时土壤对座钣的支撑反力在整个座钣上并不是均匀分布的。对新构筑的炮位来说,由于靠近座钣后部的土壤比较疏松或座钣坑较浅使座钣后部高出地面,座钣前部受到土壤的支撑反力较大,支撑力的合力 R 位于驻臼前方,如图 5-62(a)所示。因此最初几发炮弹射击时,座钣向 ω 减小的方向转动。当座钣下沉到一定深度以后,土壤对座钣的支撑反力逐渐趋于均匀,R 近似地通过座钣的形心。由于驻臼中心一般在座钣形心之前,所以此时 R 一般在驻臼的后方,如图 5-62(b)所示。因此,在连续射击若干发炮弹以后,座钣会向 ω 角增大的方向转动。

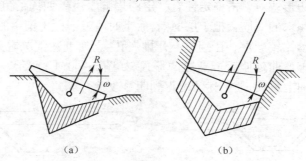

　　　　　　　　　（a）　　　　　　　　　　　　　　（b）

图 5-62　土壤抗力分布示意图

　　为了改善火炮的射击稳定性,提高射击精度,座钣设计一般应使驻臼尽可能地低于主钣平面,并把驻臼适当布置在座钣支撑平面形心的前面,以保证后坐部分重心位于炮膛轴线的上方,改善射击稳定性和射击精度。

　　近代迫击炮的驻臼一般都布置在主钣平面的下侧,常采用中间低凹的主钣结构,并且尽可能地使驻臼位置低些。由于座钣轮廓尺寸的限制,以及炮尾与座钣之间空间尺寸有限,所以,实际驻臼位置相对于主钣平面的降低程度是有限的。有的座钣是采用翻边向上的主钣来弥补其不足。

5.5.3.4　座钣的正投影面积对射击稳定性的影响

　　一般情况下,迫击炮在射击时炮身轴线与座钣的主钣平面是不垂直的(图 5-63)。图 5-63 中,R 和 T 是土壤抗力的垂直分量和切向分量。为了保证射击时炮身沿炮膛轴线后坐,要求 R 和 T 要有一定的比值关系。射击时,如果土壤产生的切向抗力太小,座钣容易后滑,影响后坐稳定性。土壤抗力的垂直分量 R 主要取决于座钣的支撑面积 S_b,土壤抗力的切向分量 T 主要取决于座钣的正投影面积。

座钣的正投影面积是指从座钣的正前方沿平行于主钣平面的方向投影得到的投影面积。梯形座钣的正投影形状如图 5-64 所示。正投影面积主要取决于座钣的高度。现将 20 世纪 60 年代以来我国自行设计的各种迫击炮座钣的支撑面积 S_b 和正投影面积 S_c 列入表 5-4。从表 5-4 可以看出,各种迫击炮座钣 S_c/S_b 的比值在 0.333~0.372 之间。

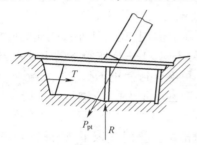

图 5-63　土壤抗力对后坐直线性的影响

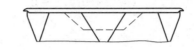

图 5-64　梯形座钣的正投影形状

表 5-4　座钣投影面积

炮　　种	63 式 60mm 迫击炮	63-I 式 60mm 迫击炮	67 式 82mm 迫击炮	71 式 100mm 迫击炮	64 式 120mm 迫击炮	某 140mm 迫击炮
支撑面积 S_b/cm^2	624	740	2140	3800	6500	1400
正投影面积 S_c/cm^2	219	246	782	1300	2418	5134
S_c/S_b	0.350	0.333	0.366	0.342	0.372	0.367

5.6　射击运动与射击稳定性

上一节讨论了座钣结构对射击稳定性的影响,本节对迫击炮的射击运动和射击稳定性进行系统介绍。

迫击炮和一般火炮相同,它必须满足以下基本要求:保证各零件的强度和刚度;一定的射击效能和良好的机动性。但在具体内容上,迫击炮和一般火炮之间又有明显的区别。

迫击炮的射击效能主要包括弹丸威力、发射速度、连续射击能力和射击精度等。迫击炮的射击精度主要是指射击密集度和听从指挥的能力,这是发挥迫击炮威力的基本条件。在设计迫击炮时,力求满足它的射击精度的要求是极为重要的。

很明显,如果迫击炮发射时火炮运动过分剧烈与不稳定,如座钣下沉、滑移和转动过大,复进反跳剧烈等,就容易加大射弹的散布,并可能使散布中心移动,致使射击精度下降。为了使迫击炮具有良好的射击精度,就要求在发射时对迫击炮的静止性和稳定性有一定的保证。

对于一般火炮而言,"射击静止性"是指火炮在射击时不产生水平移动的性能,"射击稳定性"是指火炮在射击时不产生跳动的性能。这样的要求,对于目前结构的迫击炮来说是难以满足的。

因为目前一般火炮都采用了反后坐装置,发射时火药气体压力对炮膛作用的合力经过反后坐装置消耗了部分能量,并且改变了对炮架作用力的分布规律,使炮架实际承受的后坐阻力比炮膛合力要小得多。

近代的迫击炮,特别是中、小口径迫击炮,为了保证能直接伴随步兵作战,要求迫击炮具有重量轻、结构简单、使用方便和射速高等性能。因此,迫击炮一般都不采用反后坐装置。这样,炮膛合力就经座钣直接作用在土壤上,使土壤单位面积上承受座钣作用的最大压力(比压)很大,比土壤所能允许的保持其不破碎的抗力大好几倍。

而且在射击过程中,当炮膛轴线相对于座钣不垂直时,还会使座钣的实际支撑面积减小,此时比压值还会更大。显然,在这种情况下射击时,迫击炮座钣下的土壤很容易破碎,而且还储存一定的能量。因此在射击中,座钣不可能保持静止不移动和不跳动。

由此可知,对迫击炮射击时"静止性"和"稳定性"的要求,应该与对一般火炮的要求有所不同。

迫击炮射击时"静止性"和"稳定性"是指迫击炮后坐时座钣下沉、滑移和转动要小;复进时座钣的跳动也要小,以保证较好的射击精度以及持久的连续射击性能。射击的静止性和稳定性分别指后坐和复进过程中迫击炮运动的有限性。方便起见,下面称之为射击稳定性。

为了保证火炮良好的机动性,通常希望火炮的尺寸尽量小,重量尽量轻。但是,对于迫击炮的尺寸和重量不能仅仅从满足强度和刚度的要求来考虑。因此,我国对迫击炮采用性能更优良的材料而使其在满足强度和刚度的要求下,尺寸过分地减小和重量过分地减轻时,就可能造成迫击炮射击稳定性的下降,如射击中出现下沉和滑移大以及复进反跳剧烈。这就使迫击炮的实际射击效能下降。

5.6.1 迫击炮在发射时的运动过程

根据对迫击炮发射时的高速摄影记录的分析,获得了对迫击炮在发射时运动过程的了解。

迫击炮在发射开始阶段,弹丸在膛内加速运动,同时使后坐部分开始加速后坐,后坐缓冲簧受压缩。当后坐速度达到最大值时,开始减速后坐。

弹丸飞出炮口后,后坐部分以惯性继续后坐,并不断减速。此时,双脚架受缓冲机力的作用明显地绕双脚架的下支点向后转动,后坐缓冲簧伸长,并顶起炮身,使炮身明显转动。当后坐达到缓冲行程极限位置时,后坐部分与双脚架就可能发生一次后坐碰撞。

后坐终止后,后坐部分在土壤弹力作用下开始复进。此时,双脚架仍继续向后转动,后坐部分开始压缩复进簧。到一定位置时,可能发生一次复进碰撞,双脚架向相反方向(向前)摆动(此时脚盘有可能离地跳起)。后坐部分复进反跳后又落下。炮身与双脚架经过若干次小振动后即在炮位上逐渐稳定下来,缓冲机又恢复到射前状态。

射后由于座钣下沉及双脚架位置的变化,整个迫击炮的几何图形有所改变,一般是使炮身仰角增大。

实际上,在一般情况下,只要缓冲机和座钣等设计比较合理,迫击炮在发射过程中是不会发生碰撞现象的。

图 5-65 所示迫击炮后坐速度 v 与后坐行程 X 随时间 t 的变化曲线。由图 5-65 可知,后坐速度在加速阶段上升很快,而减速慢。但后坐减速的开始点比较早。一般达到最大后坐速度的时间是在最大膛压时和弹丸出炮口时之间。在硬土上射击时,最大后坐速度的时间接近于最大膛压时的时间;而在松软土上射击时,最大后坐速度的时间就接近于弹丸出炮口时的时间。

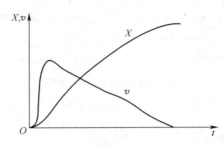

图 5-65　后坐速度与后坐行程随时间的变化曲线

5.6.2　射击稳定性对射击准确性的影响

为了提高射击准确性,应使炮弹出炮口时的运动参数趋于一致。炮弹出炮口时的运动参数受炮身运动的影响。炮身的后坐和摆动影响炮弹出炮口时的初速度大小和炮弹出炮口时的摆动。

5.6.2.1　炮身后坐对炮弹初速度的影响

发射时,由于炮身后坐影响火药燃烧的内弹道特性,使膛压降低,炮弹的初速度减小。如果各发射击时炮身的后坐规律一致,后坐运动对炮弹初速度的影响也是一致的,产生的是系统误差,对射弹散布不会造成影响;如果各发射击时后坐条件不一致,由于上述影响会造成炮弹的距离散布误差。在新构筑的炮位上射击时,由于开始几发火炮的后坐量大,上述因素的影响比较严重。因此,如果迫击炮在松软土地上射击时,最初几发炮弹的射程往往是偏近的。连续射击后,由于土壤逐渐被压实,火炮的后坐减小,在同样的装填条件下出现射程递增。如 55 式 120mm 迫击炮,在不同的土质条件下用强装药进行对比试验(表 5-5),可以看出,在松软土上射击比在水泥地上射击平均降低膛压 9.7%,降低初速度 3.7%。

表 5-5　不同土质条件下试验结果对比

炮位土质	膛压/10^5Pa	初速度/(m/s)
水泥地	792	280.8
松软地	715	270
注:表中膛压和初速度都为均值		

为了减小炮身后坐对炮弹初速度的影响,发射阵地应选择比较硬的土壤,构筑工事时应将座钣下面的土壤捣实,使筋钣与土壤贴合。在松软土上射击时,开始几发也可以采用适当增加表尺射程的方法进行修正。

5.6.2.2 后坐时炮身摆动对炮弹的影响

由于火炮后坐时炮身的摆动,使炮弹出炮口瞬间获得绕质心的回转角 δ_0、回转角速度 ω_0 以及质心沿垂直于炮膛轴线的分速度 u。δ_0 和 ω_0 的存在,使炮弹出炮口时的章动角增大,使炮弹飞行的切向阻力增加,射程减小;质心的速度分量 u 的存在,使炮弹出炮口时的速度方向改变,从而影响射程。由于迫击炮的射角一般都大于 $45°$,发射时如果炮身向上摆动,u 的影响相当于射角增大,使射程减小;如果炮身向下摆动,u 的影响相当于射角减小,使射程增大。因此,发射时,炮身向下摆动,u、δ_0 和 ω_0 对射程的影响是相互抵消的,而且炮身向下摆动受到脚架支承的限制,其摆动量不可能很大。因此,为了减小射击时炮身的摆动以及摆动对射弹散布的影响,希望炮身在后坐过程中获得一定的向下转动力矩,使炮身转动的方向是向下压双脚架。

5.6.3 影响迫击炮射击稳定性的主要因素

5.6.3.1 内弹道特性

迫击炮内弹道特性是产生射击稳定性问题的动力因素,影响大。其起主要作用的是弹丸出炮口时的动量。动量越大,炮膛合力经座钣对土壤作用的冲量越大,土壤产生的弹性变形和塑性变形也越大。这对射击稳定性来说就越不利。

炮口动量是由战术技术要求决定的,一般是不允许改变的。在保证一定的炮口动量条件下,当膛内压力随时间的变化曲线比较平缓时,最大膛压值较小,则在射击时,座钣对土壤的作用比较缓和,座钣与土壤的贴合条件就较好一些,这就有利于射击稳定性的提高。相反,如果最大膛压值较大,曲线比较陡,则在射击时座钣容易将土壤剪断压碎,使座钣周围土壤吸收后坐能量的作用区域减小,对射击稳定性就不利。因此在满足战术技术要求的条件下,应尽可能地减小最大膛压值,以利于射击稳定性的提高。

5.6.3.2 迫击炮的重量与重心

迫击炮重量对射击稳定性的影响是明显的。当迫击炮座钣面积和重量较大时,一般都不会发生不稳定现象。条件相反时,则可能出现不稳定现象。这同一般火炮是一样的。由此可见,射击稳定性问题体现了迫击炮威力与机动性矛盾的一个重要方面。

迫击炮重心位置对射击稳定性也有较大的影响。全炮重心较高时,在射击前操作火炮的稳定性就较差;而射击时迫击炮的稳定性也差,容易在复进反跳时发生全炮的倾斜和翻倒。对于各部件重心位置,在射击过程中主要表现为惯性力的影响。

必须特别注意的是,后坐部分重心和座钣重心的位置。后坐部分重心应满足在炮膛轴线上侧,并且到炮膛轴线的距离要力求近的原则,以利于改善射击精度和减小对炮架的力。而座钣重心在满足上述要求的条件下,应尽可能地接近驻臼中心和座钣支撑面的形心,以减小发射时座钣的翻转力矩。这样可以减小炮身的转动,并保证座钣以一定的支撑面积均匀下沉。

5.6.3.3 座钣的结构尺寸

座钣的结构尺寸对迫击炮射击稳定性的影响是很大的。由于涉及土壤等因素,因此情况比较复杂。就座钣本身而言,其筋钣形状、主钣形状、驻臼位置、支撑面积都会影响射击稳定性,详见上一节相关内容。

5.6.3.4　发射阵地的土质特性

迫击炮发射阵地的土质情况一般可分为三类：硬土（如水泥地、冻土、山石地等）、松软土（如松土地、沼泽地等）、中等土。

一般来说，在硬土上射击时稳定性较好。因为当土壤硬度和强度很大时，阵地土壤就如一块整体。射击时影响区域大，土壤也不易压碎成小块。后坐时地面阻力大，储存能量少，使后坐和复进时具有良好的稳定性。

在松软土上射击时，土壤抗力小，后坐时下沉大，但很少反跳。对于砂土地，由于在连续射击时会被压实，因此就会逐渐具有中等土的特性。

在中等土上射击时情况比较复杂。一般它的弹性较大。后坐时，下沉不如松软土严重。储能多，复进时，反弹作用较大。由于中等土土质中的成分、含水量和含气量等的情况不同，因此这种土壤的土质特性就比较复杂。一般指的是常见的、含杂质少的、易于构筑工事的"中硬土"。

5.6.3.5　工事构筑

炮位土质改造与迫击炮架设等统称为工事构筑。工事构筑的方法不同，对于迫击炮射击稳定性也有明显的影响。

在阵地上，座钣下较大的石块应该去掉，以便提高土壤阻力分布的均匀程度，并避免座钣很快地向一侧倾斜的可能。

对于松软土应采用加固措施，如捣实、在座钣下加垫碎石、树枝或打木桩等，以提高炮位工事的强度，增大发射时对土壤的影响区域，减小座钣的下沉、滑移和转动。

对于表面松散的土壤应铲除，以改善土壤对座钣的贴合条件和提高座钣的"抓土"能力。

对于座钣坑应挖到一定的深度，这样座钣周围的土壤较多，限制作用较大，后坐时不易滑移，复进时不易跳出坑外。又由于下层土壤湿度较大，含气量较少，射击时储能少，贴合座钣性能好，所以坑深对射击稳定性的提高有利。但是，座钣坑过深会对勤务操作带来困难，架炮时，座钣的倾斜角直接影响座钣铅直和水平的支撑面积的大小（也就是影响射击时座钣的下沉和滑移量），同时还影响后坐部分的重心位置。由于迫击炮常用射角在 $60° \sim 70°$，因此在工事构筑时应使座钣与水平面之间成约 $20° \sim 30°$ 的倾角，以使炮身相对于座钣尽量接近于垂直位置，有效地发挥座钣面积的支撑作用。脚架位置过前或过后，不仅影响高低射界范围，而且还影响整个迫击炮支撑面积的大小，对射击稳定性也有影响。

5.6.3.6　射击条件

射击条件是指发射装药量、射角、方向角、药温和气温等因素。当发射装药量多，药温和气温高时，射击中的膛压高、初速度大，炮口动量也就大。很明显，这对射击稳定性不利。但是，当药温很低时，发射药变脆，薄片火药容易碎裂，在发射时也有可能使膛压增高、初速度增大。

射角大时易使座钣下沉量增大，射角小时易使座钣后滑量增大。射角的变化还影响后坐部分重心位置的改变。

方向角反映了炮身与座钣正方向之间的夹角。当炮身偏离座钣的正方向时，后坐部分重心也会偏离座钣的正方向。这样，射击时还会增加座钣的侧向位移和侧向转动角，这对射击稳定性的改善也是不利的。

从上述几方面的介绍可以看出,影响迫击炮射击稳定性的因素是很多的,而且又是很复杂的。其中,炮、弹药、射击条件等是属于迫击炮系统本身的因素,有一定的规律。工事构筑情况是人为的因素,可以控制。而土质情况是外界条件,情况复杂,对射击稳定性的影响也大。因此,研究显著影响迫击炮射击稳定性的座钣、土质和工事构筑等因素,对于迫击炮的不断改进和正确发挥迫击炮的射击效能有着重要意义。

第6章 轻型无坐力武器结构原理

6.1 无坐力炮炮身

无坐力炮炮身一般由身管、药室、炮尾、炮闩四部分组成,身管是其中最重要的组成部分。现有无坐力炮的炮身基本上全采用单筒身管。根据身管内壁有无膛线,可分为线膛身管和滑膛身管;根据管壁结构的不同,可分为单筒身管和紧固身管等,紧固身管又有筒紧身管、丝紧身管和自紧身管之分。由于无坐力炮的药室较大,所以多数无坐力炮的炮身是由炮管和药室两个主要零件旋合在一起组成的,只有个别炮身的炮管和药室是整体的。药室尺寸较小者(一般为圆柱形药室),可将身管和药室做成一体(图 6-1(a))。锥形药室往往将炮尾和药室做成一体(图 6-1(b)),小药室则将药室和炮尾分成两段。消除后坐的喷管做在闩体上,或由炮尾和闩体组合而成,如图 6-1 所示。

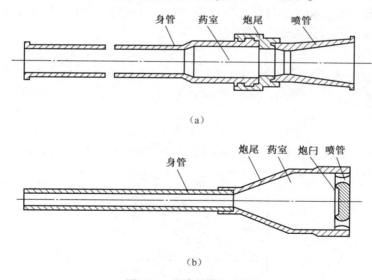

(a)

(b)

图 6-1 炮身结构示意图
(a)身管与药室一体的炮身;(b)炮尾与药室一体的炮身。

6.1.1 对炮身的要求

对炮身的要求如下:

（1）保证火炮得到所要求的内弹道诸元。因此,炮身应具有所需的药室容积、炮管长度等内膛结构尺寸。

（2）有足够的强度,保证在各种可能条件下射击时,不产生残余变形。因此,身管的壁厚要根据计算膛压曲线确定,要有足够的安全系数值,同时还要考虑连续射击时身管温度升高等因素对身管强度的影响。

（3）有足够的刚度,保证身管在加工和使用中不产生大的弹性变形,射击时不产生显著的振动。

（4）重量要轻,因此,应采用能减轻身管重量的内弹道设计方案和高强度材料。

（5）内膛结构要合理,要保证弹带能很好地嵌入膛线,弹丸能顺利通过身管。药室形状要既有利于火药气体流通,又便于装填弹药和减轻炮尾重量。

（6）身管长度应满足战术技术要求,与其他零部件的连接应可靠,装拆应方便、迅速。

（7）形状简单,工艺性好。

6.1.2　炮膛结构与尺寸

无坐力炮身管外部形状一般较为均匀,个别炮身的身管和药室是整体的,其外部尾端横向尺寸较大。而身管的内部称为管膛,在管膛和药室内膛两部分之间一般还有坡膛。

6.1.2.1　管膛

无坐力炮管膛分为滑膛和线膛两种。滑膛管结构简单,其内部就是一段光滑圆筒形膛壁,膛壁内径就是火炮的口径。线膛管与滑膛管不同之处在于其内部刻有膛线。膛线主要用于赋予弹丸飞行稳定所需的旋转速度,在线膛无坐力炮射击过程中发挥重要作用。膛线的种类和结构是根据弹丸导转部的结构、材料、火炮的威力和身管的寿命等因素确定的。下面主要介绍线膛管内部的膛线。

1）膛线的缠度

膛线绕身管一周,沿身管轴线向所进的距离用口径倍数表示称为缠度 η,膛线切线与身管轴线间的夹角 α 称为缠角,η 和 α 的关系为

$$\eta = \frac{\pi}{\tan\alpha}$$

α 不变的膛线称为等齐膛线,如图 6-2 所示。目前,无坐力炮均采用这种膛线。

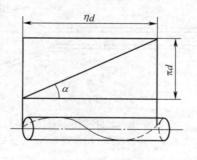

图 6-2　等齐膛线

由外弹道学可知,保证弹丸稳定飞行所需的缠度用下式计算:

$$\eta = k_\alpha \frac{\pi}{2} \sqrt{\dfrac{\mu C_q}{\dfrac{h}{d} \dfrac{I_C}{I_A} K_M}}$$

式中：α 为稳定系数，一般取 $0.75 \sim 0.95$；d 为弹径；h 为弹丸重心到空气阻力中心的距离，$h = V/d^2$，其中，V 为弹丸由赤道平面到弹顶间的体积，赤道平面为通过弹丸重心并垂直于弹轴的平面；I_A 为弹丸对弹轴的转动惯量；I_C 为弹丸对赤道平面内过重心的轴的转动惯量；C_q 为弹重系数，$C_q = \dfrac{q}{d^3}\left(\dfrac{kg}{dm^3}\right)$，$q$ 为弹量；μ 为弹丸质量对弹轴的分布系数，$\mu = \dfrac{4gI_A}{qd^2}$，普通榴弹的 $\mu \approx 0.55$，薄壁弹的 $\mu \approx 0.65$；K_M 为翻转力矩中一个与弹丸初速度 v_0 有关的函数，其参考值列于表 6-1。

表 6-1　K_M 参考值

$v_0/(m/s)$	$K_M/10^3$	$v_0/(m/s)$	$K_M/10^3$	$v_0/(m/s)$	$K_M/10^3$	$v_0/(m/s)$	$K_M/10^3$
100	1.20	300	1.52	400	1.65	700	1.27
200	1.22	325	1.62	450	1.59	800	1.20
250	1.28	350	1.66	500	1.51	900	1.15
275	1.36	375	1.67	600	1.38	1000	1.10

2）膛线轮廓与尺寸

无坐力炮的膛线轮廓一般采用矩形（图 6-3）。通常取阳线宽 $a = 3.5 \sim 4.5 \text{mm}$。阳线宽 a 和阴线宽 b 之间的关系与弹带材料和计算膛压的最大值 p_m 有关。对软铜弹带，当 $p_m < 120\text{MPa}$ 时，可取 $1.3a < b < 1.6a$；当 $p_m > 120\text{MPa}$ 时，取 $1.5a < b < 2a$。膛线的条数为 $n = \pi D/(a+b)$，为便于加工和测量，n 应为 4 或 2 的整数倍。膛线的深度为 $t = (D_1 - D)/2$，无坐力炮膛压低，弹带预先刻槽，因而通常用浅膛线，$t \approx 0.01d$，其中 d 为火炮口径。弹带预先刻槽减小了弹带嵌入膛线的过程，对提高身管寿命有利，但有导转不够理想、漏气和弹丸装填困难等缺点。为使弹带上的槽迅速对正阳线，可在阳线的端部两侧倒角 θ（图 6-4），θ 的大小约为 $30° \sim 40°$。如不倒角，则需在弹丸的弹带前设导销。

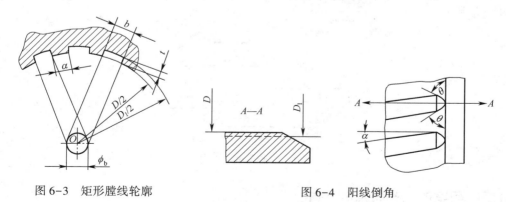

图 6-3　矩形膛线轮廓　　　　　　　　　　图 6-4　阳线倒角

三种无坐力炮的膛线诸元列于表 6-2。

表 6-2　三种无坐力炮的膛线诸元

炮名	缠角 α	缠度 η	条数 n	阳线		阴线		注
				直径 D	宽度 a	直径 D_1	宽度 b	
75mm 无坐力炮	8°7′30″	22 倍口径	28	74.93	3.66	76.45	4.7	铜制弹带,刻槽
105mm 无坐力炮	8°55′30″	20 倍口径	36	105	3.81	106.9	5.35	
瑞典 84mm 无坐力炮	4°30′	40 倍口径	24	84	4.3	$85.9^{+0.1}$	6.7	塑料弹带,不刻槽

6.1.2.2　坡膛

炮膛内应尽量避免尖棱和突变,因为这会引起燃气的总压损失。尤其是扩大系数较大的药室,由于药室横断面积和炮膛横断面积之比较大,如果两者间不是逐渐收缩而是突然收缩,则亚声速的燃气流流过截面突然收缩的管道时,将发生分离,形成漩涡区,如图 6-5 所示。漩涡区中的气体微团前进速度很慢,且做不规则乱动或相互碰撞,造成较大的能量损失(动能变成热能而损失掉)。为减少这种局部能量损失,同时保证顺利装填弹药和使弹丸顺利通过炮膛,药室和管膛的连接部应做成逐渐收缩的形状,此连接部称为坡膛(图 6-6)。

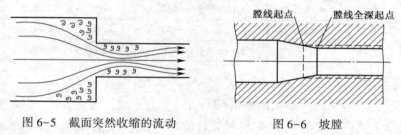

图 6-5　截面突然收缩的流动　　　　图 6-6　坡膛

线膛管的坡膛发射前容纳弹带,发射时弹带由此逐渐嵌入膛线。滑膛管的坡膛可保证顺利装填弹丸和使弹尾结构顺利进入管膛。

坡膛的斜角除了与燃气流动的要求有关外,还与弹带的结构、材料和炮身的寿命有关。线膛管的坡膛斜角如图 6-7 所示。斜角 β_1:对弹带刻槽的弹,一般为 25°~35°;对弹带不刻槽的弹,一般为 5°~10°。药室径向尺寸与管膛径向尺寸之比较大时,β_1 较大;反之较小。坡膛长度 h 可取 $\dfrac{3}{4}\dfrac{D_1 - D}{\tan\beta_1}$。

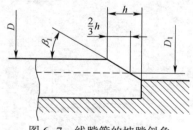

图 6-7　线膛管的坡膛斜角

6.1.3　药室的结构特点和尺寸

药室是放置发射药和保证发射药正常燃烧的空间。它的容积由内弹道设计确定,其结构和尺寸主要取决于发射装药的结构、炮尾-炮闩-喷管的结构以及药室容积的大小。

6.1.3.1　对药室的要求

对药室的具体要求如下：

（1）弹丸装填到位后，其药室容积应符合内弹道设计所确定的药室容积 W_0；

（2）弹丸装填到位后，弹丸底面到药室底的距离与内弹道设计所确定的药室长基本相同；

（3）药室的形状要适于火药气体流通，便于装填弹药和抽出药筒，有利于减小炮尾和炮闩的尺寸和重量；

（4）保证装药燃烧一致性好，并尽量减小装药的流失；

（5）工艺性好，便于加工。

6.1.3.2　药室特点

无坐力炮在发射过程中不断有火药气体从喷管流出。这部分火药气体不参与对弹丸做功。因此，它的装药利用率比一般火炮的低。要获得相同的炮口动能，无坐力炮需要比一般火炮装更多的发射药，约为一般火炮的 2~3 倍。无坐力炮的装填密度也比一般火炮的低。由药室容积计算公式 $W_0 = \omega/\Delta$ 可以看出，这两个因素必然会造成 W_0 的增加。

此外，由内弹道学可知，装药燃烧速度主要取决于燃烧压力，即要使装药燃烧均匀，必须使药室内压力分布均匀。而药室横断面积的增加有利于减小药室内的压力差值和流速，即有利于装药燃烧的一致性。

上述原因导致了无坐力炮区别于一般火炮的显著特点——有较大的药室。

无坐力炮药室的另一特点是，在发射过程中有未燃完的发射药从喷管流出，此现象称为装药流失。通过试验可知，经喷管流出的未燃完的发射药药粒总量与药粒喷出所经过的平均距离成反比。因此，在能保证装药正常燃烧和药室内压力均布的前提下，增加装药从燃烧到喷出的运动距离，对减小装药流失是有利的。弹丸启动与喷孔打开如同时出现，也利于减小装药的流失。

另外，有效的挡药装置也是防止装药流失的有力措施。挡药装置有的放在弹上，有的放在药筒上，有的放在药室底部或闩体上（喷管前）。究竟采用何种装药方式，涉及炮、弹、装药的合膛结构，在总体设计时应予以很好的考虑。

6.1.3.3　药室形状

药室的形状和尺寸取决于发射装药的结构、炮闩式样及所需药室容积的大小。药室形状要适于流通火药气体，便于装填弹药和抽出药筒，并要有利于缩小炮闩和炮尾的尺寸和重量。

对不挡药的金属药筒装药，药室形状与药筒外形一致（图 6-8）。它由药室本体、连接锥和圆柱部组成。药室口部直径 D_k 由弹道直径决定。容纳弹带药室圆柱部的长度比药筒口部的长度稍长些，一般长出一个弹带的宽度。为装填和抽筒方便，除药室本体应有 $1/60 \sim 1/120$ 的锥度外，在药室和药筒间还应有适当的间隙，间隙的大小与药筒的强度有关，间隙过大会使药筒塑性变形甚至破裂。一般，圆柱部的间隙为 0.2~0.5mm，连接锥部的间隙为 0.2~0.8mm，药室底部的间隙为 0.35~0.37mm（最大不应超过 0.7mm）。

对药包或可燃药筒装药及有孔药筒装药，药室形状有的做成圆柱形，有的做成圆锥形。这两种形状都能使药室内压力分布较均匀。圆柱形药室有利于减小炮尾和炮闩的尺

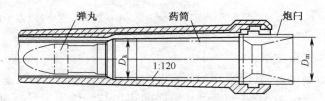

图 6-8　与药筒外形一致的药室

寸,从而使炮身的受力减小,重量减轻。圆锥形药室更符合膛内气体流动的要求,有利于改善弹后空间的压力分布。但锥度不宜过大,否则会使炮尾、炮闩的横向尺寸增加,从而加大炮身的受力和使重量增加。

圆锥形药室内膛的典型结构如图 6-9 所示。它由一段大圆锥及一或两段短的圆锥与圆柱组成。药室总长 l_y 主要由装药长度决定。对有药筒装药,l_y 基本上等于药筒长度;对无药筒装药,l_y 稍大于装药长度,但不宜超过 1.5 倍,如装药聚集在药室的一端,易产生膛内反常的压力波,增加炮管内压力的峰值和跳动。各组成部分的作用及概略尺寸列于表 6-3。各组成部分间最好用圆弧过渡。

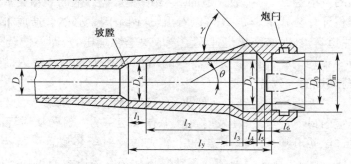

图 6-9　圆锥形药室结构

表 6-3　典型圆锥形药室的构造与作用

组成部分名称	作　用	概略尺寸	注
圆柱 l_1	用于与药筒口部配合	$l_1 \geqslant 0.6D_k$,D_k 由弹带直径决定	—
锥体 l_2	药室容纳装药的基本部分,与药筒间要有一定的排气空间	l_2 在总长 D_y 的分配中决定,D_y 由药室腔容积及所需的排气空间决定	—
锥体 l_3	连接锥体 l_2 与圆柱 l_4,可用来调整药室容积	半锥角 $\theta = 8° \sim 20°$	如通过其他尺寸在合理范围内的改变能得到所要求的药室容积,可不要此部分
圆柱 l_4	造成足够大的排气空间,降低药室底部的气流速度	$l_4 = (0.4 \sim 0.7)D_m$,D_m 由所需的排气空间决定	—
收敛部 l_5	减少作用于炮闩的力	收敛角 $\nu \approx 30° \sim 60°$	有些炮的收敛部在闩座上,$\nu = 90°$
口部 l_6	进弹	l_6 取 $6 \sim 12$mm,D_0 由弹药外廓尺寸决定	—

最大内径,即药室底部的最大内径,且有

$$D_{\mathrm{m}} = \sqrt{\frac{4S_{\mathrm{ym}}}{\pi}}$$

式中:$S_{\mathrm{ym}} = S_{\mathrm{t}} + S_{\mathrm{r}}$ 为药室底部最大横断面积。其中,S_{t} 为装药中金属元件在 S_{ym} 处的横断面积,由金属点火管与药筒的内外径决定;S_{r} 为排气所需的药室底部最大通气面积。

S_{r} 与喷孔喉部面积 S_{kp} 之比是药室的重要结构参数,减小 $S_{\mathrm{r}}/S_{\mathrm{kp}}$ 将使药室变细,从而使炮尾或炮闩的受力、尺寸和重量都减少。但药室内气体的压差和流速将增加,易使发射药随气体流出炮膛,增加膛压和初速度的跳动;对有挡药筒的装药,由于筒外气流速度加大,筒内外的压力差将增大,因而需要增加药筒强度。

图 6-10 所示为根据气体动力学算出的药室的 $\mu_{\mathrm{r}}/\alpha_{1}$ 和 P_{r}/P 与 $S_{\mathrm{r}}/S_{\mathrm{kp}}$ 间的关系曲线。μ_{r} 和 P_{r} 分别为药室底部 S_{ym} 处的气流速度与压力,α_{1} 为喷孔喉部断面处的气流速度(等于当地声速),P 为膛内气流速度 $\mu = 0$ 处的压力。由这两条曲线可知:当 $S_{\mathrm{r}}/S_{\mathrm{kp}} < 2$ 时,稍加大 S_{r},药室底的 μ_{r} 会急剧减小,P_{r} 会急剧增加;但 $S_{\mathrm{r}}/S_{\mathrm{kp}} > 4$ 以后,即使大量增加 S_{r},μ_{r} 和 P_{r} 的变化也很小。因此,若取 $S_{\mathrm{r}}/S_{\mathrm{kp}} > 4$,将突然增加药室和炮尾的尺寸与重量;若取 $S_{\mathrm{r}}/S_{\mathrm{kp}}$ 接近于 1(直管炮),药室内 μ_{r} 很大,将难以获得良好的内弹道性能。此外,确定 $S_{\mathrm{r}}/S_{\mathrm{kp}}$ 值,还应考虑火炮总体设计和弹药设计方面的要求。如对不挡药药筒装药,为不使药筒直径过大,$S_{\mathrm{r}}/S_{\mathrm{kp}}$ 值宜接近于 1;对药包装药,在采取其他措施能保证内弹道性能的情况下,为减轻药室和炮尾重量,有的炮取 $S_{\mathrm{r}}/S_{\mathrm{kp}} = 1.6$。一般情况下,对各种装药,$S_{\mathrm{r}}/S_{1}$ 值为

不挡药药筒装药　　$S_{\mathrm{r}}/S_{\mathrm{kp}} = 1.5 \sim 1.8$

药包或可燃药筒装药　$S_{\mathrm{r}}/S_{\mathrm{kp}} = 2.0 \sim 3.0$

挡药药筒装药　　$S_{\mathrm{r}}/S_{\mathrm{kp}} = 2.5 \sim 3.5$

在火药薄、药量大或膛压高时,宜取大值;在大威力无坐力炮上,有时取 $S_{\mathrm{r}}/S_{\mathrm{kp}} \geqslant 3.5$。

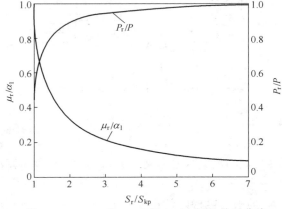

图 6-10　$\mu_{\mathrm{r}}/\alpha_{1}$ 和 P_{r}/P 与 $S_{\mathrm{r}}/S_{\mathrm{kp}}$ 间的关系曲线

6.1.4　炮闩和炮尾

6.1.4.1　分类及要求

炮闩和炮尾的结合方式,按开关闩动作大体可以分为两次转动式炮闩和一次转动式炮闩两种。

两次转动式的炮闩(又称螺式闩)通常用断隔齿连接。断隔齿有单层直面齿(图6-11(a))和多层螺纹齿(图6-11(b))两种。开关闩由闩体在接闩臂上的转动和接闩臂绕闩臂轴的转动两个动作完成。

一次转动式的炮闩(又称摆动式炮闩),其一端用闩轴与炮尾连接,另一端用闭锁凸起与炮尾直接连接或通过闭锁铁连接。开关闩由炮闩绕闩轴的转动完成。闩轴轴线的位置决定了炮闩摆动的方向,有垂直于炮膛轴线(图6-12(a))和平行于炮膛轴线(图6-12(b))两种。

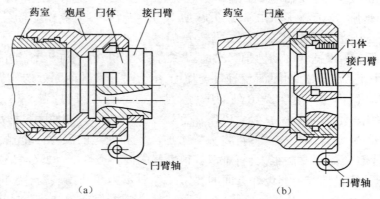

图6-11 两次转动式炮闩

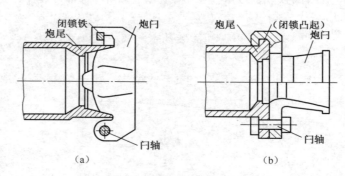

图6-12 一次转动式炮闩

对炮闩与炮尾的要求是:

(1)闭锁可靠,有足够强度。

(2)孔的形状和尺寸,能满足炮身平衡要求,有较大的推力和较小的喷火危险区,喷孔要耐烧蚀或便于更换。

(3)应有关闩到位后的限位机构以防止自行开闩,有关闩不到位不能击发的保险机构,半自动炮闩要保证在膛内压力还很大时不能开闩。

(4)关闩操作简单省力,开闩过程中压缩击针的闩体结构的开闩力也不应大于200N,开关闩手柄的位置要便于射手在危险区方便地操作。

(5)炮闩开闩到位时要有缓冲装置,要有确定的位置。

(6)便于分解、结合,能迅速更换调孔环和击针尖等零件。

(7)保证击发机动作准确可靠,抽筒子不但要能抽动药筒而且能抽动全备弹,需进行大射角射击的炮必要时应设有挡弹装置。

6.1.4.2　炮闩和炮尾上的装置

在炮闩和炮尾上,常装有关闩装置、闩体定位装置、抽筒装置等。

1) 开关闩装置

开关闩装置的作用是支承和带动闩体闭锁炮膛和打开炮膛的运动。

开关闩装置一般由接闩槽、开关闩手柄和把运动传至闩体的传动构件等组成。开关闩手柄有的装在闩体上(图 6-13(a)),直接带动闩体运动;有的装在炮尾上(图 6-13(b)),通过滑板等传动构件带动闩体运动。

对开关装置的要求是:

(1) 操作方便安全,开关闩时手柄应位于危险区外。

(2) 在连续射击、炮闩温度很高时,开闩力仍应在 200N 以下。

(3) 结构简单,动作确定。

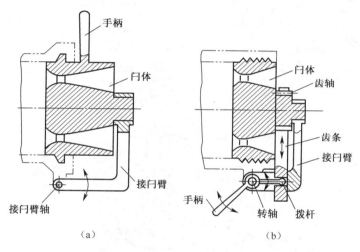

图 6-13　开关闩装置示意图

2) 定位装置

定位装置的作用是关闩和开闩到位后,将闩体固定在一定位置上。

定位装置有关闩定位装置和开闩定位装置两种,一般皆由定位和弹簧等组成。关闩定位装置多装在手柄上,关闩到位时,其定位件常借簧力将炮闩与炮尾锁住;当需开闩时,定位件多借装在手柄上的杠杆或凸轮等机构解脱。有的关闩定位装置还与击发机的保险装置相连,只有当定位件锁住闩体时,才解脱保险。开闩定位装置有的装在闩体上,有的装在接闩臂上。当开闩到位时,其定位件常借簧力将闩体锁在接闩臂上;在关闩过程中,当需要闩体运动时,定位件多借凸轮机构解脱。有的开闩定位装置由抽筒钩或开闩滑板等构件兼作定位件。

对定位装置的要求是:

(1) 在各种情况下,动作确定。

(2) 除关闩定位件的解脱外,其余所有动作要能自动完成至开闩到位时,定位件自动卡住闩体等。

（3）尽量用其他装置（如抽筒、保险装置等）的构件兼作定位件，做到结构简单、紧凑。

3）抽筒装置

抽筒装置的作用是发射后抽出药筒或发射药支架，不发火时抽出整个弹药。现有炮的抽筒装置一般只将药筒制动一个小距离，整个药筒最后还需用手（带绝热套）取出。抽筒装置一般由抽筒钩和抽筒钩簧等组成。有的抽筒装置安装在炮闩或接闩臂上，如图 6-14 所示，边开闩边抽筒。有的安装在炮尾上，如图 6-15 所示，在开闩快到位时抽筒。

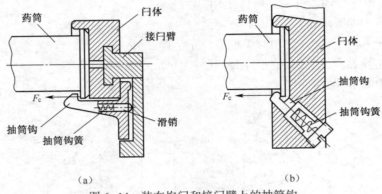

（a）　　　　　　　　　　（b）

图 6-14　装在炮闩和接闩臂上的抽筒钩

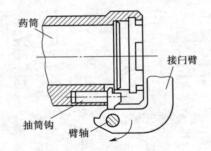

图 6-15　装在炮尾上的抽筒钩

对抽筒装置的要求是：

（1）结构简单，体积小，易于分解、结合。

（2）有足够的强度和刚度。钩齿根部应有圆弧，钩齿宽度宜大于药筒底缘厚度的 2~4 倍。

（3）有一定的弹性，而且在钩齿中应有斜面，保证抽筒钩在关闩时能自动让开弹底缘，在关闩到位时能可靠抓住底缘。在抽筒过程中，要防止钩齿在抽筒力作用下过早地从弹底缘滑脱，图 6-14 所示的抽筒力 F_c 应能使抽筒钩趋向药筒。

（4）抽筒钩簧不得暴露在火药气体中，要尽可能安置在湿度较低、散热较好的部位。

6.1.5　身管强度

6.1.5.1　身管弹性强度极限

火炮在各种条件下射击时，身管都必须具备足够的强度。身管不产生塑性变形时所能承受的最大内压力称为身管弹性强度极限。当内压小于或等于弹性强度极限时,身管只产生弹性变形,当内压高于弹性强度极限时,身管内表面就会产生塑性变形甚至破裂。因此,一般以身管弹性强度极限的大小来表示身管强度的高低。

根据单筒身管的受力情况和厚壁圆筒理论,在只有内压力 p 单独作用时,危险点在管的内壁上,三个主应力的数值分别为

$$\begin{cases} \sigma_1 = \sigma_t = p \dfrac{r_2^2 + r_1^2}{r_2^2 - r_1^2} \\[2mm] \sigma_2 = \sigma_z = \begin{cases} 0, & \text{无底} \\[2mm] \dfrac{p_1 r_1^2}{r_2^2 - r_1^2}, & \text{有底} \end{cases} \\[2mm] \sigma_3 = \sigma_r = -p \end{cases}$$

式中:σ_t 为身管内表面的切向应力;σ_z 为身管内表面的轴向应力;σ_r 为身管内表面的径向应力。

第二强度理论认为,材料的危险状态是由最大拉伸应变引起的,其强度条件为

$$\sigma_{r2} = \frac{2}{3} p \frac{2r_2^2 + r_1^2}{r_2^2 - r_1^2} \leqslant \sigma_p$$

当身管壁内的最大相当应力 $\sigma_{r2} = \sigma_p$ 时,身管材料处于危险状态,此时的内压,按前面所给出的定义可知,就是第二强度理论的身管弹性强度极限,以 P_{JII} 表示,其计算式为

$$P_{JII} = \frac{3}{2} \sigma_p \frac{r_2^2 - r_1^2}{2r_2^2 + r_1^2}$$

目前,我国主要采用第二强度理论的身管弹性强度极限作为身管强度设计的理论依据。

6.1.5.2　安全系数

设计安全系数(n)是用来协调身管实际工作情况与身管强度设计理论间差别的一个经验系数。在确定设计安全系数时,应把强度计算式中没有反应的所有会影响强度的因素估计在内。这些因素包括:

(1)火药气体作用于身管是以动载的方式,身管来不及完全变形,因此,它比静载时的承载能力大。实验表明,材料的动屈服极限强度比静屈服极限强度高 30% 左右。此外,膛线的影响、温度应力的影响等在强度设计中均未考虑。

(2)膛内火药气体压力是通过内弹道计算或弹道试验测出的,两种方法都有误差。

(3)身管材料的状态、热处理及各种工艺过程造成材料各部分性能不一致。

(4)射击时,身管温度不断升高,使材料力学性能下降,这对管壁较薄的无坐力炮的影响尤为明显。现在规定无坐力炮的工作温度不超过 $350 \sim 400℃$,在此温度下,多数材料的比例极限 σ_{pt} 比常温的比例极限 σ_p 下降 15% ~ 18%,有的甚至下降 25%。

身管各部位的实际工作情况不同,身管各部位的设计安全系数亦应是不同的。为尽可能减轻炮重,又确保安全,必须选择合适的设计安全系数。现有无坐力炮身管各部位的设计安全系数大致为

药室部　1.22~1.28

最大膛压处　1.22~1.35

炮口附近　≥1.70~2.00

药室部设计安全系数较小,原因是:①药室内的压力比较稳定;②药室部所受轴向力比身管其他部位大,故其实际强度偏高;③当为药筒装药时,金属药筒承受部分膛压;④弹丸运动时所引起的作用力对药室的影响小。这些均有利于提高药室部的强度。对于无金属药筒的小直径药室,其设计安全系数不应比最大膛压处小。

炮口部受力情况较身管其他部位差:弹丸在炮口附近摆动较大,在运输、训练和实战中极易磕碰和损伤。此外,为了增加刚度,减小弯曲变形和振动等,都需要适当增加炮口部的壁厚,所以炮口部的设计安全系数较大。

6.2　无坐力炮喷管

无坐力炮通过炮尾向后排出约70%的火药气体以平衡向前运动的弹丸的动量。因为向后运动的火药气体的质量比弹丸的质量小,故采用拉瓦尔喷管给火药气体以必需的高速度,使火药气体的动量和弹丸的动量相等,但方向相反,以达到消除后坐力的目的。

喷管的第二个作用是当作转矩补偿器。因为弹丸在炮管内运动时被具有一定的旋速,会给膛线一个转矩。在某些形式的喷管中使排出气体适当偏转,可以给膛线一个反向扭力,从而使弹丸施加于武器上的转矩受到抑制。

6.2.1　喷管基本原理

6.2.1.1　流速与断面变化的关系

1)连续流方程

由流体力学知识可知,保持连续流动的流体(气体或液体),在同一单位时间内,流经各断面的流量 m' 必须处处相等,即 m' 为常数。

而单位时间内气体流量 m' 与气体密度 ρ、气体速度 v' 及断面积 S 成正比,即 $m' = Sv'\rho$,移项可得

$$v' = \frac{m'(常数)}{S\rho}$$

2)流速与断面变化的关系

当流速低于声速(340mm/s)时,气体密度 ρ 变化很小,近似一常数,由上式可知,此时若断面积 S 减小,气体速度 v' 便增大。正如在日常生活中看到的一样,河水流经狭窄的河床时,水流会急一些;山谷里的风比旷野上的风要大。但收缩形的断面不能无限增大流速,实验证明,当流速增大到声速时,气体分子的间隔距离变化很大,当 S 继续减小时,ρ 增大极快,此时 v' 就相应地下降;反之,若 S 增大,ρ 减小极快,v' 就在声速的基础上继续增大。

6.2.1.2　无坐力炮喷管形状的选择

喷管需要满足两个要求:①确实能抵消炮身的后坐;②尽量减小火药燃气的外泄量,以提高火药的利用率。显然,这两个要求是矛盾,最理想的喷管应该使断面积尽量小一

些,以减小火药燃气的流量 m',同时要求喷射气体速度 v' 尽量大些,从而增大后喷的气体动量 $m'v'$,以确实抵消炮身后坐。

火炮发射时,进入喷管前的火药燃气速度 v' 是小于声速的,根据连续流方程,要使 v' 增大,应使 S 减小;当减小 S 使 v' 达到声速时,为了使 v' 继续增大,得到超声速气流,S 应该逐渐增大。

瑞典工程师拉瓦尔根据亚声速和超声速两种气流的特点,从实验中得出一种能够获得超声速气流的喷管——拉瓦尔喷管,如图 6-16 所示。这种喷管最符合无坐力炮的要求,因为它有最小的"临界断面"故流出的火药燃气较少,又能获得较大的喷射速度,提高了火药利用率,并有足够的气体后喷动量确实抵消了炮身后坐。

无坐力炮实际的喷管形状是先收敛后扩张,在收敛段采用曲线,在扩张段采用直线,如图 6-17 所示。一般

$$\alpha = 8° \sim 15°, \qquad \frac{S_a}{S_{kp}} = 2 \sim 6$$

式中:α 为喷管扩张角;S_a 为喷管出口处断面积;S_{kp} 为临界断面面积。

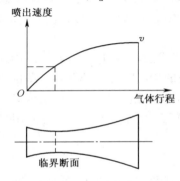

图 6-16　拉瓦尔喷管作用原理

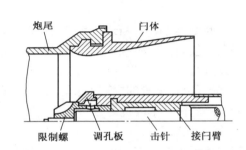

图 6-17　某 82mm 无坐力炮实际的喷管形状

6.2.2　无坐力炮喷管结构

无坐力炮上拉瓦尔喷管的作用:一是使高温高压的火药气体,经喷管得到加速,即膨胀做功,从而使火药气体的热能变为动能;二是通过喷管的临界截面积控制火药气体的流量,保证药室和膛内有一定的工作压力。对喷管的结构设计要求是:

(1) 工作可靠,能承受火药气体压力的作用,具有足够的强度和刚度,并能在高温高速气流的冲刷下正常工作,不产生严重的烧蚀。

(2) 效率要高,为此需选择适当的膨胀比和减少各种损失(如摩擦损失、散热损失、气流扩散损失、气流分离损失和二相流损失等)。

(3) 重量要轻,为此需选择合理的结构、材料和膨胀比。

(4) 喷管各部分(收敛段、喉部和扩张段)的几何同心度要好。此外还要注意结构工艺性和经济性。

无坐力炮采用的喷管形式多种多样,主要有以下四种。

6.2.2.1　中心喷管

中心喷管是喷管设计中最简单而且最轻的。从这一意义上来说,可以认为中心喷管

是一种最佳的设计,如图 6-18 所示。中心喷管通常要求在药筒的后部采用可喷掉的喷门塞或喷口阀。这种可喷掉的喷口塞保证火药气体在药筒和药室内保持到火药已充分燃烧时为止。随后喷口塞被破坏并使火药气体经喷管逸出。虽然中心喷管在重量和简易方面有一定的优点,但是还有许多需要重视的缺点。

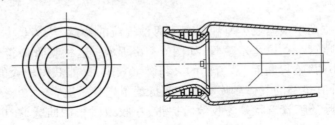

图 6-18　中心喷管

因中心喷管对火炮轴线具有完全的轴向对称性,所以带有中心喷管的无坐力炮发射旋转稳定弹时无法靠控制气体的排出而得到一个施加于无坐力炮上的反向转矩,以补偿弹丸旋转的反作用。在早期的迫击炮式无坐力炮的中心喷管内可以通过安装隔板解决这一问题。

另一个问题是,采用中心喷管会有较多的未燃尽发射药经过喷管损失掉,因而使弹道性能的一致性较差。同时在击发装置操作和空药筒的抽出问题上都遇到一些困难。为了使射击得以进行,通常是将一根一般称为挠性接头的发火索接在电底火上;或者在炮尾安装挡板,这样可以在喷管的中部安装击发装置。空药筒的抽筒问题是通过采用一种可燃药筒或者可碎药筒而解决的。

6.2.2.2　横筋式喷管

横筋式喷管指炮尾带有挡板的喷管。挡板一般横置于喷管出口的中部,内置有击发装置,如图 6-19 所示。为补偿挡板的影响,需对喷喉和出口横截面积进行修正。其优点与中心喷管相同,即结构简单和重量轻。横筋式喷管在使用上的缺点是,击发装置被火药气体熏染和火药气体对挡板的烧蚀。另一个缺点是,装填炮弹后装填手关闭挡板时手部必须通过喷管后部,这一动作一般通过采用加长与挡板连接的手柄来避免,不过,这样火炮的重量就会增加。

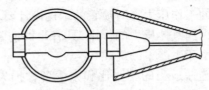

图 6-19　横筋式喷管

6.2.2.3　多喷管和前喷口

多喷管的前喷口式无坐力炮具有截然不同的特点(图 6-20),即弹丸在弹道时期开始时将喷管的各进气口遮盖。这种设计和后喷口设计相比其优点是:

(1) 可以使用无孔药筒,从而可以降低制造费用。

(2) 因为发射药装药在弹道时期开始时被限制在封闭式的弹道系统中,所以发射药的点火特性较好。

（3）由于弹道时期开始时燃烧是在封闭系统内进行的,所以未燃尽发射药经喷管的损失非常少。

（4）可以采用大膨胀比的喷管而不必加长火炮。

（5）封闭式药室系统可以做设计上的改变,以便增加自动装填机并使火药气体经排气导管排出。

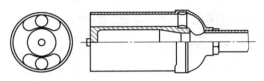

图 6-20　多喷口和前喷口

采用前喷口设计的缺点是:

（1）药室重量略有增加。

（2）炮架的重量增加。因为在喷管未打开前无坐力炮有初始后坐,所以无坐力炮的炮架结构必须能承受坐力。

6.2.2.4　环形喷管

如图 6-21 所示,环形喷管的优点是适应大多数的药室和炮结构。由于喷管是环形的,药筒是由炮闩内的一个坚固的底座支撑的,击发装置也装在炮闩内,因而无须临时性导火索或者挠性接头。环形喷管的优点还在于,在膨胀度相同的条件下,环形喷管可以做得比中心喷管短些。原因是对于环形喷管来说,扩张段的任意横截面积都比较大。

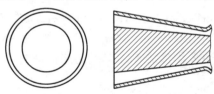

图 6-21　环形喷管

环形喷管的另一个优点是考虑了膛线转矩的补偿。在环形喷管的结构中可以加装闭锁镶板并将其对炮闩斜置,从而用向后逸出的被偏转的火药气体的旋转冲量来平衡无坐力炮所受的弹丸旋转反作用冲量。

环形喷管的一个缺点是,因为闭锁镶板使炮尾处于关闩状态并将排出的火药气体偏转以平衡转矩,所以受到排出气体强烈的烧蚀。闭锁镶板还承受由于药室压力作用于药筒上而引起的荷载,而且在装弹和退弹时还必须易于闭锁和解脱。

实际应用的环形喷管都是断隔环形的(图 6-22),因为必须有某种结构使炮闩处于闭锁状态。

6.2.2.5　肾形喷管

肾形喷管是一种改进型的断隔环形喷管(图 6-23)。它的优点是完全对称,同时中央部分是实心,可用来容纳击发装置。肾形喷管通过使喷管断面或者通路倾斜的方法而易于获得膛线转矩的补偿。这种喷管的缺点是比较复杂且重量较大,从而成为所有不同形

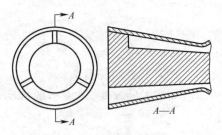

图 6-22 断隔环形喷管

式的喷管中制造费用最高的。另外,喷口之间的壁部还往往会产生裂纹。

肾形喷口的喷管比中心喷管效率稍低。此外,肾形喷管与中心喷管相比较,其坐力补偿对入口横截面积的变化更为敏感,最后,肾形喷口的喷管的弹道效率比中心喷管的弹道效率略低。不过,由于可与有孔药筒匹配,肾形喷管获得较广泛的应用。

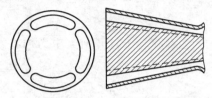

图 6-23 具有肾形喷口的喷管

6.2.3 喷管烧蚀

喷管烧蚀是由于高速气体冲刷所引起的喷管内表面的磨损,其主要形式是喷管内壁表面熔化。无坐力炮的喷管烧蚀影响全炮性能,因为喷管各部分的横截面积是控制排出火药气体,产生反向冲量的重要因素之一。严重的烧蚀问题会造成设计上的困难和野战维修问题。

喷管形状对喷管烧蚀过程有较大影响。一般来说,能够使火药气体自然线性流动,避免气流方向的突变的喷管形状可以减少烧蚀。例如,圆形入口比方形入口能减缓喷管烧蚀。而扩散角对烧蚀过程的影响非常小,将喷管喉部加长(如在肾形喷管中)对喷管烧蚀速率的影响也不明显。

喷管材料和火药成分的选择以及无坐力炮的射击速度对烧蚀速率具有一定的影响。

从耐烧蚀观点来看,最好的材料是纯金属,如钼、钨、铬、铍和钽。普通的冷轧钢在所有的钢中性能最好,但是耐烧蚀性则低于上述纯金属。

采用燃烧温度较低的火药,会减轻喷管烧蚀。不过,某一特定的喷管材料都有其相应的最佳火药,对于这种喷管材料即是采用冷燃火药情况也不会有什么改善。

快速射击造成喷管材料达到其熔点所需的时间缩短,同时内膛表面熔化开始后从喷管传出的热量减少,所以对耐烧蚀是有不利影响的。

6.2.4 提高喷管寿命的方法

喷孔是无坐力炮中被剧烈烧蚀的部位,其寿命要比炮膛其他部分短得多。由于烧蚀,喷孔喉部面积将随射弹数的增多而逐渐扩大,致使膛压初速度降低,炮身由后坐变为前冲。当前冲动量超过规定的允许值时,可认为喷孔或喷孔中可更换零件(调孔板、调孔环等)的寿命告终。

提高喷管寿命的方法有:

(1) 使新炮有一定的后坐。为了使喷管具有耐烧蚀性,新炮的喷管会被特意设计得尺寸稍小一些,这样在无坐力炮使用初期实弹射击时发生一些后坐。随着射击次数的增加,喷管逐渐被烧蚀,喷喉变大,后坐力逐渐降低,先是达到消除坐力状态,最后将产生前冲。与初始坐力就为零的无坐力炮相比,这样的无坐力炮喷管寿命可提高 50%。

(2) 更换易被烧蚀的部位或设补偿件。将喷孔喉部做成可与炮闩分离的调孔或调孔板。当它们被烧蚀到超过允许值时,更换新的调孔或调孔板,使火炮恢复到新炮的平衡状态。

此外,也可在喷孔上加置可调平衡的补偿环(图 6-24),当火炮的前冲动量超过允许值时,往前拧动补偿环可使火炮又具有一定的后坐。

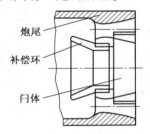

图 6-24　喷孔前的补偿环

(3) 合理设计喷孔。喷孔的形状要尽量做成流线型,使气流平顺通过;喉部要有一定长度(5~8mm 以上);表面要光滑(表面粗糙度要求为 $0.8 \sim 1.6 \mu m$)。

(4) 合理设计发射装药和内弹道。设计发射装药和内弹道时,应设法减少药量、火药爆温和最大膛压值。

(5) 采用耐烧蚀材料或镀上耐烧蚀层(主要是镀铬)。

6.3　无坐力炮炮架与瞄准机

6.3.1　对炮架的要求

无坐力炮一般都有炮架。炮架的作用是支撑炮身和赋予炮身所需的高低射角和方向射角。无坐力炮炮架在射击过程中受力不大,故现在几乎全采用与炮身刚性连接的刚性炮架。

对炮架的主要要求如下:

(1) 有足够的强度和刚度,保证炮架不易损坏,在瞄准和射击时炮身颤动小。

(2) 有尽可能小的重量和体积,外形要便于人背马驮,带轮炮架要便于牵引。

(3) 有合适的火线高、架腿支点距离、轮距和全炮重心位置等,保证火炮操作方便,在射击与运动时有足够的稳定性。火线高和架腿位置最好可变,以便对不同地形有良好的适应性。

（4）瞄准机要能赋予炮身足够大的射界和一定的瞄准速度，要有合适的手轮力，各机构的空回应尽量小，应有能缩小空回的补偿装置。

（5）操作方便，尽可能满足"三机两手"（即在瞄准时两只手不离开高低机和方向机便能操纵发火机）的要求。用炮与收炮的动作要简单，尽量缩短行军与战斗状态的转换时间。

（6）便于维护保养。

（7）简单易造，力求通用化、系列化。

6.3.2 炮架分类

各种无坐力炮的炮架基本上可以分为两类：

1）小架腿式

用于仅做直接瞄准射击的炮上，一般仅有一简单的两脚支架。部分小架腿式炮架还有一可进行高低调整的前支架。

2）三脚炮架

一般由上架、下架和三条架腿组成。上架与炮身通过耳轴、高低机连接，上架与下架多用立轴连接，下架与三条架腿铰接在一起。三条架腿要能张开不同的角度，以改变火线高和适应不同的地形；行军时能收拢，以便人背马驮。

这类炮架能赋予炮身大的方向射界（360°）和高低射界（-10°~+35°）。现广泛用在可人背马驮的中型无坐力炮及要求能进行间接瞄准射击的轻型无坐力炮上。

6.3.3 受力分析

无坐力炮炮架的受力情况随结构和条件的不同而不同，不可能给出通用的计算式。这里仅以较典型的三脚炮架为例，说明分析的方法。

分析炮架的受力时，除重力外，还应考虑射击、擦炮、架炮和运输时的作用力。

6.3.3.1 射击时的作用力

射击时，作用于火炮的力如图 6-25 所示。

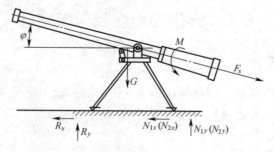

图 6-25　射击时作用于火炮的力

在图 6-25 中，F_s 为火药气体作用于炮身的轴向合力（即轴向最大不平衡力），G 为全炮重力，M 为作用于炮身的横向扭矩，N_x、N_y 为地面对两后腿的支反力的水平分力和垂直分力，R_x、R_y 为地面对前腿的支反力的水平分力和垂直分力。

1）轴向合力 F_s

射击时,最大不平衡力 F_s 的冲量等于炮的不平衡动量 K,其值可用如下近似式估计:

$$F_s = \frac{K}{t_m}$$

式中: t_m 为从弹丸起动到最大膛压瞬间的时间,可以从 P-t 曲线上量得; K 为火炮射击时的最大不平衡动量(用试验值)。

2）横向扭矩 M

线膛炮射击旋转弹时,弹带作用于膛线导转侧上的力产生一个横向扭矩 M_1。为平衡 M_1,一般让喷孔倾斜一个与膛线缠向相同的角度,使它产生一个反向扭矩 M_2,所以,作用于炮架的横向扭矩为

$$M = M_1 - M_2$$

线膛炮射击非旋转弹时:

$$M \approx M_2$$

旋转弹产生的扭矩为

$$M_1 = \left(\frac{\rho}{\gamma}\right)^2 F_d \gamma \tan\alpha$$

式中: F_d 为火药气体作用于弹丸上的力, $F_d \approx sp$,其中 s 为受力面积, p 为气体压强; α 为膛线缠角; ρ 为弹丸平均惯性半径,现有旋转弹的 $\rho \approx (0.74 \sim 0.80)\gamma$; γ 为膛线平均半径。

后喷气流产生的扭矩为

$$M_2 = \xi S_{lq} P \gamma_L \sin\beta$$

式中: ξ 为喷孔的推力系数; S_{lq} 为倾斜的喷孔的喉部面积; P 为膛内压力; β 为喷孔倾斜角(喷孔倾斜后的轴线与原轴线的夹角); γ_L 为倾斜的喷孔的轴线到炮膛轴线的距离。

3）支反力

计算支反力时为简化计算,做如下假设:

（1）炮架及地面均为刚体;

（2）全炮重心及炮膛轴线均位于炮架的垂直对称面内;

（3）火炮处于静平衡状态。

根据这三条假设,总支反力可用理论力学的方法按平面力系求得。根据载荷迭加原理,总支反力可视为 F_s、G 和 M 单独作用时产生的支反力之和。

（1） F_s 和 G 产生的支反力。

若只有 F_s 和 G 作用,则炮的受力如图 6-26 所示。力的平衡方程为

$$\sum Y = R_y + N_y - G - F_s \sin\varphi = 0$$

$$\sum X = R_x + N_x - F_s \cos\varphi = 0$$

$$\sum M_O = GL - R_y l = 0$$

式中: φ 为射角; L 为全炮重心到后支点 O 的水平距离; l 为前后支点间的水平距离; h 为后支点到炮膛轴线的距离,且有

$$h = H\cos\varphi - D\sin\varphi$$

式中: H 为火线高; D 为炮耳轴到后支点的水平距离。

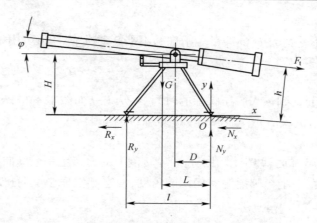

图 6-26　在 F_s 和 G 作用下炮的受力

这三个方程中有四个未知数,欲求解还需给出补充方程。一般求支反力的目的是要找出其最大值,用来计算架腿强度,而某一架腿受力最大时是在其他架腿的受力等于零时,故可分别令 $N_x = N_y = 0$ 和 $R_x = R_y = 0$。用此补充方程,由平衡方程组可得支反力的最大值为

$$R_{xm} = N_{xm} = F_s \cos\varphi$$

$$R_{ym} = N_{ym} = G + F_s \sin\varphi$$

$$R_{xm} = N_{xm} = \sqrt{N_{xm}^2 + N_{ym}^2} = \sqrt{F_s^2 + G^2 + 2F_s G \sin\varphi}$$

由此可知,最大的 R 和 N 值随射角 φ 的增加而增加。

(2)M 产生的支反力。

若只有 M 作用,则炮的受力如图 6-27 所示。根据力偶可在平行平面内移动的性质,可得左后腿所受支反力 $N'_{1y} = \dfrac{M}{l_k}$,右后腿所受支反力 $N'_{1y} = -\dfrac{M}{l_k}$。

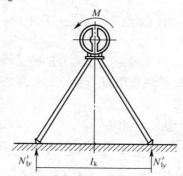

图 6-27　在 M 作用下炮的受力

6.3.3.2　射击稳定性问题

射击稳定性是指射击时炮架各支承点不离开地面的性能,它在一定程度上影响射击密集度和发射速度。无坐力炮射击时,由于允许存在一定的后坐或前冲,故也存在射击稳定性问题。

1）纵向稳定条件

射击时,火炮不向前、后翻转称为纵向稳定。不向后翻转的稳定条件为:前支点反力 $R_y \geqslant 0$;不向前翻转的稳定条件为:后支点反力 $N_y \geqslant 0$。由射击时的受力分析可知(图 6-26),可把纵向稳定条件写为

$$GL_O \geqslant F_s(H\cos\varphi - D\sin\varphi)$$

射角 $\varphi = 0$ 则有

$$GL_O \geqslant F_s H$$

当轴向合力 F_s 向后时,为全炮重心至后支点距离,$L_O = L$;当 F_s 向前时,为全炮重心至前支点距离,$L_O = l - L$。

2）横向稳定条件

射击时,火炮不向侧面翻转称为横向稳定(仅线膛炮有该问题)。横向稳定条件为:两后支点反力 N_{1y} 和 N_{2y} 都大于零。由射击时的受力分析可知,横向稳定的条件可写为

$$Gl_k \geqslant 2M$$

现有的无坐力炮大多数满足横向稳定条件,但不满足纵向稳定条件:$\dfrac{F_s}{G} \leqslant \dfrac{L_O}{H}$。例如,表 6-4 中的三种无坐力炮,它们的 F_s/G 通常大于 1,而 $\dfrac{L_O}{H}\left(\dfrac{L}{H} \text{ 或 } \dfrac{l-L}{H}\right)$ 皆小于 1。如果 $\dfrac{L_O}{H} \geqslant \dfrac{F_s}{G}$,则需大大增加炮架的尺寸和重量,这是不允许的,也无必要性。这是因为 F_s 作用的时间极短(1/100s 以下),又因架腿及地面非刚体,所以尽管不满足上述纵向稳定条件,但由于对射击密集度和瞄准操作无显著影响,故还是允许的。这也说明火炮的稳定性,主要应靠射击试验来检查。

表 6-4　三种无坐力炮的重量 G 和与稳定性有关的尺寸

炮　名	G/kg	L/mm	H/mm	l/mm	$l-L/mm$
75 式 105mm 无坐力炮	210	446	820	933	487
65 式 82mm 无坐力炮	29	400	700	815	415
56-2 式 75mm 无坐力炮	50	553	720	884	331

在这里顺便提一下:增大射击稳定性仅是提高射密集度的一个方面,因对火炮来说,提高射击密集度就是在弹丸出炮口瞬间,尽量让炮膛线保持瞄准位置不变。所以除射击稳定性外,还应注意增加炮架刚度,减小炮架上各连接处的间隙,保证瞄准机的瞄准位置不易破坏,使炮身重心尽量靠近炮膛轴线,让弹丸起动力等于喷孔打开压力,使炮膛轴线与喷孔轴线尽量一致,以及注意消除炮身振动等。

6.3.4　瞄准机

瞄准机由高低机和方向机组成。

6.3.4.1　对瞄准机的要求

1）操作轻便

瞄准操作的轻便性,直接影响瞄准速度,也影响瞄准精度。瞄准的轻便性主要取决于

手轮力大小。手轮力不应过大,一般体力的战士,1min 内应对中等直径(200mm 左右)的手轮做 120~150 次单向转动动作。手轮力也不宜过小,否则,瞄准位置易被意外的力破坏。炮身稳定运动时,合适的 F_{sh} 为 2~4kg。

炮身加速运动时,由于需要克服惯性力,手轮力要增大,因为是短时间工作,可允许 F_{sh} 超过稳定运动时的一倍。起动时,由于还需要克服静摩擦力,手轮力会比加速运动时还大,但因是瞬时值,一般不另行考虑。

2)有合适的瞄准速度

瞄准速度是指在瞄准机作用下,炮身轴线所获得的转动角速度(单位为(°)/s),或指瞄准机手轮每转一圈,炮身轴线所得的角位移(传动量,单位为 rad/r)。

3)瞄准位置不易破坏

为了保证射击密集度,要求瞄准位置不因射击时火炮的振动而改变,所以瞄准机应采用自锁机构,其构件要有足够的刚度,要设法消除空回。为保证螺旋机构可靠地自锁,螺旋的升角应大于 3°~5°,采用滚动轴承时取小值。手轮空回量一般不大于 1/4 转。

4)瞄准平滑

平稳地转动手轮时,手轮力均匀,瞄准速度不急剧变化。为此,瞄准机应采用传动比不变或传动比平滑变化的传动装置,要正确地选择运动件的配合和规定装配要求。

5)有足够大的射界

无坐力炮主要用在近距离射击运动的坦克,因而要求有尽可能大的(最大 360°)方向射界。为了适应发射榴弹和在不同地形条件下射击的需要,还要求有足够大的(常为 −10°~+35°)高低射界。射界大时,为了能迅速转移火力,需要有大的瞄准速度,但这样往往难以精确瞄准。为解决这个矛盾,通常设有粗瞄准和精瞄准两套机构。当需要大幅度转动炮身时用粗瞄准机,当需要精确瞄准和平稳地跟踪目标时用精瞄准机。

6)便于操作和保养

为保证操作方便,需合理地安排各手轮的相互位置以及它们在炮上的位置,使瞄准手在瞄准时的姿态自然、动作不相互干涉,瞄准完毕能迅速发火;需要有合适的手轮直径(一般在 60~200mm);手轮的质量分布要对称(很必要时可设与手把平衡的配重体)。

为保证瞄准机在各种环境下均能正常工作,瞄准机的传动部分应尽可能密封。

需牵引或车载的炮,要设行军固定器(炮身与车体固定),以免瞄准机受颠簸力。

6.3.4.2 结构

瞄准机基本上有螺杆式和轮式两大类。伴随步兵的无坐力炮主要采用螺杆式瞄准机;轮式瞄准机主要应用于大口径无坐力炮,又分为蜗轮式、行星齿轮式、行星摩擦轮式等几种,这里仅对螺杆式瞄准机进行介绍。

图 6-28 所示为一种常见的螺杆式方向机,图 6-29 为一种常见的螺杆式高低机。

螺杆式瞄准机的主要零件为螺筒和螺杆。方向机的两端用铰链与下架连接;高低机的两端用铰链与炮身和上架连接。在螺杆或螺筒的一端,直接连接手轮或通过斜(或伞)轮连接手轮。转动手轮时,螺杆与筒做相对运动,改变两铰链点间的距离,从而带动炮身转动。

螺杆式瞄准机结构简单,但射界有限,传动比为变数,螺杆刚度较差。为不使传动比在整个射界内有大的变化,射界常限制在 90° 范围内;为避免螺杆产生大的弹性变形,螺

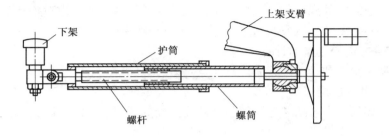

图 6-28　螺杆式方向机

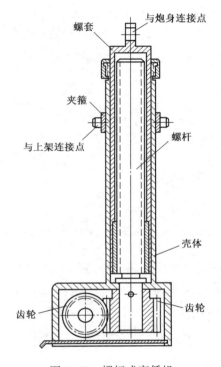

图 6-29　螺杆式高低机

杆不应太细长,其长度与直径之比宜为 10 左右。在无坐力炮上,螺杆式瞄准机如用直瞄机构扩大射界,基本能满足要求。图 6-29 所示的高低机用夹箍与上架连接,松开卡箍,整个高低机可在箍内滑动,从而能快速改变高低射角;锁紧夹箍,转动手轮,使螺套在壳体内移动,从而以一定传动比俯仰炮身。

6.3.5　炮身方向、高低松动量的计算与分析

　　炮身的松动是由于零件制造公差和长期使用中自然磨损而造成的,是不可避免的。炮身松动量过大会增大射弹散布,降低火炮的射击精度,这对直接瞄准、要求首发命中率很高的反坦克火炮危害更大;而炮身松动又会引起零件之间的冲击,加速零件的磨损。所以,在制造和修理中都规定了适当的允许量。使用中必须使这些允许量严格保持在规定范围内,同时还必须注意正确地使用和维护保养火炮,以延长使用时间,保持火炮优良的

179

射击精度。火炮的松动允许量是怎样确定的呢? 各零件磨损的间隙对松动量的影响有多大? 下面以 82mm 无坐力炮为例,通过计算与分析来解决这些问题。

6.3.5.1 炮身方向松动量的计算

影响炮身方向松动量的因素有以下几点:

1) 方向机各部的磨损

方向机各部的磨损包括转轮端面与外筒连接处的磨损、外筒支耳与支臂孔的磨损、螺杆与螺筒的螺纹磨损、连接螺与套筒孔的磨损。

用 $\Delta x_{方}$ 表示方向机各部磨损的总间隙,则有

$$\Delta x_{方} = \Delta x_1 + \Delta x_2 + \Delta x_3 + \Delta x_4$$

式中:Δx_1 为转轮端面与外筒连接处的磨损间隙;Δx_2 为外筒支耳与支臂孔的磨损间隙;Δx_3 为螺杆与螺筒的螺纹磨损间隙;Δx_4 为连接螺与套筒孔的磨损间隙。

方向机各部磨损总间隙产生的轴向移动量会使炮身以支架基轴为中心回转一个角 $\Delta\psi_{方}$,如图 6-30 所示。

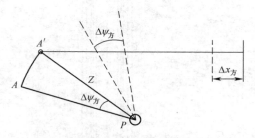

图 6-30　方向机各部磨损总间隙产生的轴向移动量

在图 6-30 中,Z 为基轴中心至连接螺中心的距离,从图纸上查得 $Z = 82\text{mm}$;AA' 应为弧线,但因 AA' 很小,认为是直线,数值上近似等于 $\Delta x_{方}$,即 $AA' \approx \Delta x_{方}$。

根据弧度公式,有

$$\Delta\psi_{方} = \frac{AA'}{Z} = \frac{\Delta x_{方}}{Z} \quad (\text{rad})$$

将弧度转化为密位,有

$$\Delta\psi_{方} = \frac{\Delta x_{方}}{Z} \cdot \frac{6000}{2\pi} \approx 12.2\Delta x_{方}$$

式中:$\pi \approx 3$。

根据上式,即可计算方向机各部磨损间隙所造成的以基轴为中心的各回转角 $\Delta\psi_1$、$\Delta\psi_2$、$\Delta\psi_3$、$\Delta\psi_4$。

(1) 转轮端面与外筒连接处的磨损引起的 $\Delta\psi_1$。

检查时,要求该处的磨损间隙不应大于 0.2mm,故

$$\Delta\psi_1 = 12.2\Delta x_1 = 12.2 \times 0.2 = 2.44(\text{密位}) \approx 0 - 02.4$$

(2) 外筒支耳与支臂孔的磨损引起的 $\Delta\psi_2$。

检查时,要求该处的磨损径差不应大于 0.2mm,故

$$\Delta\psi_2 = 12.2\Delta x_2 = 12.2 \times 0.2 = 2.44(\text{密位}) \approx 0 - 02.4$$

（3）螺杆与螺筒的螺纹磨损引起的 $\Delta\psi_3$。

检查时，要求该处的磨损引起的轴向松动量不应大于 0.5mm，故
$$\Delta\psi_3 = 12.2\Delta x_3 = 12.2 \times 0.5 = 6.1（密位）= 0 - 06.1$$

（4）连接螺与套筒孔的磨损引起的 $\Delta\psi_4$。

检查时，要求该处的磨损径差不应大于 0.2mm，故
$$\Delta\psi_3 = 12.2\Delta x_4 = 12.2 \times 0.2 = 2.44（密位）\approx 0 - 02.4$$

因此，炮身以支架基轴为中心的回转角为
$$\Delta\psi_方 = \Delta\psi_1 + \Delta\psi_2 + \Delta\psi_3 + \Delta\psi_4。$$
$$= 2.4 + 2.4 + 6.1 + 2.4$$
$$= 13.3（密位）= 0 - 13.3$$

2）支架的锁轴与炮耳轴及轴套的磨损

设支架的锁轴与炮耳轴及轴套的磨损间隙为 $\Delta x_耳$。当 $\Delta x_耳$ 存在时，推炮身，炮身将以通过其轴线的垂直面与两耳轴中心线的交点为中心回转一个角 $\Delta\psi_耳$，如图 6-31 所示。

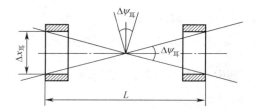

图 6-31　支架的锁轴与配合孔的磨损间隙引起的松动量

在图 6-31 中，L 为套箍两耳轴外端的距离，$L = 144\text{mm}$。

根据弧度公式，有
$$\Delta\psi_耳 = \frac{\Delta x_耳}{\dfrac{L}{2}} \quad （\text{rad}）$$

将弧度转化为密位，有
$$\Delta\psi_耳 = \frac{1000}{72}\Delta x_耳 = 13.9\Delta x_耳$$

检查时，支架的锁轴与配合孔的磨损径差不应大于 0.3mm，故
$$\Delta\psi_耳 = 13.9\Delta x_耳 = 13.9 \times 0.3 = 4.17（密位）\approx 0 - 04.2$$

所以，炮身总的松动量为
$$\Delta\psi = \Delta\psi_方 + \Delta\psi_耳 = 13.3 + 4.2 = 17.5（密位）\approx 0 - 18$$

6.3.5.2　炮身高低松动量的计算

影响炮身高低松动量的因素有以下几点：

1）高低机各部的磨损间隙

高低机各部的磨损包括螺杆环形支撑面与外筒接触处的磨损、螺杆与螺筒的螺纹磨损、松紧套箍支耳与支臂孔的磨损、套筒孔与连接轴的磨损。此外，传动齿轮与从动齿轮的磨损和传动齿轮轴与铜衬筒轴孔的磨损对高低松动量的影响，因受螺杆环形支撑面处磨损的制约，计算松动量时就不用计算这两个间隙对松动的影响了。

用 $\Delta y_{高}$ 表示高低机各部磨损的总间隙,则有

$$\Delta y_{高} = \Delta y_1 + \Delta y_2 + \Delta y_3 + \Delta y_4$$

式中:Δy_1 为螺杆环形支撑面与外筒接触处的磨损间隙;Δy_2 为螺杆与螺筒的螺纹磨损间隙;Δy_3 为松紧套箍支耳与支臂孔的磨损间隙;Δy_4 为套筒孔与连接轴的磨损间隙。

高低机各部磨损总间隙产生的轴向移动量会使炮身以耳轴为中心回转一个角 $\Delta\varphi_{高}$,如图 6-32 所示。

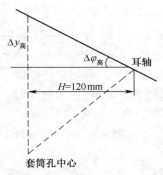

图 6-32   高低机各部磨损总间隙产生的轴向移动量

在图 6-32 中,H 为耳轴中心至套筒孔中心的水平距离,从图纸上查得 $H = 120\text{mm}$。根据弧度公式,有

$$\Delta\varphi_{高} = \frac{\Delta y_{高}}{H} \quad (\text{rad})$$

将弧度转化为密位,有

$$\Delta\varphi_{高} = \frac{1000}{120}\Delta y_{高} = 8.3\Delta y_{高}$$

根据上式,即可计算高低机各部磨损间隙所造成的以耳轴为中心的各回转角 $\Delta\varphi_1$、$\Delta\varphi_2$、$\Delta\varphi_3$、$\Delta\varphi_4$。

(1)螺杆环形支撑面与外筒接触处的磨损间隙 Δy_1 引起的回转角 $\Delta\varphi_1$。

检查时,要求 Δy_1 不应大于 0.2mm,故

$$\Delta\varphi_1 = 8.3\Delta y_1 = 8.3 \times 0.2 = 1.66(\text{密位}) \approx 0 - 01.7$$

(2)螺杆与螺筒的螺纹磨损间隙 Δy_2 引起的 $\Delta\varphi_2$。

检查时,要求 Δy_2 不应大于 0.5mm,故

$$\Delta\varphi_2 = 8.3\Delta y_2 = 8.3 \times 0.5 = 4.15(\text{密位}) \approx 0 - 04.2$$

(3)松紧套箍支耳与支臂孔的磨损间隙 Δy_3 引起的 $\Delta\varphi_3$。

检查时,要求 Δy_3 不应大于 0.2mm,故

$$\Delta\varphi_3 = 8.3\Delta y_3 = 8.3 \times 0.2 = 1.66(\text{密位}) = \approx 0 - 01.7$$

(4)套筒孔与连接轴的磨损间隙 Δy_4 引起的 $\Delta\varphi_4$。

检查时,要求 Δy_4 不应大于 0.4mm,故

$$\Delta\varphi_4 = 8.3\Delta y_4 = 8.3 \times 0.4 = 3.32(\text{密位}) \approx 0 - 03.3$$

因此,炮身以耳轴为中心的回转角为

$$\Delta\varphi_{高} = \Delta\varphi_1 + \Delta\varphi_2 + \Delta\varphi_3 + \Delta\varphi_4$$

$$= 1.7 + 4.2 + 1.7 + 3.3$$
$$= 10.9(密位) = 0 - 10.9$$

2）支架基轴与架体轴孔的磨损

设支架基轴与架体轴孔的磨损间隙为 $\Delta y_{基}$。当 $\Delta y_{基}$ 存在时，推炮身，炮身将以支架基轴轴线与上、下衬筒中心线的交点为中心回转一个角 $\Delta\varphi_{基}$，如图 6-33 所示。

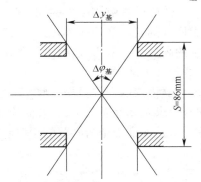

图 6-33　支架基轴与配合孔的磨损间隙引起的松动量

在图 6-33 中，S 为上、下衬筒外端的距离，$S = 86\text{mm}$。

根据弧度公式，有

$$\Delta\varphi_{基} = \frac{\Delta y_{基}}{\dfrac{S}{2}} \quad (\text{rad})$$

将弧度转化为密位，有

$$\Delta\varphi_{基} = \frac{1000}{43}\Delta y_{基} = 23.3\Delta y_{基}$$

检查时，要求支架基轴与配合孔的磨损径差不应大于 0.4mm，故

$$\Delta\varphi_{基} = 23.3\Delta y_{基} = 23.3 \times 0.4 = 9.3(密位) = 0 - 09.3$$

所以，炮身总的高低松动量为

$$\Delta\varphi = \Delta\varphi_{高} + \Delta\varphi_{基} = 10.9 + 9.3 = 20.2(密位) \approx 0 - 20$$

6.3.5.3　炮身松动量计算的分析

通过上面的计算可以看出，由于 82mm 无坐力炮的炮架在结构上引起松动量的各部间隙距炮身的回转中心太近，即间隙的回转半径很短，所以，虽然规定的允许间隙量不大，但引起的松动量却很明显。考虑本炮炮架结构上的特点，在保证本炮完成其担负战斗任务的情况下，研究决定方向和高低松动量均定为 0-10。

从理论计算可知，82mm 无坐力炮的方向、高低松动量分别为 0-18 和 0-20，为什么计算值大于修理文件规定的标准 0-08 和 0-10 呢？这是因为，在计算中各磨损零件均采用最大的极限间隙，因此计算松动量偏大，而在实际的磨损中，不可能各零件均磨损到最大极限间隙，所以技术标准中规定的松动标准比实际计算的松动标准要小，这是合理的。

由于 H 是随火炮射角 φ 的变化而变化的，大多数情况下，套筒孔中心低于耳轴中心，当 φ 增大 H 增大，则 $\Delta\varphi_{高}$ 减小；当 φ 减小 H 减小，则 $\Delta\varphi_{高}$ 增大。所以在检查高低松动量

时,应使炮身纵向成概略水平,以避免出现检查误差;在检查方向松动量时,应将方向机处于中间位置。

各零件磨损间隙的确定原则如下:

(1)零件强度储备(即安全系数)的大小。零件强度储备大者,允许磨损量可大些;反之,允许磨损量要小。

(2)对故障的影响程度。对故障的影响程度大的,要求应严,反之则宽。

(3)修理的难易程度。难修理的要求宽一些,易修理的应严要求。

(4)零件制作和修理成本的高低。一般来说,贵重零件从宽要求,要用到它的强度和刚度不允许时才更换;成本低的零件可从严要求。

(5)零件工作寿命的长短。磨损快的允许量松一些,反之则严。

在确定允许量时,往往这些要求是相互矛盾的,处理时应分清主次、全面统筹、合理兼顾。一般说来应首先考虑强度,这是保证安全所必要的,其他因素就要做具体分析了。

6.4 无坐力炮发火机

发火机一般由击发机、发射机和保险装置组成。击发机的作用是直接击发底火,发射机的作用是控制击发机,保险装置作用于击发机或发射机,以实现安全射击。三者协同工作,从而实现无坐力炮的击发、待发、保险等功能。

6.4.1 对无坐力发火机的要求

发火机是无坐力炮的重要组成部分,对其要求如下。

1)工作可靠

在各种战斗环境中能正常工作,不会因转移阵地或装弹时的振动而走火,不会因连续射击造成的高温和火药残渣的淤塞而失灵。机械击发机击针的能量、尺寸和突出量要保证100%地打响底火,而又不击穿底火。电击发机要在长期使用或储存后仍能产生足够大的电流或电压。

2)有足够的寿命

机械发火机中的击针和阻铁均为体积小、受力大、容易损坏的零件,要求耐磨和有较高的强度和韧性。有的击针尖还做成可更换的,以延长击针体的寿命。

3)有保险装置

包括关闩不到位击发机不得击发底火的保险装置和防止误击发(走火)的保险装置。为了安全,最好能有复拨装置,即第一次击发不响时,不用开闩,就能使击发机再处于待击发状态,以进行第二次击发。

4)扣压扳机不影响射击精度

扳机力和扳机行程不宜太大,一般取:扳机力 3~5kg,扳机行程 10~20mm。

5)操作方便

发射机的位置要兼顾肩射、卧射和架炮射击时的需要。架炮射击时,扳机应尽量靠近瞄准机手轮,最好就安装在手轮上。握把和扳机的大小,要保证射手带上防寒手套仍能操作。击发机要易于分解结合,能迅速更换击针。防止误击发的手动保险应安装在扳机附近。

6.4.2 击发机

根据工作原理,击发机分为机械击发机和电子击发机两种。

6.4.2.1 机械击发机

机械击发机靠击针和底火的撞击作用而击发底火。这种击发机结构简单,工作可靠,容易维修。但用于侧面发火时,弹药装填时必须周向定位,以使击针对准底火;用于中心发火时,炮闩结构较复杂。

1) 分类

机械击发机根据结构又分为以下两类:

(1) 击针式。击针直接在击针簧的作用下获得击发底火所需的动能。其结构简单,所需击针簧力小。图 6-34 所示为某 75mm 无坐力炮的击针式击发机。

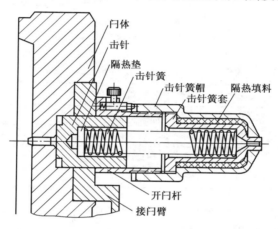

图 6-34 某 75mm 无坐力炮的击针式击发机

(2) 击锤式。击针在击锤的打击下获得击发底火所需的能量。它的击锤可安装在便于操控的部位;击锤簧可安装在基本不受灼热火药气体影响的地方。根据击锤的运动,还可分为击锤平移式和击锤回转式两种。图 6-35 所示为我国 40mm 火箭发射器上的击锤回转式击发机。

2) 击发能

击发能 E_j 是击针 100%地打响底火应具有的动能。其大小主要取决于底火的需要(因火帽构造、击发剂成分、底火底面厚度等而异),其次取决于击针(击针尖形状尺寸、突出量、击针速度等)。

在多数无坐力炮上,$E_j = 0.15 \sim 0.25 \text{kg} \cdot \text{m}$,几种无坐力炮的 E_j 值见表 6-5。

3) 击针尖

击针尖是机械击发机上重要而又容易损坏的部位,需满足以下要求:

(1) 有合适的击针突出量 t(高出底火端面的量),一般可取 $t = 2.5 \sim 3.5 \text{mm}$。

(2) 击针尖直径 d_0 要适中,一般取 $d_0 = (0.35 \sim 0.45) D_0$,$D_0$ 为底火火帽直径,无坐力炮多取 $d_0 = 3 \sim 4 \text{mm}$。

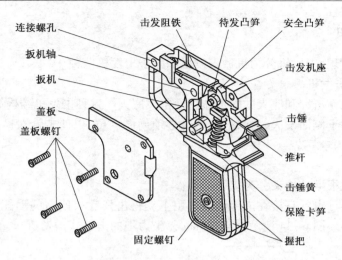

图 6-35　击锤回转式击发机

表 6-5　几种无坐力炮的击发能 E_j

炮名	所用底火	$E_j/(kg \cdot m)$
某 75mm 无坐力炮	底-1 式(四底-1)	0.17
某 105mm 无坐力炮	底-8 式	0.20
某 82mm 无坐力炮	底-6 式(KBM-3,加 0.38mm 厚的铜皮)	0.16
某 40mm 无坐力炮	底-6 式(KBM-3)	≈0.1

（3）断面不要急剧变化，头部及各断面过渡处应为圆弧。

（4）与击针室的配合间隙要恰当，要保证击针运动灵活。

（5）要对正底火中心。一般规定击偏量不得大于 1.5mm，或任意两次击痕需重叠 2/3 以上。

（6）要正确选用材料和进行热处理。一般要求击针材料的屈服极限 $\sigma_s \geq 76kg/mm^2$，冲击韧性 $\alpha_k \geq 6kg \cdot m/cm^2$，硬度大于等于 40HRC。击针尖常用的材料有 40Cr、35CrMnSi、30Cr51i3 和 25CrNiWA 等。

几种无坐力炮的击针突出量 t 和击针尖尺寸见表 6-6。

表 6-6　几种无坐力炮的 t 和击针尖尺寸

炮名	t/mm	d_0/mm
某 75mm 无坐力炮	2.5~2.8	锥形,头部为 3.5
某 105mm 无坐力炮	2.6~3.8	4.7
某 82mm 无坐力炮	约 4	3
某 40mm 无坐力炮	2.8~3.6	锥形,头部为 2

6.4.2.2　电子击发机

电子击发机利用电流的热效应激发底火。这种击发机结构紧凑,适用于单喷孔的闩体和需要远距离击发及多管连发的情况,但工作可靠性易受电路的断路、短路,接触不良等情况的影响。

电子击发机根据电源又分为以下三类：

（1）电池式。用干电池或蓄电池供电。其结构简单,但干电池需经常更换,蓄电池需有充电设备,且易受严寒或潮湿的影响。

（2）磁电式。利用磁电感应效应发电。其能长期使用,但结构较复杂。

（3）压电式。利用晶体的压电效应发电。其体积小,重量轻。用物体撞击晶体的办法能获得高达几千伏的瞬时电压,但可靠性受晶体性能的影响,剩余电荷难以消除,影响使用安全。

电池式与磁电式击发机用于激发灼热式电底火,压电式击发机用于激发火花式电底火。

6.4.3　发射机

根据解脱击发机方式的不同,发射击分为机械式、电磁式两种。机械式发射机利用人力(手动或脚蹬)解脱击发机,电磁式发射机利用电磁力解脱击发机。

6.4.3.1　机械式发射机

机械式发射机一般由扳机、阻铁、弹簧、握把和保险装置等组成。图 6-36 所示为某82mm 无坐力炮的发射机,图 6-37 所示为某 75mm 无坐力炮的发射机。

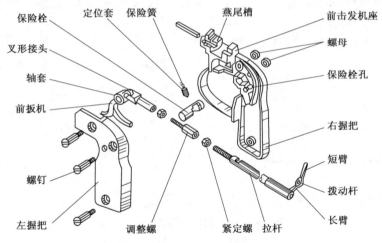

图 6-36　某 82mm 无坐力炮的发射机

6.4.3.2　电磁式发射机

在电发火机上,发射机的作用是操纵铁芯。铁芯正反行程(来回摆动)均可发电,但一般只用其中的一个行程。发火行程需用较大的簧力推动,完成的时间要短,而非发火行程要以较慢的速度进行。

图 6-38 所示为用正行程发火的一种发射机。扣压此发射机的扳机,压缩铁芯簧和回机簧到一定程度后,解脱阻铁,铁芯便在铁芯簧的推动下摆动,从而产生发火电流。

图 6-39 所示为用反行程发火的一种发射机。扣压此发射机的扳机,同时压缩铁芯簧和推动铁芯。当铁芯的上端摆到右边,杠杆上的滑块在曲面 A 的作用下与扳机分离

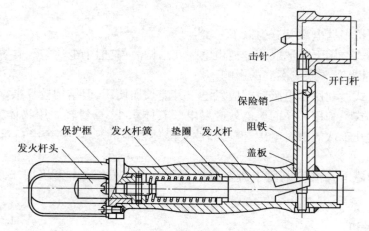

图 6-37　某 75mm 无坐力炮的发射机

时,铁芯便在铁芯簧的作用下往回摆动,从而产生发火电流。

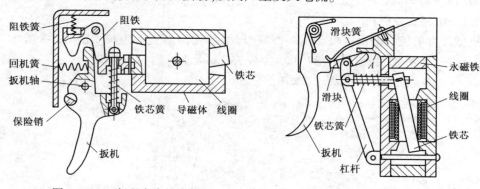

图 6-38　正行程发火的发射机　　　　图 6-39　反行程发火的发射机

发射机保险有电保险和机械保险两种。当不要发火机起作用时,电保险将电路断开;机械保险使铁芯不能运动。

发射机里各簧力的大小直接影响扳机力的大小和铁芯运动的时间,在设计和试制时应仔细调整。铁芯簧的力应保证获得所要求的铁芯运动时间 t_α。

6.4.4　保险装置

保险装置按照功能分为击发机保险和发射机保险。击发机保险的作用是保证炮闩未完全闭锁时,阻止击针击发或打不响底火。它通常靠击针与闭锁构件间的协调动作自动完成。其方法可以是挡住击针,使击针尖不能突出,或是使炮闩的击针孔不能与底火完全对准;可以是卡住击发阻铁,使之不能解脱击发机;也可以是架空或卡住发射机连杆,使之不能拨动阻铁。

发射机保险的作用是防止误击发(走火)。它有安全和发火两个位置,位置的变换由射手掌握。其方法常是用保险销控制扳机、连杆、阻铁等发射机上的可动部分。保险销有移动式和转动式两种,上面或有缺口或有凸起,处于安全位置时,它们卡住或分离发射机中的传动件,使扣机失去作用或扣不动。图 6-40 所示为有缺口的转动式保险销处于安全位置的情况,如转动 180°,让缺口对准扳机上的凸笋,则处于发火位置。

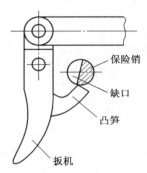

图 6-40　有缺口的转动式保险销处于安全位置时的示意图

6.5　无坐力炮瞄准装置

6.5.1　对无坐力炮瞄准装置的分类

瞄准装置是指火炮瞄准时用来确定瞄准线的仪器或装置。在无坐力炮上,常用的瞄准装置有机械瞄准具和光学瞄准具(瞄准镜)两类。

机械瞄准具由准星和表尺两部分组成。这种瞄准具重量轻,体积小,结构简单,在射程近的无坐力炮上广泛采用。其缺点是瞄准误差大,因瞄准时,眼睛需调视到照门、准星和目标三个点上,不易都看得很清楚。一般情况下,用它对固定目标瞄准时,瞄准误差的公算偏差平均为 0.3~0.6 密位;对坦克等活动目标瞄准时,误差更大。另外,由于肉眼能辨认物体的最小视角(视角为物体边缘光线交于眼睛水晶体中心形成的角)平均约 1′(0.28 密位),所以在正常照明情况下,机械瞄准具的可瞄距离(能看清人体和树木等目标的距离)仅为 2~3km。

光学瞄准具中最简单的是光轴仪。它主要由一块透镜和一块刻有分划线的平板玻璃组成。瞄准时,用通过透镜看到的十字线的像对准目标(或瞄准点),眼睛无须同时调视到三个点上,所以瞄准精度较机械瞄准具高,但其他性能不比机械瞄准具好,因此光轴仪在无坐力炮上很少采用。

在无坐力炮上用得最多的光学瞄准具是望远瞄准镜,它主要由物镜、目镜和转像棱镜等组成。瞄准时,从目镜看到的是转像镜后面物体的实像,此像与镜内的十字线(或分划板)位于同一平面上。瞄准时眼睛只需调视到一个距离上,且加大了对物体的视角,故其瞄准精度比机械瞄准具的高,其可瞄距离比机械瞄准具的远。

望远瞄准镜的瞄准精度与其放大率 γ 成比例,$\gamma = 1$ 时,对固定目标瞄准的精度要比机械瞄准具的高一倍。可瞄距离同样随 γ 的增加而增加,$\gamma = 1$ 时,要比机械瞄准具大一倍以上。故用望远瞄准镜可进行远距离的直接瞄准和在照明较差情况下的瞄准。

瞄准镜按用途分有以下几类:

(1) 直接瞄准镜。直接瞄准是直接对向可见目标的瞄准。直接瞄准镜以炮目线为基准进行瞄准,其镜筒无须活动,镜体上无须安装水准器和刻俯仰分划,故相比间接瞄准镜,其结构简单,精度高,体积小。它的分划多刻在镜内的分划板上。

（2）间接瞄准镜。间接瞄准是借助参考坐标间接对向目标(不必见到目标)的瞄准。所以间接瞄准镜除有镜筒外,还需有射角 φ(射线与水平面的夹角)和炮瞄角 ψ(含射线的垂直面和含火炮与瞄准点连线的垂直面间的夹角)的装定机构,其分划刻在镜外。因 φ 以水平面为基准,所以镜体上需设高低水准器(此水准器的轴线与炮膛轴线平行)。因 ψ 是以炮瞄面为基准而与瞄准点的高低位置无关,所以其物镜最好能俯仰。

（3）间直合一瞄准镜。这种瞄准镜与间接瞄准镜基本相同,但在镜筒内刻有直接瞄准用的分划。现在,既发射破甲弹又发射榴弹的无坐力炮基本上都采用间直合一瞄准镜。

除上述瞄准镜外,有的无坐力炮为提高射击准确度和增大有效射程,采用了测距与瞄准合一瞄准镜;为提高夜战能力,采用了红外、微光等夜视瞄准镜。

6.5.2　对无坐力炮瞄准装置的要求

对无坐力炮瞄准装置的一般要求有如下几点:

（1）瞄准精度好。允许的瞄准误差一般应保证火炮的散布公算偏差 B_o 不增大 10%。设瞄准具产生的公算偏差为 B_μ,则应有

$$\sqrt{B_o^2 + B_\mu^2} \leqslant 1.1 B_o$$

或

$$B_\mu \leqslant 0.46 B_o$$

直射射程 X_z 越大,对 B_μ 的这个要求越难达到,故 $X_z > 300\text{m}$ 的炮,应采用光学瞄准具。为保证获得良好的精度,瞄准具的制造公差要小,结构要简单,空回要尽量排除,望远瞄准镜的镜外分划值不宜大于 1 密位,要有可绕炮膛轴线的平行线转动的横向水平调整机构。

（2）操作方便。为保证操作方便,首先,瞄准具与火炮的分解结合要简单;其次,瞄准具的结构要简单,分划的装定要迅速,水准器和分划盘刻线要清晰,要有夜间照明具,目镜后要装护眼圈,以便于把眼睛稳定在出射瞳孔处,保护眼睛。

（3）牢固可靠。要保证各连接件不因射击和正常搬运中的振动而松动,零位瞄准线及所装定的分划在战斗使用中的变动不应超过允许值,应具有良好的防潮、防腐蚀及防温变的性能。

（4）易于检查和调整。瞄准具在火炮出厂和装备部队时,在检修后及射击前,均要进行检查和调整,以保证瞄准具的零位瞄准线(高低分划归零,方向分划归 30-00 密位时的瞄准线)、分划盘、水准器及在炮上的安装等处于正确位置。检查和调整要简单易行,最好射手能就地进行。

6.5.3　机械瞄准具

机械瞄准具的准星和表尺一般分别固定在炮身上。表尺上刻有距离分划,装有照门。通过照门中心和准星顶点的直线为瞄准线。照门在表尺上移动,可改变瞄准线与炮膛轴线间的夹角:上下移动,改变的是高低瞄准角;左右移动,改变的是提前量和风偏等方向修正量(由于使用不方便,所以一般表尺均无左右移动机构)。为了让机械瞄准具在夜间也

能使用,可配一套涂有荧光粉的准星和照门,在夜瞄时将它附在原准星、照门上。

6.5.3.1　准星、照门的形状和大小

准星和照门的形状如图 6-41 所示。

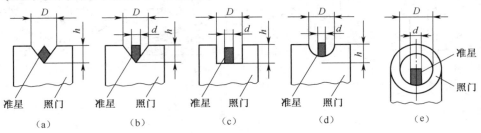

图 6-41　几种准星和照门的形状

(a),(b)三角形;(c)矩形;(d)半圆形;(e)圆形。

一般认为,半圆形的瞄准精度最好;圆形的瞄准方便,特别适用于照门离眼较近的情况,但视界受限。

为了能将照门和准星的轮廓看得更清楚(减少"虚光"影响),照门的侧壁要薄或如图 6-42 所示的那样,呈向炮口方向发散的形状,准星的侧面最好做成圆弧形。

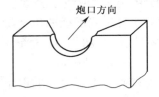

图 6-42　照门侧壁形状

准星、照门的大小要适当,太小看不清,太大瞄准精度不高。设 h 为眼睛到照门的距离,l_0 为瞄准基线(连接照门与准星的直线)的长度,则合适的准星宽度 $d \approx 0.002(l_1+l_0)$,常取 $d=2\text{mm}$。

合适的照门缺口宽度为

$$D \approx 2.5d \frac{l_1}{l_1 + l_0}$$

D 不宜小于 $0.004l_1$。

照门缺口高度 $h \approx (1.2 \sim 1.6)D$

6.5.3.2　表尺的式样和分划值

表尺的式样主要有图 6-43 所示的几种:直立式的简单,在无坐力炮上广泛采用;转动式的可刻上足够多的分划。

表尺上的方向分划按角度(密位)刻制,高低分划按距离刻制(称为分划)。距离分划由炮弹的外弹道决定,每个距离分划值(即刻度值)对应炮弹的一个射程(不同的弹药需有不同的分划)。

分划值的间隔大小 e_0,一般要求它所产生的化整误差小于装定值测量误差的 $\frac{1}{10}$,即

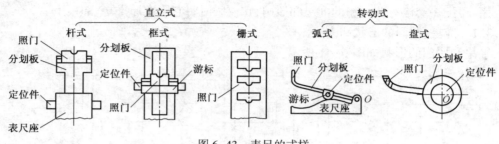

图 6-43　表尺的式样

要求：

$$\sqrt{B_z^2 + B_e^2} \leqslant 1.1 B_z$$

式中：B_z 为装定值测量的公算偏差；B_e 为分划值化整的公算偏差。

因 $B_e = 0.194 e_0$，故满足要求的

$$e_0 \leqslant 2.4 B_z$$

例如，已知用目测法测得距离为 X，其 $B_z \approx 0.1X$，故当射程 $X = 200\text{m}$ 时，距离分划的间隔 e_0 不宜大于 $2.4 \times 0.1 \times 200 \approx 50\text{m}$；当 $X = 400\text{m}$ 时，e_0 不宜大于 $2.4 \times 0.1 \times 400 \approx 100\text{m}$。为便于识别，分划刻线间的距离不宜小于 1mm。

机械瞄准具距离分划刻线的距离除了取决于分划值的间隔大小 e_0 和瞄准具的结构尺寸外，还取决于所需的照门相对于零位瞄准线的位移量，如图 6-44 所示。对应某个射程 X，直立式表尺的照门相对于零位瞄准线的上升量为

$$h = l_0 \tan \alpha$$

式中：l_0 为瞄准基线的长度；α 为与射程 X 相对应的射角。

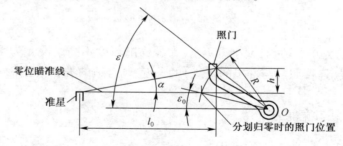

图 6-44　转动式表尺的转角

6.5.3.3　零位瞄准线的调整

零位瞄准线必须与炮膛轴线平行。这靠控制加工与装配公差来保证是很困难的，且在使用过程中有可能发生变动，因此，要求零位瞄准线可调。为此：①可固定准星，让照门能上下、左右移动；②可固定照门，让准星能上下、左右移动；③也可让准星上下或左右移动，而让照门能左右或上下移动。

在有的炮上，为简化结构，准星和照门皆不能动，而用修锉的方法保证零位瞄准线的正确位置。

为了防止射击和运炮时零位瞄准线变动，准星体和表尺体的刚度要足够，可调部分要有防松装置。为了防止碰坏准星和表尺，准星外应有护圈，表尺最好能放倒或缩回。

6.5.4　光学瞄准具

光学瞄准具一般指瞄准镜,其基本特性是放大率、视场和光力。确定这些特性时,要考虑火炮的性能和用途。

1) 放大率 γ

γ 越大,瞄准镜的精度越高,可瞄距离越远,能见度越好;但视场越小,物像稳定性越差,瞄准镜的重量和体积越大。适宜的 γ 值主要取决于火炮直接瞄准的射程以及主要的作战对象。一般来说,直瞄射程远和主要用来射击固定目标的炮,γ 宜取较大值。无坐力炮因主要用来对付中、近距离上的坦克,要求有较大的视场,故 γ 不宜过大。对于直射射程为 $200 \sim 500\text{m}$ 的无坐力炮,宜取 $\gamma = 1.5 \sim 2.5$;对于直射射程为 $500 \sim 1000\text{m}$ 的无坐力炮,宜取 $\gamma = 2.0 \sim 3.0$。

2) 视场

视场大,有利于观察战场情况和追踪目标。这对主要用于在近距离上射击活动目标的无坐力炮有重大意义。故无坐力炮用瞄准镜的视场角应尽量大,一般不应小于 $15°$。

3) 光力

光力指用瞄准镜观察时的物像照度与直接观察时的物像照度之比。因从瞄准镜投向眼睛的光量取决于瞄准镜出射光瞳(目镜后光束相交处)的面积,故光力大小用出射光瞳直径 d_c 的平方表示。d_c 的大小与放大率成反比,与入射光瞳(物镜前限制入射光束的孔)的直径 d_r 成正比。

光力(d_c^2)越大,瞄准具的体积越大,但在照明不好(如黄昏)时,尚能看清目标。需指出的是,实际光力的增加,受人眼瞳孔大小的限制。当大于人眼瞳孔的直径 d_0 后,物像在视网膜上的照度将由 d_c 决定。d_0 是变化的,在强烈日光下约为 2mm,在月光下约为 7mm。为得到较好的观察条件,所取 d_c 应接近 d_0 的最大值(7mm)。无坐力炮用瞄准具的 d_c 多在 6mm 左右,只在要求瞄准具体积特别小的情况下,才取 $d_c < 5\text{mm}$。

使用瞄准具时,人眼需置于出射光瞳处。出射光瞳到目镜表面的距离称为出瞳距离,不宜小于 22mm,以便于加护眼罩和保证戴防毒面具时亦能瞄准。

6.5.5　瞄准装置的检查与规正

瞄准装置结构比较精密,但往往由于行军、射击时的振动和训练时的频繁操作而引起零件松动、变位、磨损及弹性减弱等现象,从而使瞄准装置零件之间的位置、瞄准装置和炮身的相对位置发生错乱,机构动作失常,降低了精度。因而实弹射击前必须对它进行检查规正,这是提高火炮射击精度的一个重要技术保障工作。检查的主要项目除了对瞄准装置进行一般查看外,还必须检查瞄准线的起始和结束位置是否正确。

6.5.5.1　零位零线的检查与规正

1) 规正的实质及基本要求

零位零线的检查与规正的实质是保持瞄准线和炮膛轴线在瞄准起始位置上射角、射向的一致性。因此,对各类瞄准镜检查与规正应达到的基本要求是:当零位瞄准线(光轴、气泡轴)与炮膛轴线平行时,各瞄准角的分划应相应地归"零",以达到射角、射向上起点取齐的目的。

瞄准线:用分划镜内某个距离分划瞄准目标时,此分划与目标的连线称为瞄准线(当装定镜外分划后,镜内"0"十字线中心与目标的连线亦称为瞄准线)。

光轴:射角、射向分划为"零"时的瞄准线称为光轴(即零位瞄准线)。

炮膛轴线:炮闩击针孔与炮口十字线交点的连线称为炮膛轴线(在身管不弯曲的情况下,炮膛轴线通过炮身中央)。

2)零位零线的检查与规正的准确度

(1)炮膛轴线与光轴平行准确度。

影响炮膛轴线和光轴平行准确度的主要因素是瞄准点和检查靶位置的选择。

① 瞄准点距离的选择。

严格地讲,用瞄准点做零线规正时,炮膛轴线和光轴在高低和方向上总是会出现一个偏差角,如图 6-45 所示。

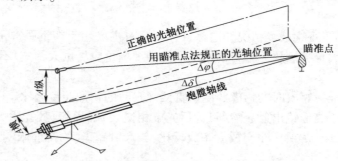

图 6-45 瞄准点距离与炮瞄线偏差角的关系

从图 6-45 可以看出,根据弧长与弧度角的关系,有

$$\Delta\delta = \frac{A}{D}(\text{rad}) \approx 1000\frac{A}{D}(\text{密位})$$

故

$$D = \frac{1000A}{\Delta\delta(\text{密位})}$$

式中:D 为炮瞄距离;A 为炮瞄线在方向上(或高低上)的间隔;$\Delta\delta$ 为炮瞄线偏差角。

按照技术要求,$\Delta\delta$ 不得超过 0.5 密位,所以上式可写为

$$D = \frac{1000A}{0.5} = 2000A$$

只要 $D \geqslant 2000A$(即规正时瞄准点距离应选择在 2000 倍炮瞄线间隔外的一点),炮瞄线的偏差角就能达到小于 0.5 密位的技术要求。

例:65 式 82mm 无坐力炮,已知 $A = 124$mm,试求 D。

解:$D \geqslant 2000A = 2000 \times 124 = 248000$mm $= 248$m。

即本炮用瞄准点进行零线检查规正时,应选择离炮口 248m 以外的瞄准点。所以,选择 300m 处的瞄准点是符合要求的。根据 D 与 A 的上述关系,同样也可以确定其他火炮在零线检查规正时,应选择多远的瞄准点。

② 检查靶的靶距。

一般检查靶的十字线宽约 10~20mm,如果靶距太近,炮口十字线和分划镜向靶瞄准

时,容易产生误差角 $\Delta\delta$,如图 6-46 所示。根据 $\Delta\delta$ 小于 0.5 密位的要求,计算得出,靶距 D 不小于 20m。但靶距也不宜过远,过远时炮口十字线和分划镜刻线把检查靶上的十字线全部遮住,瞄准时同样会出现误差。对无坐力炮来说,一般 D 在 20~40m 的范围内较适宜。

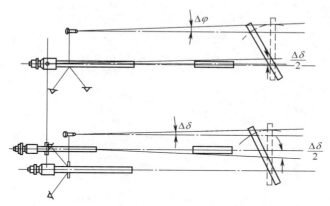

图 6-46　靶距过近引起的误差角

③检查靶的放置。

检查靶的放置时,靶面应力求平行于炮口切面,靶底应平行于水平面,不要前后或左右倾倒,也不要左右歪斜,并且尽量与炮口同高,否则会产生图 6-47~图 6-49 所示的误差。

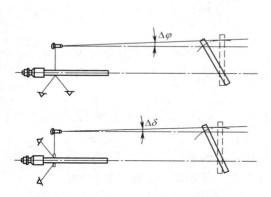

图 6-47　靶面不垂直引起的误差

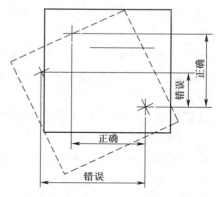

图 6-48　靶左右歪斜引起的误差

（2）分划值归"零"的准确度。

影响分划值归"零"准确度的主要因素是合分划的清晰程度和空回量,还有象限仪等规正仪器的精确度等,为此必须注意:

① 零位检查前应对象限仪进行精确的规正;检查时要排除各装置的空回量,并记住检查时转动的方向,以便在装定分划时,以相同的方向转动来排除因空回量引起的角度误差。

② 规正分划时,不能使光轴位置有微小的变动,松开分划环的固定螺钉后,应检查光轴是否改变了位置,分划环固定后,应重新检查一下是否准确。

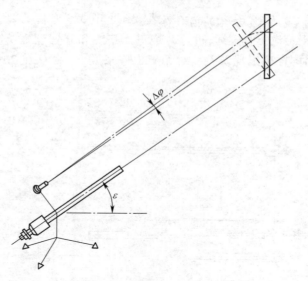

图 6-49　靶位太高引起的误差

6.5.5.2　射角一致性和瞄准线偏移的检查

进行这两个项目检查的实质是,检查瞄准结束时,炮膛轴线和瞄准线的相对位置有无错乱,以达到"齐步前进"的目的。

1）射角一致性检查

完好的瞄准装置要求在任何射角上瞄准镜所装定的表尺分划值应与炮身实际仰起的射角相一致,即当纵向气泡居中时,装定的分划值应与象限仪在炮身检查座上测得的分划值相同。

产生射角不一致的原因主要是瞄准镜与炮身之间的联结零件(如瞄准镜固定座)变形、失调、松动;其次是瞄准镜固定不确实,不能及时地跟随炮身一起运动而引起的。

2）瞄准线偏移检查

在炮耳轴水平的情况下,炮身改变射角时,如果瞄准线在方向上偏离了原来的瞄准点,这种现象称为瞄准线偏移。

检查 82mm 无坐力炮瞄准镜瞄准线偏移的方法如下。

（1）使炮耳轴水平。在炮口前方 3~5m 处挂一铅垂线。垫脚架和转动方向机通过击针簧盖孔瞄准,使炮口十字线交点与铅垂线在整个射角范围内重合。此时,炮耳轴即处于水平。

（2）将瞄准镜各部分划归"零",转动高低机使纵向气泡居中。

（3）转动倾斜调整螺使倾斜气泡居中,然后,转动方向转螺使镜内的垂直长线在方向上标定 400m 外一固定瞄准点,并记下基本方向分划值。

（4）每隔 1-00 装定一次表尺分划进行检查。每次装定分划后,转动高低机与倾斜调整螺使纵、横向气泡居中,再从镜内观察垂直长线是否在方向上偏离了原瞄准点,如有偏离,则转动方向转螺使其重新标定原瞄准点,并记下方向分划值,将此分划值减去基本方向分划值,即为在此射角上的偏移量。

偏移量的检查应反复多次(取其平均值),以求精确,且检查时应始终保持炮耳轴水平和不改变炮膛轴线在方向上的位置。要求在每个射角上的偏移量均不应大于 0-02。

产生偏移的主要原因与射角不一致的原因相同。当偏移的故障没有排除前,应将各个射角上的偏移量写在火炮履历书内,以便炮手在射击装定时进行修正。

6.5.6 炮耳轴倾斜对射击精度的影响及修正

6.5.6.1 炮耳轴倾斜对射击精度的影响

瞄准镜瞄准目标,当瞄准结束后,炮身得到的射角应该是炮膛轴线与水平线在射面内的夹角,炮身实际的方向角应该是炮身回转角在水平面内的投影。要达到这个要求不仅应该准确地装定分划,而且在传递此分划时,光轴、炮膛和轴线应通过相应的射面与水平面。如果炮耳轴倾斜,就会造成光轴和炮膛轴线不在射面和水平面内运动,从而在瞄准时产生图 6-50 所示的方向偏差角 $\Delta\delta$ 和射角误差 $\Delta\varphi$(等于 $\varphi-\varphi_1$)。

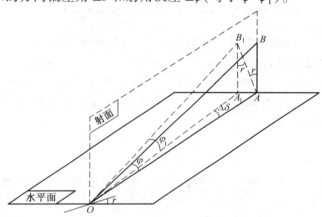

图 6-50　炮耳轴倾斜对射击精度的影响

经概略计算,某 82mm 无坐力炮用破甲弹进行直接瞄准射击,若水平射距为 800m,当耳轴的倾斜角为 3°时,造成的方向偏差量达到 3m,此偏差量相当于同一射程上该炮方向公算偏差的 7.5 倍,如果对活动目标射击,就影响到首发的命中。为此,射击前,在瞄准镜固定座零位刻线对正的前提下,调整脚架使气泡居中,以保持炮耳轴横向水平;在紧急的情况下,也应转动倾斜调整螺先使倾斜气泡居中,然后再转动方向机和高低机进行瞄准、射击。

6.5.6.2 摆动式瞄准镜修正耳轴倾斜引起的误差的原因

此种瞄准镜在结构上有一个倾斜调整器(如某 82mm 无坐力炮的瞄准装置),转动调整器的倾斜调整螺,整个瞄准镜便可以绕瞄准镜固定座的固定轴(此轴与炮膛轴线平行)"独立地"左右摆动。

下面以某 82mm 无坐力炮的瞄准镜为例,讨论间接瞄准时的情形。

1) 耳轴水平时

零位零线规正以后,瞄准镜各部分划归"零"时,炮膛轴线、光轴相互平行;固定座零位刻线对正时,倾斜气泡轴与炮耳轴相互平行。

当装定相应的方向分划后,瞄准线和炮膛轴线间有一夹角,转动方向机使镜头瞄向瞄准点,则镜头随炮膛轴线和摆动轴在水平面内回转。方向瞄准结束时,瞄准线在 O_2C_2 位置,炮膛轴线在 OA 位置,此时,瞄准线与炮膛轴线形成了夹角 ψ,如图 6-51 所示。

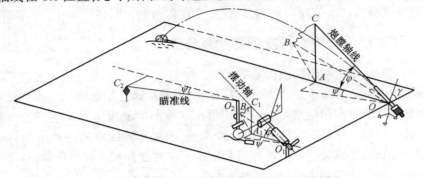

图 6-51　间接瞄准时,耳轴倾斜的影响及修正

高低瞄准时,在活动辅助分划环上装定表尺分划,此时,光轴便离开瞄准点在射面内俯下 φ 角;然后,转动高低机使瞄准线再次对准原瞄准点时,瞄准线随着炮膛轴线一起在射面内仰起 φ 角,使炮膛轴线达到 OC 的正确位置上,瞄准线则回到位置 O_2C_2 上(炮口水平线与炮膛轴线在射面内有一夹角 φ)。同时,瞄准线在仰起过程中,保持方向不变,因此,射角和射向都没有误差。

2)耳轴倾斜时

(1)误差的产生。

如果耳轴倾斜了 γ 角,瞄准镜的连接轴也必然随着倾斜了 γ 角而使镜体歪斜。虽然瞄准前可转动倾斜调整螺,使镜体垂直,但装定表尺分划后,转动高低机时,由于耳轴倾斜而使炮身带动整个瞄准镜在倾斜面上仰起,炮膛轴线转至 OB 的错误位置上。与炮口水平线的夹角 φ 转至倾斜面 OBA 上,如图 6-51 所示,从而产生射角和射向的误差。

(2)误差的修正。

炮膛轴线和摆动轴在倾斜面仰起的结果,必然反映到倾斜气泡上,使倾斜气泡离开了中间位置。也就是说,镜体歪斜了,传递各瞄准角时没有通过射面和水平面,要修正射角和射向的误差。修正的步骤和方法是:①转动倾斜调整螺,使倾斜气泡居中。这一步的实质是把瞄准镜本体摆正到射面上来,检查所传递的射角和射向是否正确。②不改变方向分划,转动方向机使瞄准线重新对准原瞄准点。当把瞄准镜摆正以后,即发现瞄准线在方向上偏离了瞄准点,说明在方向上存在偏差。这一步的实质是使炮身的实际方向角和瞄准镜装定的方向分划值相一致。③不改变表尺分划,转动高低机使瞄准线重新对准原瞄准点(使迫击炮高低气泡重新居中)。

经过①、②两个步骤后,镜头摆正了,射向修正了,但从镜内看到瞄准线在高低上离开了瞄准点(迫击炮高低气泡离开了中间位置)。这个现象反映了把在倾斜面仰起的 φ 角投影到射面上来时,炮身实际的射角与表尺分划装定的不相同。

第③步的实质是使炮身的实际射角与瞄准镜所装定的表尺分划值相一致。必须注意:由于耳轴(或迫击炮托架)倾斜,转动高低机和方向机时,射角和射向会相互影响,修正下一个动作,往往又破坏了上一个动作,必须反复上述三个动作进行修正,逐次缩小误差。为了提高瞄准速度,有些修正动作可以同时进行(部队迫击炮炮手训练时,一炮手转动方向机瞄准目标或瞄准点的同时,二炮手转动倾斜调整螺使倾斜气泡居中),最后达到"一居中,一对准"为止,即倾斜气泡居中,镜内"0"十字线中心对准瞄准点(迫击炮应是"两居中,一对准",即高低、倾斜气泡居中,镜内十字线的纵线对准瞄准点)。如图 6-51 所示,使炮轴线由 OB 逐次移动到 OC 位置上,使炮膛轴线和瞄准线的夹角分别在射面和水平面内,从而使炮身得到正确的射角和射向。

6.5.6.3　非摆动式瞄准镜对耳轴倾斜引起的误差的处理方法

我国 40mm 火箭发射器的光学瞄准镜即为非摆动式瞄准镜。此种结构的瞄准镜不能修正由于耳轴倾斜(炮身横向水平)引起的射角、射向误差。因此,瞄准时应尽量保持镜内的横线水平,以提高赋予火炮瞄准角的准确度。

从以上的分析可以看出,炮耳轴(或托架)倾斜的结果使瞄准线和炮膛轴线所夹的角不在射面和水平面内,从而引起射角和射向的误差。用于直接瞄准的非摆动式瞄准镜不能修正此误差,但因为直接瞄准的时间更为紧迫,一般无暇进行细致的修正,因而允许使用结构简单的非摆动式瞄准镜,但瞄准时需保持镜内的横线(机械瞄具的照门)水平,以提高赋予角度的准确度。间接瞄准时,一般瞄准角的值都较大,此误差不能忽略不计,为了能在耳轴(或托架)倾斜的情况下,保证射击的精度及有较快的瞄准速度,必须采用摆动式瞄准镜。瞄准时始终保持镜体垂直,就能发现误差进而修正。

6.6　无坐力炮的射效校正

造成火炮打不准的原因是多方面的,除了与瞄准装置及瞄准机的良好状况有直接关系外,操作的误差、各机构的空回等都会使火炮打不准。上一节介绍了有关瞄准装置的内容,这一节将讨论 82mm 无坐力炮"打不准"在炮身方面的原因,以及射效校正的时机、目的与重刻炮口十字线的方法、实质。

6.6.1　炮膛轴线和炮口弹道切线不平行

完好的炮身、炮膛轴线(击针簧盖孔与炮口十字线交点的连线)和炮口弹道切线(炮弹离开炮口时的飞行方向)在高低和方向上是平行一致的,如图 6-52 所示。

图 6-52　身管不弯曲时,"二线"的纵向平行一致

6.6.1.1　不平行的原因及对射击精度的影响

炮膛轴线和炮口弹道切线不平行是由身管弯曲引起的,如图 6-53 所示。当"二线"纵向不平行后,如果仍以炮膛轴线为准进行火炮的零线检查与规正,规正后的光轴和炮口弹道切线也不平行一致,从而出现瞄准起始位置的误差。当瞄准结束后,瞄准镜装定的分划值和炮身的实际射角(射向)始终存在这样一个误差角,因而使火炮打不准。

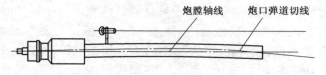

图 6-53　身管弯曲后,引起"二线"纵向不平行

6.6.1.2　射效校正的时机、目的与重刻炮口十字线的方法

　　火炮在射击时,若经常出现近弹、远弹、偏左或偏右等其中一种情况,说明身管弯曲虽在允许的范围内,但已造成炮膛轴线和炮口弹道切线不平行,射击精度受到破坏,需要对火炮进行试射,以确定"二线"不平行的程度,算出炮口十字线的移动量,重刻炮口十字线,以恢复"二线"在高低和方向上的平行一致。

　　火炮试射应在良好的天气下进行。试射与重刻炮口十字线的方法如下:

　　(1) 用铅垂线法使炮耳轴水平。

　　(2) 进行瞄准装置零位零线的检查与规正。

　　(3) 在距离炮口前方 300m 处设一试射靶(图 6-54)。

　　(4) 用破甲弹试射:第一发作为找靶,如果弹着点偏离靶上原十字线较远,为防止脱靶,可在靶的相对位置重划一十字线,以此十字线作为瞄准点(原十字线作废),然后连射五发。

　　(5) 根据五发的弹孔,求出平均弹着点,再量出平均弹着点距靶板十字线纵、横坐标的距离(为了精确,最好用坐标法求平均弹着点)。

　　(6) 计算出炮口十字线的移动量,如图 6-55 所示:$l_1 = 1540$mm(击针簧盖孔到炮口端面的距离),$l_2 = 300000$mm(炮口端面到靶面的距离),Δ 表示炮口十字线的方向(高低)移动量,ΔX 表示平均弹着点到纵(横)坐标的距离。

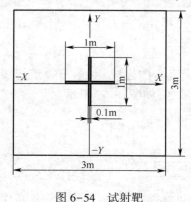

图 6-54　试射靶

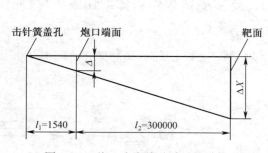

图 6-55　炮口十字线移动量的计算

　　根据相似三角形对应边成比例的原理:

$$\frac{\Delta}{\Delta X} = \frac{l_1}{l_1 + l_2} = \frac{1540}{301540} = 0.0051$$

故

$$\Delta = 0.0051 \Delta X$$

式中:0.0051 为火炮在距离试射靶 300m 时的修正系数。

上式表示炮口十字移动量与平均弹着点到十字线纵（横）坐标的距离之间的数值关系：炮口十字线的高低移动量 = 0.0051×平均弹着点到横坐标的距离（mm），炮口十字线的方向移动量 = 0.0051×平均弹着点到纵坐标的距离（mm）。

（7）根据计算求得的十字线移动量，以原炮口十字线为基准，重刻新炮口十字线。

十字线移动的方向：若平均弹着点偏上，原十字线的横线应往上移，反之，则往下移；若弹着点偏右时，原十字线的纵线应往右移，反之，则往左移（即移动方向与弹偏方向相同）。

重刻炮口十字线时，炮耳轴应水平，炮身的纵向、横向水平；刻线的深度和宽度以 0.5mm 为宜。刻好后，即去掉旧的十字线。

（8）将重刻炮口十字线的情况记入火炮履历书中。

6.6.1.3　重刻炮口十字线的实质

从前面的试射、炮口十字线移动量的计算可以看出，重刻炮口十字线的实质是使炮膛轴线和炮口弹道切线纵向高低和方向上平行一致，如图 6-56 所示，从而达到提高零线检查规正的准确度和射击精度的目的。

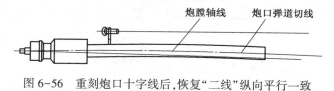

图 6-56　重刻炮口十字线后，恢复"二线"纵向平行一致

6.6.2　药室体检查座横向和炮耳轴不平行

造成药室体检查座横向和炮耳轴不平行的原因，除检查座有碰伤、锈痕等外，炮身和套箍相对错位后也会引起"二线"不平行。药室体检查座横向是瞄准镜进行零位检查规正的基准，火炮零位规正后，当瞄准镜固定座的零位刻线对正，倾斜气泡居中时，药室体检查座横向即处于水平。如果"二线"横向不平行，此时，炮耳轴是倾斜的，在转动瞄准机进行瞄准时，炮身和瞄准镜便不在射面和水平面内运动，就会出现由于耳轴倾斜所引起的射角和射向误差。

为了避免药室体检查座横向与炮耳轴平行性遭到破坏的可能，平时套箍一般不予分解结合，必须进行分解结合时，一定要使套箍的定位突起进入炮身的定位缺口内，以保持其正确的相对位置。在修理或更换套箍后，应检查和保持"二线"横向的平行性。

必须指出，药室体检查座的纵向也是瞄准镜零位检查规正的基准，如果检查座纵向与炮口弹道切线不平行，若以检查座纵向为准进行零位检查规正，就会使高低气泡轴与炮口弹道切线在起始位置不一致，而此种瞄准镜，在间接瞄准时，是以高低气泡为准赋予火炮射角的。因此，对配备瞄准镜的 82mm 无坐力炮，在纵向要求应是"三线"平行一致（即炮口弹道切线、检查座纵向、炮膛轴线）。根据"先易后难"的修理原则，通常是首先检查炮口弹道切线与检查座纵向是否平行一致，否则，因修刮检查座使其纵向平行一致。以后在射击中若经常出现射弹向某一个方向偏离时，再进行火炮的射效及重刻炮口十字线。

6.7 便携式火箭武器的典型结构

便携式火箭武器是一种单兵或班组便携式武器,一般来说由发射器和火箭弹组成。发射器有火箭筒身和无坐力炮身两种形式,火箭弹有破甲弹、攻坚弹、云爆弹等多个弹种。

按使用方式来分,便携式火箭武器可以分为单兵使用、班组使用、一次使用、重复使用等。若按发射推进原理不同来分,可以分为纯火箭筒式、无坐力炮发射火箭增程式以及配重体平衡式等。纯火箭筒式这一类武器的特点是,由于火箭发射筒内的压力很低,因此武器系统质量轻,但火箭弹在离开发射筒前,发动机工作必须结束,即火药装药必须燃烧完毕,因而要求火箭火药燃速高。当前大多数便携式火箭武器都属于纯火箭筒式。无坐力炮发射火箭增程式是一种采用火箭发动机增大有效射程的武器。采用这种发射原理的武器采用无坐力炮身式发射器,首先由炮身提供一个较大的初速度,再由火箭发动机提供一定的速度,以达到满足射程的要求,如69-1式40mm火箭发射器。配重体平衡式武器的发射推进原理是发射时用两个活塞把火药气体封闭在发射器内,在弹丸飞离发射器的同时,弹丸飞离筒口动能被一种后抛的配重体所平衡。利用这种原理可以实现无光、无焰、无后坐力,噪声也很小。

6.7.1 发射器的典型结构

考虑到便携式火箭武器的应用场景特点,其发射器部分一般具备重量轻、结构简单的特点。根据武器使用特点,发射器可分为一次性使用和可重复使用两种。

6.7.1.1 一次性使用的发射器

一次性使用的便携式火箭武器一般作为战士的第二武器出现在战场上,为减轻后勤压力,发射器和火箭弹整合为一个整体。发射器平时包装固定火箭弹,射击时是火箭弹的发射装置,赋予火箭弹射向和射角。

图6-57所示为某80mm火箭的发射器,由发射筒、前后盖、前后护圈、瞄准镜、击发机、提把和传爆点火用的塑料导爆管组成。

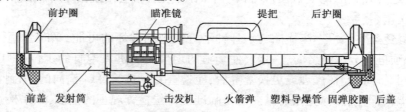

图6-57 某80mm火箭的发射器

筒身采用玻璃钢结构,强度高、质量轻、工艺性好。它既是发射筒又是包装筒,密封性可靠,前盖采用锯齿形密封胶密封,后盖采用压紧固弹胶圈密封,只打开前盖就可以射击。这种结构比打开后盖射击,可缩短射击时间3~5s,有利于实战。发射筒两端放置前后防振圈,对武器有很好的保护作用,从0.7m高处跌落武器不受损伤。武器配有折叠式击发机、提把和背带,便于战士携行使用。其中,击发机是纯机械装置,发火采用非电导爆管结构。发射工作过程是:当击发机的击针撞击火帽时,火帽能量激发导爆管,导爆管将冲击能量传给点火具,通过转换点燃点火具中的点火药,最后点燃火箭火药,火药气体和点火具残片向后冲开橡胶圈和泡沫塑料保护盖,产生向前的推力使火箭飞行,完成射击。这种机械式击发机作用可靠、制造方便。

火箭弹和发射筒之间连接采用固弹胶圈。如图 6-58 所示,这种胶圈可满足运输和 15m 跌落的安全要求,武器系统不会因长期勤务状态产生的附加应力而损坏,有利于提高武器寿命。

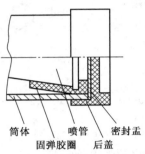

图 6-58　固弹示意图

发射器上安装有塑料瞄准镜。塑料瞄准镜在结构设计上采用表尺内装定测瞄合一方式。瞄准镜中的分划板除了表尺分划外还有方向修正分划、测距分划和测速尺,如图 6-59所示,可对静、动目标进行准确射击。塑料光学瞄准镜与机械瞄准装置相比,由于减小了测距和提前量误差,可以提高有效射程近 50m。塑料瞄准镜相比光学玻璃瞄准镜,其工艺简单、成本低,使武器一次性使用成为可能。

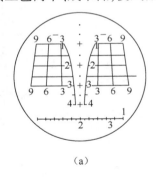 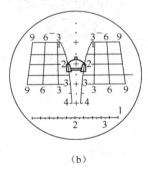 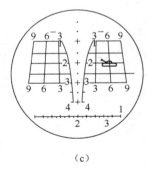

| (a) | (b) | (c) |

图 6-59　瞄准镜分划板

(a)分划板;(b)纵向测距示意图;(c)横向测瞄示意图。

6.7.1.2　可重复使用的发射器

我国 40mm 火箭发射器(图 6-60)是可重复使用的火箭发射器,由筒身、发火装置、支架和瞄准装置四部分组成。筒身后端设置有喷管,射击时火药气体通过喷管向后方喷射,对筒身产生的向前作用力抵消了火箭弹发射时产生的后坐力,从而实现了无坐力发射,所以火箭发射器实质上是一门无坐力炮。火箭发射器发射超口径火箭增程弹,火箭弹在离开发射器一段距离后火箭发动机工作,向后喷射火药气体推动火箭弹加速前进,所以 40mm 火箭弹的主动段较长,"迎风偏"现象严重。

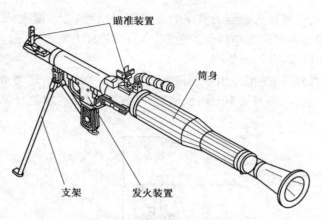

图 6-60　我国 40mm 火箭发射器

某 120mm 反坦克火箭发射器(图 6-61)发射等口径火箭弹。从图 6-61 中可以看出,发射器上没有喷管。发射时通过火箭弹上的喷管实现坐力消除,所以该 120mm 反坦克火箭发射器采用的是纯火箭筒式发射原理。通常要求这种火箭的发动机尽量在发射器内工作完毕,并赋予火箭弹尽可能大的初速度,故此类火箭发动机通常采用高工作压力、高能高燃速推进剂和薄肉厚装药形式,外弹道过程中"迎风偏"现象不明显。

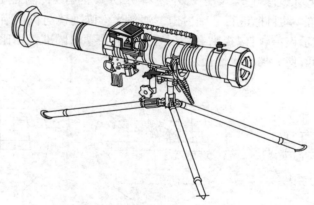

图 6-61　某 120mm 反坦克火箭发射器

发射器由发射筒、击发机、支架和瞄准装置四部分组成。其中,营用发射器配有营用简易火控装置和微光瞄准镜,提高了全天候作战的能力,并将有效射程提高到 800m。除此之外,营用发射器的脚架为大三脚架,其上有方向机、高低机和后击发机机构。发射筒主体部分外层为玻璃钢结构,内层为一薄壁金属筒。发射器最大单件质量不大于 10kg。发射器筒身前后安装有前后护帽,可以保护射手免于烧伤;在闭锁装置上安装了闭锁插销,可在大射角射击时,防止火箭弹滑出。因此,发射器具有结构简单合理、重量轻、机动性好、威力大、射程远、反应时间短、火控系统完备、可靠性高等特点。

6.7.2　火箭弹的典型结构

便携式火箭武器一般采用尾翼式火箭弹,一般由战斗部、发动机、稳定装置等部分构成,典型的结构如图 6-62 所示。

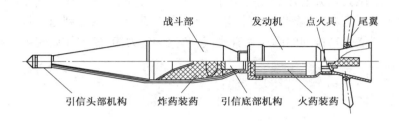

图 6-62　尾翼式火箭弹

1）战斗部

战斗部是用来直接毁伤目标或完成其他特种任务的,由壳体、炸药、传爆药和引信组成。壳体既是炸药的容器,又是形成杀伤破片的金属源;炸药是能源,以爆炸形成的冲击波和壳体破片来毁伤目标;传爆药是辅助药柱,目的是确实可靠地引爆炸药并使之爆炸完全;引信的作用是引爆辅助药柱,起爆时间可以根据目标的性质在发射前加以装定。

2）发动机

发动机是火箭弹的心脏,它产生的动力赋予火箭弹一定的速度并将其送达目标。发动机由燃烧室、喷管、火药、中间底、挡药板、点火装置等组成。

燃烧室实际上是发动机的壳体,既是火药装药的容器,又是火药装药发生燃烧反应的空腔,承受高温高压火药燃气的作用,对于旋转式火箭弹还要承受离心惯性力的作用。燃烧室既要保证足够的强度,又要尽可能轻巧,减小火箭弹的整体质量。

喷管的作用有两个:一是通过喷喉面积的调节,建立起一定的燃烧室压力,保证火药的正常燃烧;二是通过设计适当的截面形状,使燃气高速流动,获得必要的推力。喷管一般做成先收敛后扩张的双喇叭形的拉瓦尔喷管。尾翼式火箭弹可以用单喷管,也可以用多喷管;涡轮式火箭弹则采用多喷管,以获得稳定飞行所需的旋转力矩。因为高速气流的作用,喷喉易受到冲刷和烧蚀,从而影响燃烧室内的压力和发动机的性能,对于长时间工作的大型发动机尤为严重,所以对喷管的选材及结构设计要多加注意。

火药是火箭弹的推进能源,本质上是和身管武器用的火药相同的含能物质,但能在较低的压力下燃烧,制成装药尺寸更大。火药装药的形状多种多样,通常使用的是单孔管状药和内孔星形状药。可以预先压成药柱再装填于燃烧室,也可以直接浇铸于燃烧室中。一般要求在保证发动机正常工作的前提下,尽可能提高装药的装填密度,以提高飞行速度。

中间底的作用是将战斗部与燃烧室隔离开,同时也能形成战斗部爆炸时的破片。

挡药板位于燃烧室与喷管之间,用于固定药柱,同时防止装药小块(特别是在装药燃烧后期)喷出或防止堵塞,保持燃气畅通。

点火装置的作用是提供足够的热量和建立必要的压力,以便瞬时全面地点燃火药装药。通常点火装置由电点火管及点火药包组成。点火时,由电发火管点燃点火药包,其产生的热量和燃气再去点燃火药装药。点火药包内的点火药可以是黑火药或烟火剂,它们各有特点,可以根据需要选用或配合使用。

3) 稳定装置

稳定装置是尾翼式火箭弹的必备构件,由尾翼片、整流罩等组成。其作用是当火箭因某种原因偏离飞行方向时,能产生一个空气动力合力矩,使它恢复到原飞行方向。涡轮火箭弹则是由一圈绕弹轴排列的倾斜喷管排气,产生旋转力矩,使弹体旋转得到稳定。

附表 1 正态分布密度函数 $\varphi(x)$ 数值表（$\varphi(x) = \dfrac{\rho}{\sqrt{\pi}}\mathrm{e}^{-\rho^2 x^2}$，$x$ 以中间误差为单位）

x	0	0.01	0.02	0.03	0.04	0.05	0.06	0.07	0.08	0.09
0.0	0.2691	2691	2691	2690	2690	2689	2689	2688	2687	2686
0.1	2685	2683	2682	2680	2679	2677	2675	2673	2671	2669
0.2	2666	2664	2661	2659	2656	2653	2650	2647	2643	2640
0.3	2636	2633	2629	2625	2621	2617	2613	2608	2604	2599
0.4	2595	2590	2585	2580	2575	2570	2564	2559	2653	2548
0.5	2542	2536	2530	2524	2518	2512	2506	2499	2493	2486
0.6	2479	2472	2466	2459	2451	2444	2437	2430	2422	2415
0.7	2407	2399	2392	2384	2376	2368	2360	2351	2343	2335
0.8	2326	2318	2309	2301	2292	2283	2274	2265	2256	2247
0.9	2238	2229	2220	2210	2201	2191	2182	2172	2163	2153
1.0	2143	2134	2124	2114	2104	2094	2084	2074	2064	2054
1.1	2043	2033	2023	2013	2002	1992	1981	1971	1960	1950
1.2	1939	1929	1918	1907	1897	1886	1875	1864	1854	1843
1.3	1832	1821	1810	1799	1789	1778	1767	1756	1745	1734
1.4	1723	1712	1701	1690	1679	1668	1657	1646	1635	1624
1.5	1613	1602	1591	1580	1569	1558	1547	1536	1525	1514
1.6	1503	1492	1481	1470	1459	1449	1438	1427	1416	1405
1.7	1394	1384	1373	1362	1351	1341	1330	1319	1309	1298
1.8	1288	1277	1267	1256	1246	1235	1225	1215	1204	1194
1.9	1184	1174	1163	1153	1143	1133	1123	1113	1103	1093
2.0	1083	1073	1064	1054	1044	1034	1025	1015	1006	0996
2.1	0987	0977	098	0959	0949	0940	0931	0922	0910	0904
2.2	0895	0886	0877	0868	0859	0851	0842	0833	0825	0816
2.3	0808	0799	0791	0783	0774	0766	0758	0750	0742	0734
2.4	0726	0718	0710	0702	0695	0687	0679	0672	0664	0657
2.5	0649	0642	0635	0627	0620	0613	0606	0599	0592	0585
2.6	0578	0571	0565	0558	0551	0545	0538	0532	0525	0518
2.7	0513	0506	0500	0494	0488	0482	0476	0470	0464	0458
2.8	0452	0447	0441	0435	0430	0424	0419	0413	0408	0403
2.9	0397	0392	0387	0382	0377	0372	0367	0362	0357	0352
x	0	0.1	0.2	0.3	0.4	0.5	0.6	0.7	0.8	0.9
3	0347	0302	0262	0226	0194	0166	0141	0120	0101	0085
4	0071	0059	0049	0040	0033	0027	0022	0018	0014	0011
5	0009	0007	0006	0005	0004	0003	0002	0002	0001	0001
6	00007	00006	00005	00004	00003	00002	00001	00001	00001	00001

附表 2 简化的拉普拉斯函数 $\hat{\Phi}(x)$ 数值表（ $\hat{\Phi}(x) = \dfrac{2\rho}{\sqrt{\pi}}\displaystyle\int_0^x \mathrm{e}^{-\rho^2 t^2}\mathrm{d}t$, x 以中间误差为单位）

x	0	0.01	0.02	0.03	0.04	0.05	0.06	0.07	0.08	0.09
0.0	0.000	0054	0108	0161	0215	0269	0323	0377	0430	0484
0.1	0538	0591	0645	0699	0752	0806	0859	0913	0966	1020
0.2	1073	1126	1180	1233	1286	1339	1392	1445	1498	1551
0.3	1604	1656	1709	1761	1814	1866	1919	1971	2023	2075
0.4	2127	2179	2230	2282	2334	2385	2436	2488	2539	2590
0.5	2641	2691	2742	2793	2843	2893	2944	2994	3044	3093
0.6	3143	3193	3242	3291	3340	3389	3438	3487	3535	3584
0.7	3632	3680	3728	3775	3823	3871	3918	3965	4012	4059
0.8	4105	4152	4199	4244	4290	4336	4381	4427	4472	4527
0.9	4562	4606	4651	4695	4739	4783	4827	4871	4914	4957
1.0	5000	5043	5085	5128	5170	5212	5254	5295	5337	5378
1.1	5419	5460	5500	5540	5581	5621	5660	5700	5739	5778
1.2	5817	5856	5894	5933	5971	6008	6046	6083	6121	6158
1.3	6194	6231	6267	6303	6339	6375	6410	6445	6480	6515
1.4	6550	6584	6618	6652	6686	6719	6753	6786	6818	6851
1.5	6883	6916	6948	6979	7071	7042	7073	7104	7134	7165
1.6	7195	7225	7256	7284	7314	7343	7371	7400	7429	7457
1.7	7485	7513	7540	7567	7595	7622	7648	7675	7701	7727
1.8	7753	7779	7804	7829	7854	7879	7904	7928	7952	7976
1.9	8000	8024	8047	8070	8093	8116	8138	8161	8183	8205
2.0	8227	8248	8270	8291	8312	8333	8353	8374	8394	8414
2.1	8434	8453	8473	8492	8511	8530	8549	8567	8586	8604
2.2	8622	8639	8657	8675	8692	8709	8726	8743	8759	8776
2.3	8792	8808	8824	8840	8855	8871	8886	8901	8916	8931
2.4	8945	8960	8974	8988	9002	9016	9029	9043	9056	9069
2.5	9083	9095	9108	9121	9133	9146	9158	9170	9182	9194
2.6	9205	9217	9228	9239	9250	9261	9272	9283	9293	9304
2.7	9314	9324	9334	9344	9354	9364	9373	9383	9392	9401
2.8	9411	9420	9428	9437	9446	9454	9463	9471	9479	9487
2.9	9495	9503	9511	9519	9526	9534	9541	9549	9556	9563
x	0	0.1	0.2	0.3	0.4	0.5	0.6	0.7	0.8	0.9
3	9570	9635	9691	9740	9782	9818	9848	9874	9896	9915
4	9930	9943	9954	9963	9970	9976	9981	9985	9988	9991
5	9993	9994	9995	9996	9997	9998	9998	9999	9999	9999
6	9999	1.000	1.000	1.000	1.000	1.000	1.000	1.000	1.000	1.000

参 考 文 献

[1] 樊孝才. 迫击炮设计[M]. 北京:国防工业出版社,1982.

[2] 杨则尼,等. 无后座炮设计[M]. 北京:国防工业出版社,1983.

[3] 束贤通,陆建伟,田元能,等. 迫击炮设计手册[M]. 北京:国防工业出版社,1984.

[4] 唐治. 迫击炮设计[M]. 北京:兵器工业出版社,1994.

[5] 张东妍. 无坐力炮设计手册[M]. 北京:国防工业出版社,1978.

[6] 张柏生,李云娥. 火炮与火箭内弹道原理[M]. 北京:北京理工大学出版社,1996.

[7] 朱福亚. 火箭弹构造与作用[M]. 北京:国防工业出版社,2005.

[8] 周长省,鞠玉涛,陈雄,等. 火箭弹设计理论[M]. 北京:北京理工大学出版社,2014.

[9] 黄庆和,徐文灿,等. 无坐力武器设计原理[M]. 北京:国防工业出版社,1982.

[10] 汤祁忠,李照勇,王文平. 野战火箭弹技术[M]. 北京:国防工业出版社,2015.

[11] 韩子鹏. 弹箭外弹道学[M]. 北京:北京理工大学出版社,2014.

[12] 张小兵. 枪炮内弹道学[M]. 北京:北京理工大学出版社,2014.

[13] 宋丕极. 枪炮与火箭外弹道学[M]. 北京:兵器工业出版社,1993.

[14] 徐明友. 火箭外弹道学[M]. 哈尔滨:哈尔滨工业大学出版社,2004.

[15] 张卓. 作战效能评估[M]. 北京:军事科学出版社,1996.

[16] 郭齐胜. 装备效能评估概论[M]. 北京:国防工业出版社,2005.

[17] 程云门. 评定射击效率原理[M]. 北京:解放军出版社,1986.

[18] 刘怡昕,杨伯忠. 炮兵射击理论[M]. 北京:兵器工业出版社,1998.